確率過程

確率過程

伊藤 清

岩波書店

序

岩波講座現代応用数学の中の 2 分冊として 1957 年に岩波書店から発刊された私の著書「確率過程 I」,「確率過程 II」がここに単行本として復刊される運びとなった．本書は確率過程の 3 つの重要なクラスである加法過程，定常過程，マルコフ過程の概説と 1 次元拡散過程の解説とから成っており，特に 1 次元拡散過程については，William Feller によって当時発見されたばかりの局所構造と境界点の分類に関して本格的な確率解析的記述を試みた最初のものと自負している．それから半世紀を経ての本書の復刊は著者にとって真に感慨深い．

加法過程，定常過程，マルコフ過程に関しては，本書初版以前に刊行された私の著書『確率論』(岩波書店，1953)の中でも概説が述べられ，さらに加法過程，マルコフ過程の詳しい解説が本書初版以後に刊行された私の 2 つの英文著書：

Lectures on Stochastic Processes, Tata Institute of Fundamental Research, Bombay, 1960

Stochastic Processes, edited by Ole E.Barndorff-Nielsen and Ken-iti Sato, Springer, 2004（元は Aarhus 大学講義録として 1969 年に発刊されたもの）

にも与えられている．

1 次元拡散過程に関しては，その局所構造についての別の詳しい解説が，上に挙げた Tata 研究所からの講義録の中や，H. P. McKean と私との共著本：

Diffusion Processes and their Sample Paths, Springer, 1965; & in Classics in Mathematics, Springer, 1996

でも行われている．この共著本の 4.6 節では，1 次元拡散過程に付随する同次方程式の解の境界付近での挙動の詳細についての確率論的な証明が述べられているが，本書の 60, 61 節では，確率論にあまりなじみのない読者にも理解しやすい形でその解析的な証明が与えられている．

私が本書を執筆したのは，確率過程の本格的な研究が始まったばかりの頃であり，本書の「あとがき」に記したように，関連文献情報も極めて不十分であった．以来 50 年，確率過程の研究は大いに発展し，関連する多くの良書が国内外で刊行されてきた．そのいくつかのリストが上述の *Stochastic Processes*, Springer, 2004 の中の著者による Preface と編者による Foreword に挙げられている．

本書初版の発刊後, E. B. Dynkin の註釈の下にそのロシア語訳が A. D. Wentzell によって行われ，I 部が 1960 年に，II 部が 1963 年にそれぞれモスクワで出版された．一方 1959 年には，故角谷静夫 Yale 大学教授が本書の 1 次元拡散過程の記述に注目され，当時 Yale 大学の大学院生であった伊藤雄二氏に II 部の英語訳を勧められた結果，そのタイプライター原稿が謄写版印刷され，Yale 大学内や周辺の数学者たちに配布された経緯もあった．半世紀を経て本書の 2 分冊全体が改めて伊藤雄二氏によって英訳され，アメリカ数学会の数学書翻訳シリーズの中の 1 巻として *Essentials of Stochastic Processes* という題の下に発刊されたことは，私にとって大変に喜ばしい出来事であった．伊藤雄二氏に英訳の労を取っていただくのに際し，福島正俊，渡辺信三の両氏には，初版本の誤字等の細かい修正はもとより，第 4 章と第 5 章の一部の適切な改訂も私に替わって担当していただいた．この復刊は英訳の場合と同じくこの改訂を取り入れて行われたものであり，福島，渡辺両氏のご尽力，及び岩波書店の吉田宇一氏のお力添えにここであらためて御礼を申しあげたい．

本書の単行本としての新刊の準備が進んでいた本年の 6 月，私の生涯の恩師，彌永昌吉先生が急逝された．また，上述の英訳単行本の校了を目前にして，2004 年の 8 月には角谷静夫先生の訃報に接している．お二人とも本書の初版時はもとより，私が最初にこの分野の論文を書いた1942年以来60年以上に亘って，絶えず温かい助言と励ましを与えてくださった．英語版と日本語版，それぞれに美しい装丁の新刊をお見せして喜んでいただくことができなかったことは残念の極みである．在りし日のお姿を偲びつつ心からご冥福をお祈りしたい．

2006年12月

著　者

目　　次

第1章 基礎概念

§1 測度論的確率論 (1) 直観的背景

甲, 乙2人が銅貨をなげて早く表を出したものが勝とする. 甲から始めるとして

(i) 甲の勝つ確率は何か,

(ii) 勝負のきまるまでの回数の平均はいくらか,

などの問題を考えてみよう. まずはじめにこの試合経過にどのような可能性があるかを調べてみると, 表をO, 裏をUであらわして

$$\left\{\begin{array}{l} \omega_1 = \mathrm{O} \\ \omega_2 = \mathrm{UO} \\ \omega_3 = \mathrm{UUO} \\ \cdots\cdots\cdots\cdots \\ \omega_n = \underbrace{\mathrm{UU}\cdots\mathrm{U}}_{(n-1)}\mathrm{O} \\ \cdots\cdots\cdots\cdots \\ \omega_\infty = \mathrm{UUU}\cdots\cdots \end{array}\right\} \tag{1.1}$$

となる. ω_1 は甲がはじめに表を出して試合が終る場合で, ω_2 は甲は裏を出し, 乙が表を出して試合が終る場合である. ω_{n-1} は $n-1$ 回目までは裏が出て, n 回目にはじめて表が出て試合が終る場合で, n の奇偶によって甲または乙が勝つことになる. 最後に ω_∞ は甲, 乙共いつまでも裏ばかり出している場合で, このときには試合は永久につづく. $\omega_1, \omega_2, \cdots, \omega_\infty$ をこの試合経過のいろいろの見本という意味で, **見本点** (sample point) といい, その全体の集合 $\Omega = \{\omega_1, \omega_2, \cdots, \omega_\infty\}$ を**見本空間** (sample space) という.

次におのおのの見本点の確率を考えてみよう. 第1回目に表がでるか裏がでるかは同程度におこり得るから, ω_1 の確率は 1/2, のこりの $\{\omega_2, \omega_3, \cdots, \omega_\infty\}$ 全体に与えるべき確率は 1/2 である. この後の確率 1/2 はまた同じ理由で ω_2 と残りの $\{\omega_3, \omega_4, \cdots, \omega_\infty\}$ とに半分ずつすなわち 1/4 ずつ分配すべきである. 同様にし

て $\omega_1, \omega_2, \cdots, \omega_\infty$ のおのおのに分布されるべき確率はそれぞれ 1/2, 1/4, 1/8, …, 0 となる.

ω に分布される確率を $P(\omega)$ であらわす. 上の場合には

$$P(\omega_1)=1/2,\ \ P(\omega_2)=1/4,\ \ \cdots,\ \ P(\omega_n)=1/2^n,\ \ \cdots,\ \ P(\omega_\infty)=0 \qquad (1.2)$$

となる. また Ω の部分集合 E をとると, E の上に分布される確率は E の各点に分布されるものを加えて

$$P(E)=\sum_{\omega\in E}P(\omega) \qquad (1.3)$$

となる. かくして集合函数 $P(E)$ が得られる. この集合函数を**確率分布** (probability distribution) という.

次に (ii) の問題を考えてみよう. 勝負のきまるまでの回数というのは各見本点に対して定まったもので, たとえば ω_1 のときには 1, ω_2 のときには 2, ω_n のときには n である. すなわち見本空間の上で定義せられた函数である. これを $x(\omega)$ であらわそう. このように見本空間の上で定義せられた函数を**確率変数** (random variable) という. (ii) は確率変数 $x(\omega)$ の平均を求める問題になる. 平均値の定義のしかたはいろいろあるが, 次のものは**期待値** (expectation) とよばれ, 最も普通に用いられる.

$$E(x)=\sum_{\omega\in\Omega}x(\omega)P(\omega)=\sum_{n=1}^{\infty}nP(\omega_n)=\sum_{n=1}^{\infty}n\cdot\frac{1}{2^n}=2. \qquad (1.4)$$

(i) の問題に移ろう. 甲が勝つということは, 上述の $x(\omega)$ が奇数であるということすなわち "$x(\omega)=$ 奇数" という条件であらわされる. このように見本点 ω に関する条件であらわされるものを**事象** (event) という. 事象の確率はその条件を満足する見本点全体の集合 E (これをその事象の**外延** (extension) という) に分布された確率 $P(E)$ に等しいと定める. したがって

$$P(\text{甲が勝つ})=P(E)=\sum_{n=0}^{\infty}P(\omega_{2n+1})=\sum_{n=0}^{\infty}\frac{1}{2^{2n+1}}=\frac{2}{3} \qquad (1.5)$$

となる.

以上の例についてのべた事柄の本質的な部分をぬきだしてみよう. まず基礎になるのは見本空間となづけられる集合 Ω とその上の確率分布 P である. Ω

の上で定義せられた函数を確率変数といい，その期待値は (*1.4*) の左側の等式で定義せられる．また Ω の点に関係する条件を事象といって，その条件の確率は，その外延 E に対する P の値 $P(E)$ と定める．この場合問題になるのは確率分布である．Ω が上の例のように可算集合のときには各見本点の確率を，その総和が1となるように与えたらよいのであるが，直線上の点の集合，平面上の点の集合，もっと一般に Brown 運動をする粒子のあらゆる運動のしかたの集合を Ω としてとる場合には上のような素朴な方法では確率分布を与えることができない．しかしながら，確率分布の考えが質量分布とよく似ていることに注意すれば，後者の数学的理論である測度論が確率分布にも適用できるであろうと想像される．

この考えは正しく，確率論を測度論的に構成することによって，それまで常識や直観を基礎にあいまいな推理をくりかえしていた確率論が真に数学の名に値するものとなり，多くの応用上価値のある成果を生みだした．

§2 確率分布

X を一つの集合とし，$\boldsymbol{B}$ を X の部分集合のつくるある Borel 集合体とする．$\boldsymbol{B}$ の元（集合）に対して定義せられた Lebesgue 式測度 $P(E)$ があって

$$P(X)=1 \tag{2.1}$$

を満たすとき，P は $X(\boldsymbol{B})$ の上の**確率測度** (probability measure) または**確率分布**または簡単に**分布**という．

まずはじめに最も簡単な場合として，X が有限集合のときを考えてみよう．X の元を $x_1, x_2, \cdots, x_n$ とする．このときには普通 $\boldsymbol{B}$ としては X のすべての部分集合の集合 2^X をとる．1点集合に対する測度 $P(x_1), P(x_2), \cdots, P(x_n)$ が与えられると，測度の加法性によって，任意の $E \subseteqq X$ に対しては

$$P(E)=\sum_{x \in E} P(x) \tag{2.2}$$

として定義せられる．したがってこの場合は点函数 $P(x)$ を与えたら十分である．$P(x)$ の従うべき条件は明らかに

$$P(x) \geqq 0, \quad \sum P(x)=1 \tag{2.3}$$

である．特に $P(x)$ が x に無関係したがって $P(x)=1/n$ のときには，P は一様

分布 (uniform distribution) であるという．

次に X が可算無限集合のときも有限集合のときとほぼ同様である．ただこのときには一様分布は存在しない．

X が実数の集合 R^1 のときには問題が急に難しくなる．特別な場合を除いて，$\boldsymbol{B}$を 2^{R^1} ととることは不可能となる．$\boldsymbol{B}$の最も自然なとり方は，すべての開集合を含む最小の BOREL 集合体 $\boldsymbol{B}^1$ とすることである．$\boldsymbol{B}^1$ の元は普通 **BOREL 集合**とよばれる．P を $R^1(\boldsymbol{B}^1)$ の上の確率分布としよう．$x\in R^1$ の任意の近傍 U に対する P-測度 $P(U)$ が正であるとき，x は P の台の点といい，このような点の全体の集合を P の**台** (support) という．特に $P(x)>0$ であれば，もちろん x は P の台の点であるが，このような x を P の**不連続点** (discontinuity point) という．P の不連続点の全体 D はたかだか可算集合である．$P(D)=1$ のときには P は**純粋不連続** (purely discontinuous) であるといい，$P(D)=0$ のときには P は**連続** (continuous) であるという．連続よりもやや強い条件として**絶対連続** (absolutely continuous) というのがある．E の普通の LEBESGUE 測度 $|E|=0$ ならば，$P(E)=0$ となるとき，P を絶対連続という．このときには P は密度をもち

$$P(E)=\int_E f(x)dx \tag{2.4}$$

とかかれる．ここに $f(x)$ の満たすべき条件は

$$f(x)\geqq 0, \quad \int_{R^1} f(x)dx=1 \tag{2.5}$$

である．連続であるが絶対連続ではない確率分布は**特異** (singular) であるといわれる．純粋不連続分布，絶対連続分布，特異分布は $R^1(\boldsymbol{B}^1)$ の上の分布の重要な三つの型であるが，任意の分布は，この三つの型の分布の**凸結合** (convex combination) であらわされる．(a が $a_1, a_2, \cdots, a_n$ の凸結合であるとは $a=\sum c_i a_i,\ c_i\geqq 0,\ \sum c_i=1$ とかかれることである．) このことを **LEBESGUE の分解定理**という．

例 1　δ 分布 (delta distribution)　$\delta(\cdot\,; a)$. 純粋不連続分布で，上の D が a 1点となる場合である．特に $a=0$ のときには**単位分布** (unitary distribution) という.

例 2 2項分布 (binomial distribution) $B(\cdot;p,n)$, $0<p<1$, n は自然数. 純粋不連続分布で, $D=\{0,1,2,\cdots,n\}$,

$$P(k)=\binom{n}{k}p^k\cdot q^{n-k},\qquad q=1-p,\ \ k=0,1,2,\cdots,n \tag{2.6}$$

で与えられる分布である. $P(k)$ が $(p+q)^n$ の展開の第 k 項に等しいから, 2項分布の名がある.

例 3 POISSON 分布 (POISSON distribution) $P(\cdot;\lambda)$, $\lambda>0$. 純粋不連続分布で, $D=\{0,1,2,\cdots\}$,

$$P(k)=e^{-\lambda}\frac{\lambda^k}{k!},\qquad k=0,1,2,\cdots \tag{2.7}$$

で与えられる.

例 4 正規分布 (normal distribution) $N(\cdot;a,v)$, a は実, $v>0$. 絶対連続分布で密度は

$$f(x)=\frac{1}{\sqrt{2\pi v}}e^{-\frac{(x-a)^2}{2v}} \tag{2.8}$$

で与えられる.

例 5 CAUCHY 分布 (CAUCHY distribution) $C(\cdot;\,a,c)$, a は実, $c>0$. 絶対連続分布で密度は

$$f(x)=\frac{c}{\pi}\cdot\frac{1}{c^2+(x-a)^2} \tag{2.9}$$

で与えられる.

X が m 次元空間 R^m のときは, R^1 の場合の事がほとんどそのまま拡張される. $\boldsymbol{B}$ は1次元と同様すべての開集合を含む最小の BOREL 集合体 $\boldsymbol{B}^m$ である. $\boldsymbol{B}^m$ の元は BOREL 集合とよばれる. 分布に三つ型があることや LEBESGUE の分解定理がなりたつことも同様である.

例 6 δ 分布 $\delta(\cdot;\boldsymbol{a})$ は1次元同様で, ただ $\boldsymbol{a}$ が R^m の元となっているにすぎない.

例 7 多項分布 (multinomial distribution) $B(\cdot;\boldsymbol{p},n)$, n は自然数, $\boldsymbol{p}=$

$(p_1, p_2, \cdots, p_n)$, $p_i \geqq 0$, $\sum p_i = 1$. 純粋不連続分布で，D は格子点 $\boldsymbol{k} = (k_1, k_2, \cdots, k_m)$, $\sum k_i = n$, $k_i \geqq 0$ の全体である.

$$P(\boldsymbol{k}) = \frac{n!}{k_1!\,k_2!\cdots k_m!} p_1^{k_1} p_2^{k_2} \cdots p_m^{k_m}. \tag{2.10}$$

例 8 正規分布 $N(\cdot\,; \boldsymbol{a}, V)$, $\boldsymbol{a}$ は R^m の元で, V は対称正型(狭義)行列である. これは絶対連続で, その密度は

$$f(\boldsymbol{x}) = (2\pi)^{-\frac{m}{2}} (\det V)^{-\frac{1}{2}} \exp\left\{-\frac{1}{2}(V(\boldsymbol{x}-\boldsymbol{a}), (\boldsymbol{x}-\boldsymbol{a}))\right\}. \tag{2.11}$$

ここに $V(\boldsymbol{x}-\boldsymbol{a})$ はベクトル $\boldsymbol{x}-\boldsymbol{a}$ に1次変換 V を施したもので, (,) は内積をあらわす.

1次元の R^1 から m 次元の R^m までは上にのべたように簡単に移行できたが, m 次元から無限次元への移行には困難が伴う. たとえば無限次元の空間には R^m の場合のような普通の LEBESGUE 測度は存在しないから, 絶対連続というような概念は定義できない. A を任意の集合としたとき, R^A は A の各元に実数を対応させてならべたもの $\prod_\alpha \xi_\alpha$ の全体の集合である. A が有限集合であれば R^Aは有限次元の空間であるが, 無限集合のときにはR^A は無限次元となる. $\prod_\alpha \xi_\alpha$ にその α_0 座標 ξ_{α_0} を対応させる写像を**射影** (projection) といって p_{α_0} であらわす. また $\prod_\alpha \xi_\alpha$ に R^A の点 $(\xi_{\alpha_1}, \xi_{\alpha_2}, \cdots, \xi_{\alpha_n})$ (α_i はすべて異なる) を対応させる写像も射影といい, $p_{\alpha_1\cdots\alpha_n}$ であらわす. $E^{(n)}$ を n 次元の BOREL 集合とするとき, $p_{\alpha_1\cdots\alpha_n}^{-1}(E^{(n)})$ なる形であらわされる R^A の部分集合を R^A の **BOREL 筒集合** (cylinder set) という. すべての BOREL 筒集合を含む最小の BOREL 集合体を $\boldsymbol{B}^A$ であらわし, $\boldsymbol{B}^A$ の元を R^A の **BOREL 集合**という. さて P を $R^A(\boldsymbol{B}^A)$ の上の分布とせよ. 相異なる $\alpha_1, \alpha_2, \cdots, \alpha_n \in A$ に対して

$$P_{\alpha_1\cdots\alpha_n}(E^{(n)}) = P(p_{\alpha_1\cdots\alpha_n}^{-1}(E^{(n)})), \quad E^{(n)} \in \boldsymbol{B}^n \tag{2.12}$$

なる $R^n(\boldsymbol{B}^n)$ の上の分布 $P_{\alpha_1\cdots\alpha_n}$ を定義する. これを分布 **$\boldsymbol{P}$ の射影**という. かかる $P_{\alpha_1\cdots\alpha_n}$ をすべて考え, その系を $\mathfrak{P}$ とすると, $\mathfrak{P}$ は次に示す KOLMOGOROFF の**両立条件** (consistency condition) を満たす.

(K. 1) $i(1), i(2), \cdots, i(n)$ を $1, 2, \cdots, n$ の順列とすれば,

$$P_{\alpha_{i(1)}\alpha_{i(2)}\cdots\alpha_{i(n)}}(E_{i(1)} \times E_{i(2)} \times \cdots \times E_{i(n)}) = P_{\alpha_1\cdots\alpha_n}(E_1 \times E_2 \times \cdots \times E_n).$$

(K. 2) $$P_{\alpha_1\alpha_2\cdots\alpha_n}(E^{(n-1)}\times R^1)=P_{\alpha_1\alpha_2\cdots\alpha_{n-1}}(E^{(n-1)}).$$

逆にこの2条件を満たす分布系 $\mathfrak{P}$ に対しては, $R^A(\boldsymbol{B}^A)$ の上の分布 P が一つしかして唯一つ存在して *(2. 12)* を満たす. これを KOLMOGOROFF の定理という.

いま A の各元 α に対し $R^1(\boldsymbol{B}^1)$ の上の分布 P_α が定義されているとする. このとき

$$P_{\alpha_1\cdots\alpha_n}=P_{\alpha_1}\times P_{\alpha_2}\times\cdots\times P_{\alpha_n}\ (\text{直積測度!}) \tag{2.13}$$

と定義すれば, $\mathfrak{P}=\{P_{\alpha_1\cdots\alpha_n}\}$ は上の (K. 1), (K. 2) を満たす. したがって KOLMOGOROFF の定理によりこの $\mathfrak{P}$ から $R^A(\boldsymbol{B}^A)$ の上の分布 P が定まる. これを $P_\alpha, \alpha\in A_1$ の**直積分布** (direct product probability measure) といって $\prod_{\alpha\in A}P_\alpha$ であらわす. 明らかに P は

$$P(p_{\alpha_1}^{-1}(E_1)\cap p_{\alpha_2}^{-1}(E_2)\cap\cdots\cap p_{\alpha_n}^{-1}(E_n))=\prod_{i=1}^{n}P_{\alpha_i}(E_i) \tag{2.14}$$

で特長づけられる $R^A(\boldsymbol{B}^A)$ の上の分布である. 同様に P_α がそれぞれ高次元 (有限または無限) の分布のとき (次元は α によって変ってよい) にもその直積分布を定義することができる.

§3 測度論的確率論 (2) 論理構成

一つの集合 Ω を固定し, これを見本空間という. Ω の上に一つの BOREL 集合体 $\boldsymbol{B}$ をとり, $\Omega(\boldsymbol{B})$ の上にある確率分布 P を考え, Ω に $\boldsymbol{B}, P$ をそえたものを**確率空間** (probability space) $\Omega(\boldsymbol{B}, P)$ という.

$\Omega(\boldsymbol{B}, P)$ は一種の測度空間であるから, その上で LEBESGUE 積分論が展開できる. $\Omega(\boldsymbol{B}, P)$ の上の可測実函数を**確率変数** (random variable) という. $x(\omega)$ を確率変数とせよ.

$$\Phi(E)=P\{\omega/x(\omega)\in E\}\equiv P(x^{-1}(E)),\qquad E\in\boldsymbol{B}^1 \tag{3.1}$$

を x の**分布** (distribution) という. これは $R^1(\boldsymbol{B}^1)$ の上の確率分布である.

$$E(x)=\int_\Omega x(\omega)P(d\omega) \tag{3.2}$$

を $x(\omega)$ の**期待値** (expectation) または**平均値** (mean) という. これは x の分布を用いて次のようにかける.

$$E(x)=\int_{R^1}\xi\Phi(d\xi). \tag{3.3}$$

可測函数は必ずしも可積分ではないから，確率変数の平均値は存在するとは限らない.

いくつかの確率変数をならべて確率ベクトルを定義することができる．Aを有限または無限集合として，Aの各元αに対して確率変数$x_\alpha(\omega)$が対応しているとする．このとき

$$\boldsymbol{x}(\omega)=\prod_{\alpha\in A}x_\alpha(\omega) \tag{3.4}$$

と定義すれば，$\boldsymbol{x}(\omega)$はΩの上で定義せられたR^Aの上の値をとる函数である．しかもそれは

$$E^{(A)}\in\boldsymbol{B}^A\Rightarrow\boldsymbol{x}^{-1}(E^{(A)})\in\boldsymbol{B} \tag{3.5}$$

という意味で可測である．$\boldsymbol{x}(\omega)$を確率ベクトルという．Aの濃度がmであれば，m次元の確率ベクトルという．特に2次元の確率ベクトル$(x_1(\omega), x_2(\omega))$を$x_1(\omega)+ix_2(\omega)$とかいて，**複素確率変数**ということがある．確率ベクトルに対してもその分布が(3.1)によって定義せられ，また成分毎に積分してその**平均値ベクトル**を定義することができる.

φをR^AからR^Bの中への写像とし

$$E^{(B)}\in\boldsymbol{B}^B\Rightarrow\varphi^{-1}(E^{(B)})\in\boldsymbol{B}^A \tag{3.6}$$

を満たすとする．このときφは**BOREL 可測** (BOREL measurable) または**B-可測** (B-measurable) またはさらに簡単に**可測** (measurable) という．確率ベクトルの可測写像による像は可測である．すなわちR^Aの中の値をとる確率ベクトル$\boldsymbol{x}(\omega)$に上述の可測写像φを施すと，R^Bの中を動く確率ベクトル$\varphi(\boldsymbol{x}(\omega))$が得られる．このとき$\varphi(\boldsymbol{x}(\omega))$の平均値ベクトルは

$$E[\varphi(\boldsymbol{x}(\omega))]=\int_{R^A}\varphi(\xi)\Phi(d\xi),\quad \Phi\text{ は }\boldsymbol{x}(\omega)\text{ の分布}, \tag{3.7}$$

で与えられる．$\varphi(\boldsymbol{x}(\omega))$は**$\boldsymbol{x}(\boldsymbol{\omega})$に関して可測**であるという.

いくつかの確率ベクトル$\boldsymbol{x}_\alpha(\omega), \alpha\in A$, があるときにも，これをならべてさらに高次元の確率ベクトル

$$\boldsymbol{x}(\omega)=\prod_{\alpha}\boldsymbol{x}_{\alpha}(\omega) \tag{3.8}$$

が定義される．もし $\boldsymbol{x}(\omega)$ の分布が $\boldsymbol{x}_{\alpha}(\omega)$ の分布, $\alpha\in A$, の直積分布であるならば, $\boldsymbol{x}_{\alpha}(\omega), \alpha\in A$, は**独立** (independent) であるという．これは

任意の相異なる $\alpha_1, \alpha_2, \cdots, \alpha_n\in A$ に対し

$$P\{\omega/\boldsymbol{x}_{\alpha_i}(\omega)\in E_i,\ i=1,2,\cdots,n\}=\prod_{i=1}^{n}P\{\omega/x_{\alpha_i}(\omega)\in E_i\} \tag{3.9}$$

という条件で特長づけられる．

$A=\sum_{\lambda}A_{\lambda}$ (直和) とし, $\boldsymbol{x}_{\alpha}(\omega)$, $\alpha\in A$, が独立とする．

$$\boldsymbol{y}_{\lambda}(\omega)=\prod_{\alpha\in A_{\lambda}}\boldsymbol{x}_{\alpha}(\omega),\qquad \lambda\in\Lambda \tag{3.10}$$

は独立である．また $\boldsymbol{x}_{\alpha}(\omega), \alpha\in A$, が独立とし, φ_{α} が可測とすれば, $\varphi_{\alpha}(\boldsymbol{x}_{\alpha}(\omega))$ も独立である．

$x_1(\omega), x_2(\omega), \cdots, x_n(\omega)$ が独立な複素 (または実) 確率変数ならば

$$E[x_1(\omega)\cdots x_n(\omega)]=E[x_1(\omega)]E[x_2(\omega)]\cdots E[x_n(\omega)] \tag{3.11}$$

となる．これを平均値の**乗法性**という．

確率変数 (またはベクトル) の列 $x_n(\omega)$, $n=1,2,\cdots$ が $x(\omega)$ に収束することの定義についていろいろの方法がある．一つは最も自然なもので,

$$P\{\omega/|x_n(\omega)-x(\omega)|\to 0\}=1, \tag{3.12}$$

ただし $|\ |$ はベクトルの長さ，である．$|x_n(\omega)-x(\omega)|$ は ω の可測函数であり，しかも

$$\{\omega/|x_n(\omega)-x(\omega)|\to 0\}=\bigcap_{p}\bigcup_{N}\bigcap_{n>N}\left\{\omega/|x_n(\omega)-x(\omega)|<\frac{1}{p}\right\}$$

であるから, (3.12) の左辺の $\{\omega/\,〃\,\}$ は可測集合である．その P-測度が 1 であることが (3.12) の意味するところである．このような収束を Ω の**ほとんど到る所で** (almost everywhere) **の収束**，確率 1 の収束，**ほとんど確実な収束** (almost sure convergence) または**概収束**といい, $x_n\to x$ (a. e.)* とかく．

これより少し弱い収束概念として

---

* a. e. は almost everywhere の略.

すべての $\varepsilon>0$ に対し，

$$P\{\omega/|x_n(\omega)-x(\omega)|>\varepsilon\}\to 0 \tag{3.13}$$

で収束を定義することもある．これを確率収束 (convergence in probability) といい，$x_n\to x(P)$ とかく．このとき x_n の分布が x の分布に次節でのべる意味で収束することがわかる．また $E(|x_n-x|^p)$ が有限であるときには

$$E(|x_n-x|^p)\to 0 \tag{3.14}$$

で定義することもある．これを **p 乗平均収束** (mean convergence of the p-th power) という．$p=2$ のときは特によく用いられ単に**平均収束**という．これは確率収束より強い条件である．

§4　分布函数，特性函数，平均値，分散

$\Phi, \Phi_1, \Phi_2, \cdots$ などで $R^1(\boldsymbol{B}^1)$ の上の分布をあらわす．

$$F(\xi)=\Phi(-\infty,\xi] \tag{4.1}$$

を Φ の**分布函数** (distribution function) という．$F(\xi)$ の満たすべき条件は

(i)　非減少：　$\xi<\eta \Rightarrow F(\xi)\leqq F(\eta)$,

(ii)　右連続：　$F(\xi+0)=F(\xi)$,

(iii)　$F(-\infty)=0,\quad F(\infty)=1.$

逆にこの条件を満たす $F(\xi)$ は

$$\Phi(E)=\int_E dF(\xi) \qquad (\text{LEBESGUE-STIELTJES 積分}) \tag{4.2}$$

で定まる $R^1(\boldsymbol{B}^1)$ の上の分布 Φ の分布函数である．いま $x(\omega)$ を確率変数とするとき，$x(\omega)$ の分布 Φ の分布函数 $F(\xi)$ は

$$F(\xi)=P\{\omega/x(\omega)\leqq\xi\} \tag{4.3}$$

で与えられる．これを **$x(\omega)$ の分布函数**ともいう．

上にのべたように分布 Φ と分布函数 F とは1対1に対応するから，分布函数で分布を代表させることができる．ここでは $\Phi, \Phi_1, \Phi_2, \cdots$ に対応する分布函数を $F, F_1, F_2, \cdots$ であらわす．分布列 $\{\Phi_n\}$ の収束を次のように定義する．

$$F(\xi) \text{ のすべての連続点 } \xi \text{ に対し } F_n(\xi)\to F(\xi) \tag{4.4}$$

のとき $\Phi_n\to\Phi$ と定める．この条件は

R^1 の中で稠密な点列 $\{\xi_m\}$ で

または $$F(\xi_m-0) \leqq \varliminf_n F_n(\xi_m) \leqq \varlimsup_n F_n(\xi_m) \leqq F(\xi_m+0). \qquad (4.4')$$

任意の有界連続函数 $f(\xi)$ に対し

$$\int_{R^1} f(\xi)\Phi_n(d\xi) \to \int_{R^1} f(\xi)\Phi(d\xi) \qquad (4.4'')$$

でおきかえることもできる.

$$\inf_n \Phi_n[-a, a] \to 1 \qquad (a \to \infty) \qquad (4.5)$$

ならば, Φ_n から部分列を選んである分布に収束させることができる.

$$\varphi(z) = \int_{R^1} e^{iz\xi}\Phi(d\xi), \qquad -\infty < z < \infty. \qquad (4.6)$$

すなわち Φ の FOURIER 変換を Φ の**特性函数** (characteristic function) という. Φ が実確率変数 $x(\omega)$ の分布であれば,

$$\varphi(z) = E(e^{izx}) \qquad (4.7)$$

となる. これを $x(\omega)$ の特性函数という. 明らかに $\varphi(z)$ は次の性質をもっている.

$$\varphi(0) = 1, \quad |\varphi(z)| \leqq 1, \qquad (4.8)$$

$$-\infty < z < \infty \text{ で一様連続.} \qquad (4.9)$$

正型: 任意の複素数 $a_1, a_2, \cdots, a_n$ と任意の実数 $z_1, z_2, \cdots, z_n$ に対し

$$\sum a_i \bar{a}_j \varphi(z_i - z_j) \geqq 0. \qquad (4.10)$$

逆に $\varphi(0) = 1$, $z = 0$ で連続, 正型な函数 $\varphi(z)$ はある分布 Φ の特性函数となっている. これを **BOCHNER の定理**という.

ここでは $\Phi, \Phi_1, \Phi_2, \cdots$ の特性函数を $\varphi, \varphi_1, \varphi_2, \cdots$ であらわそう. 次にのべる Φ と φ との対応関係は主として P. LÉVY によって得られたものである.

(i) $\varphi_1(z) \equiv \varphi_2(z) \Leftrightarrow \Phi_1 = \Phi_2$

(ii) $\varphi_n(z) \to \varphi(z)$ (すべての z に対し) $\Leftrightarrow \Phi_n \to \Phi$

(iii) $\varphi_n(z)$ がある函数 $\theta(z)$ ($\theta(z)$ がある分布の特性函数であることは仮定しない) に z の各値に対して収束し, しかも $z = 0$ のある近傍では一様収束すれば, $\theta(z)$ はある分布 Φ の特性函数となる. したがって (ii) によ

り $\Phi_n \to \Phi$.

分布の**平均値** (mean), **分散** (variance) をそれぞれ

$$M(\Phi) = \int_{R^1} \xi\Phi(d\xi), \quad V(\Phi) = \int_{R^1} (\xi - M(\Phi))^2\Phi(d\xi) \tag{4.11}$$

で定義する．平均値は分布の中心ともいうべきもので，分散は分布の散らばりの程度をあらわすものといえる．Φ を $x(\omega)$ の分布とすれば $M(\Phi)$ は $E(x)$ に等しく，$V(\Phi)$ は $E[(x-E(x))^2]$ に等しい．後者を $V(x)$ ともかき，x の分散という．明らかに

$$V(x) = E(x^2) - E(x)^2 \tag{4.12}$$

である．

x_1, x_2 が独立な確率変数であるとし，x をその和とする．x_1, x_2, x の分布を Φ_1, Φ_2, Φ, 分布函数を F_1, F_2, F, 特性函数を $\varphi_1, \varphi_2, \varphi$, 分散を V_1, V_2, V とする．

$$\Phi(M) = \int_{R^1} \Phi_1(M-\xi)\Phi_2(d\xi) = \int_{R^1} \Phi_2(M-\xi)\Phi_1(d\xi) \tag{4.13}$$

$$\text{ただし}\quad M-\xi = \{\eta - \xi / \eta \in E\},$$

$$F(\xi) = \int_{R^1} F_1(\xi-\eta)dF_2(\eta) = \int_{R^1} F_2(\xi-\eta)dF_1(\eta), \tag{4.14}$$

$$\varphi(z) = \varphi_1(z)\varphi_2(z) \quad (\text{特性函数の乗法性}), \tag{4.15}$$

$$V = V_1 + V_2 \quad (\text{分散の加法性}). \tag{4.16}$$

(4.13) を示すには M の定義函数を c_E とすれば，確率ベクトル (x_1, x_2) の分布は $\Phi_1 \times \Phi_2$ であるから，

$$\begin{aligned}\Phi(M) &= E[c_M(x)] = E[c_M(x_1+x_2)] \\ &= \int_{R^1}\int_{R^1} c_M(\xi_1+\xi_2)\Phi_1(d\xi_1)\Phi_2(d\xi_2) \\ &= \int_{R^1} \Phi_1(M-\xi_2)\Phi_2(d\xi_2).\end{aligned}$$

ほかの関係式も同様に証明される．さて確率変数ということから離れて，任意の分布 Φ_1, Φ_2 に対し，Φ を (4.13) で定義すると，これは一つの分布となる．これを $\Phi_1 * \Phi_2$ であらわし，Φ_1, Φ_2 の重畳 (convolution) という．Φ_1, Φ_2, Φ の特性

函数を $\varphi_1, \varphi_2, \varphi$ とすれば

$$\varphi(z)=\varphi_1(z)\varphi_2(z) \Leftrightarrow \Phi=\Phi_1 * \Phi_2 \tag{4.17}$$

である.

分布 Φ に対し, Φ の**裏返し** $\check{\Phi}$ を

$$\check{\Phi}(M)=\Phi(-M), \qquad -M=\{-\xi/\xi\in M\} \tag{4.18}$$

で定義する. $\check{\Phi}$ の特性函数 $\check{\varphi}$ は

$$\check{\varphi}(z)=\overline{\varphi(z)} \tag{4.19}$$

となる. x の分布が Φ ならば $-x$ の分布は $\check{\Phi}$ である. Φ が $\{\Phi_i\}$ の凸結合であれば φ は同じ係数によって $\{\varphi_i\}$ の凸結合である. 以上のことから特性函数全体の集合 C は次の性質をもつ.

(i) C は凸結合で不変である,

(ii) $C\ni\varphi_1, \varphi_2 \Rightarrow C\ni\varphi_1\cdot\varphi_2$,

(iii) $C\ni\varphi \Rightarrow C\ni\bar{\varphi}$,

したがって

(iv) $C\ni\varphi \Rightarrow C\ni|\varphi|^2$.

確率変数 x の特性函数が $\varphi(z)$ であるとすれば, $ax+b$ の特性函数は $e^{ibz}\varphi(az)$ である.

§2 に例としてあげた1次元の分布について平均値 M, 分散 V, 特性函数 $\varphi(z)$ を求めてみよう.

表 4.1

Φ		M	V	$\varphi(z)$
δ 分布	$\delta(\cdot;a)$	a	0	e^{iaz}
2項分布	$B(\cdot;p,n)$	np	npq	$(pe^{iz}+q)^n$
POISSON 分布	$P(\cdot;\lambda)$	λ	λ	$\exp\{\lambda(e^{iz}-1)\}$
正規分布	$N(\cdot;a,v)$	a	v	$\exp\left\{iaz-\frac{v}{2}z^2\right\}$
CAUCHY 分布	$C(\cdot;a,c)$	なし	なし	$\exp\cdot\{iaz-c\|z\|\}$

$(p^{iz}+q)^n\cdot(pe^{iz}+q)^{n'}=(pe^{iz}+q)^{n+n'}$ であるから, (4.17) により

$$B(\cdot;p,n)*B(\cdot;p,n')=B(\cdot;p,n+n').$$

同様に

$$\delta(\cdot;a)*\delta(\cdot;a')=\delta(\cdot;a+a'),$$
$$P(\cdot;\lambda)*P(\cdot;\lambda')=P(\cdot;\lambda+\lambda'),$$
$$N(\cdot;a,v)*N(\cdot;a',v')=N(\cdot;a+a',v+v'),$$
$$C(\cdot;a,c)*C(\cdot;a',c')=C(\cdot;a+a',c+c').$$

また $v\to 0$ のとき $\exp\left\{iaz-\frac{v}{2}z^2\right\}\to e^{iaz}$ であるから，前の 11 ページ (ii) により $N(\cdot;a,v)\to\delta(\cdot;a)$. この意味で δ 分布は正規分布の退化したものと考えることができる．同様に δ 分布はまた CAUCHY 分布の退化したものとみなすこともできる．

上にのべたことはそのまま m 次元の分布に拡張することができる．分布函数は

$$F(\xi_1,\cdots,\xi_m)=\Phi((-\infty,\xi_1]\times(-\infty,\xi_2]\times\cdots\times(-\infty,\xi_m]) \tag{4.20}$$

で定義せられる．分布列の収束の定義も同様である．特性函数は

$$\varphi(z)=\int_{R^m}e^{i(z,\xi)}\Phi(d\xi),\quad (z,\xi)=\sum_{\nu=1}^{m}z_\nu\xi_\nu, \tag{4.21}$$

で定義せられ，その性質も 1 次元と全く同様である．平均値，分散はそれぞれ平均値ベクトル，分散行列となる．その成分は

$$M_i=\int_{R^m}\xi_i\Phi(d\xi),\quad V_{ij}=\int_{R^m}(\xi_i-M_i)(\xi_j-M_j)\Phi(d\xi) \tag{4.22}$$

で与えられる．Φ が確率ベクトル $\boldsymbol{x}=(x_1,x_2,\cdots,x_n)$ の分布であれば，上の F, φ, M, V は

$$F(\xi_1,\cdots,\xi_m)=P\{\omega/x_1(\omega)\leqq\xi_1,\cdots,x_m(\omega)\leqq\xi_m\},$$
$$\varphi(z)=E(e^{i(z,x)}),$$
$$M=E(\boldsymbol{x}),\quad V_{ij}=E\{(x_i-E(x_i))(x_j-E(x_j))\}.$$

§2 にのべた m 次元分布の例について，M, V, φ を求めてみると次のようになる．

Φ	M	V	φ
$\delta(\cdot;\boldsymbol{a})$	$\boldsymbol{a}$	0	$e^{i(z,\boldsymbol{a})}$
$B(\cdot;\boldsymbol{p},n)$	$n\cdot\boldsymbol{p}$	$\begin{cases} V_{\mu\mu}=np_\mu(1-p_\mu) \\ V_{\mu\nu}=-np_\mu p_\nu \quad (\mu\neq\nu) \end{cases}$	$\left(\sum_\nu p_\nu e^{iz_\nu}\right)^n$
$N(\cdot;\boldsymbol{a},V)$	$\boldsymbol{a}$	V	$\exp\left\{i(\boldsymbol{a},z)-\frac{1}{2}(Vz,z)\right\}$

正規分布の定義のときには, V が狭義正型対称行列であると仮定した. V が広義正型対称のときには, $V_n=V+I/n$ (I は単位行列) とすれば, V_n は狭義正型対称となるから, $N_n=N(\cdot;\boldsymbol{a},V_n)$ は定義できる. この分布の特性函数 $\varphi_n(z)$ は,

$$\varphi_n(z)=\exp\left\{i(\boldsymbol{a},z)-\frac{1}{2}(V_nz,z)\right\}=\varphi(z)\exp\left\{-\frac{1}{2n}(z,z)\right\}$$

ただし

$$\varphi(z)=\exp\left\{i(\boldsymbol{a},z)-\frac{1}{2}(Vz,z)\right\}.$$

故に $\varphi_n(z)$ は z の任意の有界集合の上で一様に $\varphi(z)$ に収束する. $\varphi_n(z)$ は N_n の特性函数であるから, $\varphi(z)$ もある分布 N の特性函数で, N は分布列 $\{N_n\}$ の極限である. この N を正規分布 $N(\cdot;\boldsymbol{a},V)$ とかく. これは V が特に狭義正型のときには前の定義と一致する. もし V が狭義正型でなければ, すなわち $\det V=0$ ならば, この正規分布は**退化した正規分布**という. この時にはこの分布の台は全空間 R^m ではなくて, その中のある超平面である. 退化した場合でも $\boldsymbol{a}, V$ はそれぞれ $N(\cdot;\boldsymbol{a},V)$ の平均値, 分散となる.

最後に無限次元空間 $R^A(\boldsymbol{B}^A)$ の上の分布について**平均値ベクトル** M, **分散行列** V, **特性函数** $\varphi(z)$ を定義しよう. M と V は m 次元の場合の定義と全く同様である. 特性函数については前と少し違った点がある. m 次元のときには z も m 次元の任意のベクトルでよかったが, 無限次元 (R^A) のときには, z としては R^A の元でほとんどすべての (有限個の例外をのぞいての意) の座標が 0 であるもののみをとる. このような全体を $R_0{}^A$ としよう. $z\in R_0{}^A$, $\xi\in R^A$ に対して $(z,\xi)=\sum_\alpha z_\alpha\xi_\alpha$ が定義される. 右辺は実際は有限和であるから, 収束の問題はおこらない. $R^A(\boldsymbol{B}^A)$ の上の分布 P に対して, その特性函数 $\varphi(z)$ を

$$\varphi(z)=\int_{R^A} e^{i(z,\xi)}P(d\xi),\quad z\in R_0{}^A,$$

と定義する．$\varphi(z)$ において，ある有限個の座標をのこして他を0とおいたものを $\varphi(z)$ の**切断** (section) という．P の特性函数の切断は，P の射影 (*2.12*) の特性函数である．**KOLMOGOROFF の定理** (§2) は次のようにいいかえられる．

$z\in R_0{}^A$ の函数 $\varphi(z)$ の任意の切断が特性函数ならば，$\varphi(z)$ は $R^A(\boldsymbol{B}^A)$ の上のある分布の特性函数である．しかもこの分布は唯1通りに定まる．

このことを用いて**無限次元の正規分布**を定義することができる．M を R^A の任意の元，V を $R^{A\times A}$ の元で

$$V_{\alpha\beta}=V_{\beta\alpha},$$

$$(Vz,z)=\sum_{\alpha\beta}V_{\alpha\beta}z_\alpha z_\beta\geqq 0\quad (z\in R_0{}^A)$$

を満たすとする．(右辺も実質は有限和であることに注意)．

$$\varphi(z)=\exp\left\{i(z,M)-\frac{1}{2}(Vz,z)\right\}$$

とおけば，$\varphi(z)$ の任意の切断は正規分布 (退化したものを含む) の特性函数であるから，上の KOLMOGOROFF の定理のいいかえにより，$\varphi(z)$ は $R^A(\boldsymbol{B}^A)$ の分布を定める．この分布を R^A の上の正規分布 $N(\cdot;M,V)$ という．この分布の $(\alpha_1,\alpha_2,\cdots,\alpha_n)$ の上の射影は，$\varphi(z)$ の $(\alpha_1,\alpha_2,\cdots,\alpha_n)$ の上の切断に対応するから，$N(\cdot;(M_{\alpha_i}),(V_{\alpha_i\alpha_j}))$ となる．このことから M, V はそれぞれこの分布の平均値，分散となることが容易にわかる．

§5 確率過程

確率過程 (stochastic process, random process) は時と共に変動する偶然量を抽象化した概念である．測度論的確率論の立場からは次のように定式化される．$\Omega(\boldsymbol{B},P)$ を基礎の確率空間とし，T を実数の集合とする．T の元 t に関係する確率変数 $x_t(\omega)$ の組を確率過程という．応用上からいうと，t は時をあらわし，$x_t(\omega)$ は時 t におけるその偶然量の値をあらわす．T のとり方としては $\{1,2,3,\cdots\}$, $\{\cdots,-3,-2,-1,0,1,2,3,\cdots\}$ のように離散集合のこともあ

れば，区間 $(0,\infty)$, $(-\infty,\infty)$, (a,b) のような連続集合のこともある．前者の場合には特に**確率系列** (random sequence) という．

確率過程 $x_t(\omega)$, $t\in T$, はまた無限次元の確率ベクトル $\boldsymbol{x}(\omega)\equiv\prod_t x_t(\omega)$ と考えることもできる．$\boldsymbol{x}(\omega)$ は $R^T(\boldsymbol{B}^T)$ の中の値をとる確率ベクトルであるが，R^T の元は T の上で定義された実函数であるから，ω に対して一つの函数が定まることになる．この意味で確率過程は**彷徨函数** (random function) とよばれることがある．ω に対して定まる t の函数を**見本函数** (sample function) または見本過程 (sample process) という．確率過程は $R^T(\boldsymbol{B}^T)$ の中の値をとる確率ベクトルであるから，その分布は $R^T(\boldsymbol{B}^T)$ の上の確率分布となる．これが正規分布であるとき，**正規過程** (normal stochastic process) という．

$x_t(\omega)$ が複素数値をとる ω の可測函数であるとき，$x_t(\omega)$, $t\in T$, を複素確率過程という．正規過程を複素確率過程の場合に拡張した概念については§27に論ずる．

第2章　加　法　過　程

§6　加法過程の定義

加法過程 (additive process, differential process) は時の経過とともに独立な増分が加算されていくことによって生ずる確率過程であって，詳しくいうと次のようになる．$x_t(\omega)$, $a \leqq t < b$, が加法過程であるとは $(-\infty < a < b \leqq \infty)$

(i)　$x_a(\omega) \equiv 0$,

(ii)　$a \leqq t_0 < t_1 < \cdots < t_n < b$ に対し $x_{t_i} - x_{t_{i-1}}$, $i = 1, 2, \cdots, n$, が独立,

の2条件がなりたつこととする．また $x_n(\omega)$, $n = 0, 1, 2, \cdots$ が**加法系列** (additive sequence) であることも同様に定義する．この場合には (ii) のかわりに $y_n = x_n - x_{n-1}$, $n = 1, 2, \cdots$ が独立であるといってもよい．

次の**構成定理**は加法系列を論ずるときの基礎となる．

定理 1　任意の1次元の分布の列 $\Phi_1, \Phi_2, \cdots$ に対し，加法系列 $\{x_n\}$ を適当な確率空間の上に定義し，$x_n - x_{n-1}$ の分布が Φ_n であるようにできる．

証明　もし求める x_n が得られたとすれば，$y_n = x_n - x_{n-1}$, $n = 1, 2, \cdots$ は独立で，それぞれの分布は Φ_n である．ゆえに無限次元の確率ベクトル $\boldsymbol{y}(\omega) = \prod_i y_i(\omega)$ の分布は Φ_n, $n = 1, 2, \cdots$ の直積分布である．この点に着目して次のようにすればよいことがわかる．$T = \{1, 2, \cdots\}$, $\Omega = R^T$, $\boldsymbol{B} = \boldsymbol{B}^T$, $P = \prod_n \Phi_n$ とおき，$\omega \in \Omega$ に対し

$$y_n(\omega) = p_n(\omega), \quad x_n(\omega) = \sum_1^n y_\nu(\omega) \tag{6.1}$$

とおけば，$\{x_n\}$ が求めるものである．

これに相当する定理を加法過程の場合に導こう．x_t, $a \leqq t < b$, を加法過程とし，Φ_{st} を $x_t - x_s$ $(s < t)$ の分布とせよ．$s < t < u$ のとき，$x_u - x_s$ は独立な2変数 $x_t - x_s$ と $x_u - x_t$ との和であるから

$$\Phi_{su} = \Phi_{st} * \Phi_{tu} \qquad (s < t < u) \tag{6.2}$$

となる．

定理 2 Φ_{st}, $a \leqq t < b$, が (6.2) を満たす分布の系であれば, 加法過程 x_t, $a \leqq t < b$, を適当な確率空間の上に定めて, $x_t - x_s$ の分布が Φ_{st} となるようにできる.

証明 x_t の構成法の手がかりを得るために, x_t が得られたとして, 確率ベクトル $\boldsymbol{x}(\omega) = \prod_t x_t(\omega)$ の分布の特性函数 φ を求めてみよう. $T = [a, b)$ とおく. $\boldsymbol{z} \in R_0{}^T$ に対し

$$\varphi(z) = E(e^{i(z, x)}). \tag{6.3}$$

特に z の座標が $z_{t_1}, z_{t_2}, \cdots, z_{t_n}$ $(t_1 < t_2 < \cdots < t_n)$ のほかは 0 であるときには,

$$\varphi(z) = E(e^{i\sum_\nu z_{t_\nu} x_{t_\nu}})$$

$$= E(e^{i\sum_\nu z_\nu'(x_{t_\nu} - x_{t_{\nu-1}})}) \quad \left(\begin{array}{c} z_\nu' = \sum_{i=\nu}^{n} z_{t_i}, \\ t_0 = 0 \end{array} \right),$$

$\{x_{t_\nu} - x_{t_{\nu-1}}\}$ の独立性により

$$= \prod_\nu \varphi_{t_{\nu-1} t_\nu}(z_\nu') \qquad (\Phi_{st} = \Phi_{st} \text{ の特性函数}),$$

したがって

$$\varphi(z) = \prod_\nu \varphi_{t_{\nu-1} t_\nu}(z_{t_\nu} + z_{t_{\nu+1}} + \cdots + z_{t_n}). \tag{6.4}$$

かくして $\boldsymbol{x}(\omega)$ の分布の定義のしかたがわかったから, 定理の証明は次のようになる. $z \in R_0{}^T$ に対し, $\varphi(z)$ を (6.4) によって定義する. ここで注意すべきことは, "$z_{t_1}, z_{t_2}, \cdots, z_{t_n}$ の中たとえば z_{t_ν} が 0 に等しいときには, $\varphi(z)$ は $\varphi_{t_0 t_1}$, $\varphi_{t_1 t_2}, \cdots, \varphi_{t_{\nu-2} t_{\nu-1}} \varphi_{t_{\nu-1} t_{\nu+1}} \varphi_{t_{\nu+1} t_{\nu+2}} \cdots \varphi_{t_{n-1} t_n}$ によっても定義されるが, これが(6.4)の右辺と一致することを示すことにより, $\varphi(z)$ の定義が確定する" という点である. このためには $\varphi_{t_{\nu-1} t_{\nu+1}}(z) = \varphi_{t_{\nu-1} t_\nu}(z) \varphi_{t_\nu t_{\nu+1}}(z)$ を示せばよいが, これは仮定 (6.2) から明らかである. 次に (6.4) の右辺が $z_{t_1}, \cdots, z_{t_n}$ の函数とみて, ある n 次元の分布の特性函数であることをいう. それには $R^n(\boldsymbol{B}^n)$ の上に直積分布 $\prod_\nu \Phi_{t_{\nu-1} t_\nu}$ を分布させた確率空間 $\Omega'(\boldsymbol{B}', P')$ を考え, その上で $y_\nu'(\omega') = p_\nu(\omega')$, とすると, その分布は $\Phi_{t_{\nu-1} t_\nu}$ で, しかもこれらの確率変数は独立である. したがって $x_\nu'(\omega') = \sum_1^\nu y_i'(\omega')$ とおき, 確率ベクトル $\boldsymbol{x}'(\omega') = \prod_\nu x_\nu'(\omega')$ の分布の特性函数を $\varphi'(z_1, z_2, \cdots, z_n)$ とすれば, (6.4) の右辺は $\varphi'(z_{t_1}, z_{t_2}, \cdots, z_{t_n})$ に等しいことがわかる. ゆえに KOLMOGOROFF の定理(変形)により $\varphi(z)$ は $R^T(\boldsymbol{B}^T)$

の上のある分布 (P) の特性函数である．$\Omega = R^T$, $\boldsymbol{B} = \boldsymbol{B}^T$ とすれば，$\Omega(\boldsymbol{B}, P)$ が基礎の確率空間で，$\omega \in \Omega$ に対し，$x_t(\omega) = p_t(\omega)$ と定義すれば，$\{x_t\}$ は求める加法過程である．

§7 加法過程の例

いま銅貨を何回もつづけて投げるとし，n 回目までに表のでる回数を x_n とする $(x_0 = 0)$，$y_1 = x_1$, $y_2 = x_2 - x_1$, $y_3 = x_3 - x_2$, $\cdots$ とすれば，y_n は第 n 回目に表がでるか裏がでるかで，1 または 0 をとる．したがって y_n の分布 Φ_n はいずれも 0, 1 の上に 1/2 ずつ分布する純粋不連続分布である．しかも $\{y_n\}$ は独立な確率変数の列である．ゆえに $\{x_n\}$ は加法系列で，その数学的模型は前節の定理1で構成される．

次に**酔歩** (random walk) の問題を考えて見よう．これは東西に走る道の1点から出発する泥酔者が一歩一歩を東へ行くか西へ行くかを全く偶然に選んで進むとして，n 歩の後にいる位置を x_n (出発点の東ならば正，西ならば負) とする．$y_1 = x_1$, $y_2 = x_2 - x_1$, $\cdots$ とすれば，y_n は第 n 歩で東へ行くか西へ行くかで ± 1 をとり，それぞれの確率は 1/2 である．すなわち y_n の分布 Φ_n は $\Phi_n(\pm 1) = 1/2$ なる純粋不連続分布である．また $\{y_n\}$ は独立な確率変数の系と考えられるから，$\{x_n\}$ は加法系列であって，これも前節の定理1で構成される．

次に加法過程の例として **POISSON 過程** (Poisson process) をあげよう．これは加法過程 x_t, $0 \leqq t < \infty$, であって，$x_t - x_s$ $(t > s)$ の分布 Φ_{st} が Poisson 分布 $P(\cdot; \lambda(t-s))$ に等しいものである．ここに λ は正の定数である．Φ_{st} は前節の定理2の条件 (6.3) を満たす (§4) から，この定理が利用できる．$h \to 0$ のとき

$$P\{\omega / x_{t+h} - x_t \geqq 1\} = P\{\omega / x_{t+h} - x_t = 1\} \sim \lambda \cdot h$$

であることが，Poisson 分布の定義からすぐわかる．ある現象が各瞬間毎に独立におこったりおこらなかったりし，しかも $(t, t+dt)$ の間におこる確率が $\lambda \cdot dt$ であるとする．このとき $[0, t]$ の間におこる回数 x_t は Poisson 過程とみなすことができる．

加法過程の他の例として **WIENER 過程** (Wiener process) をあげよう．こ

れは酔歩の問題の連続化ともいうべきものであって，x_t-x_s の分布 Φ_{st} が正規分布 $N(\cdot;0,t-s)$ であるような加法過程 $x_t,\ 0\leqq t<\infty$, として定義される．この Φ_{st} も前節の定理 2 の条件 (6.2) を満たす (§4) から，この定理が利用できる．

x_t が加法過程であれば，$\alpha x_t+\beta t+\gamma$ も加法過程となる．また $x_t,\ a\leqq t<b$ と $y_t,\ a\leqq t<b$ がともに加法過程でしかも確率ベクトル $\boldsymbol{x}=\prod_t x_t$ と $\boldsymbol{y}=\prod_t y_t$ とが独立であるならば (これは "任意の $t_1,t_2,\cdots,t_n$ に対し n 次元の確率ベクトル $\prod_i x_{t_i}$ と $\prod_i y_{t_i}$ とが独立であるならば" といってもよい)，$\alpha x_t+\beta y_t,\ a\leqq t<b$ も加法過程である．このことは二つより多くの加法過程についてもいえる．この事実を利用して，Poisson 過程，Wiener 過程から出発してもっと一般の加法過程を構成することができる (§17 参照).

§8　独立な確率変数の和に関する不等式

定理 1 (Kolmogoroff の不等式)　$x_1,x_2,\cdots,x_n$ が独立で

$$E(x_i)=0,\quad V(x_i)<\infty,\quad i=1,2,\cdots,n, \tag{8.1}$$

とすると

$$P\left\{\omega\Big/\max_{k=1}^{n}|x_1+\cdots+x_k|\geqq c\right\}\leqq\frac{1}{c^2}\sum_{k=1}^{n}V(x_k). \tag{8.2}$$

証明

$A_k=\{\omega/|x_1|,|x_1+x_2|,\cdots,|x_1+\cdots+x_{k-1}|<c,|x_1+\cdots+x_k|\geqq c\},\quad 1\leqq k\leqq n,$

とおき，A_k の定義函数を $a_k(\omega)$ とする．$a_k(\omega)$ は $x_1,x_2,\cdots,x_k$ に関して可測である．A_k の定義から $A_1,A_2,\cdots,A_n$ はたがいに素で，(8.2) の左辺は

$$P(A_1+A_2+\cdots+A_n)=\sum P(A_k)$$

に等しい．$E(x_i)=0$ により

$$V(x_1+\cdots+x_n)=E((x_1+\cdots+x_n)^2),$$

$\sum a_k\leqq 1$ であるから，$\geqq\sum_k E(a_k(x_1+\cdots+x_n)^2)$.

さて

$$E(a_k(x_1+\cdots+x_n)^2)=E(a_k(x_1+\cdots+x_k)^2)+2E(a_k(x_1+\cdots+x_k)(x_{k+1}+\cdots+x_n))$$
$$+E(a_k(x_{k+1}+\cdots+x_n)^2).$$

a_k の定義により，第1項は $\geqq c^2P(A_k)$. $a_k(x_1+\cdots+x_k)$, $(x_{k+1}+\cdots+x_n)$ はそれぞれ $(x_1, \cdots, x_k)$, $(x_{k+1}, \cdots, x_n)$ について可測であるから，これらの確率変数は独立，しかも $E(x_{k+1}+\cdots+x_n)=0$. ゆえに第2項は 0. 第3項 $\geqq 0$. したがって上の式は $\geqq c^2P(A_k)$ となり，

$$V(x_1+\cdots+x_n) \geqq c^2 \sum P(A_k).$$

また $\{x_k\}$ の独立性により 左辺 $=\sum V(x_k)$. 以上を総合すると，(8.2) が得られる.

定理 2 (OTTAVIANI の不等式) $x_1, x_2, \cdots, x_n$ が独立で

$$P\{\omega/|x_{k+1}+\cdots+x_n| \leqq c\} \geqq 1/2, \qquad k=0, 1, \cdots, n-1 \tag{8.3}$$

ならば

$$P\left\{\omega\middle/\max_{k=1}^{n}|x_1+\cdots+x_k|>2c\right\} \leqq 2P\{\omega/|x_1+\cdots+x_n|>c\}. \tag{8.4}$$

証明

$A_k=\{\omega/|x_1|, |x_1+x_2|, \cdots, |x_1+\cdots+x_{k-1}| \leqq 2c, |x_1+\cdots+x_k|>2c\}$, $1 \leqq k \leqq n$,
$B_k=\{\omega/|x_{k+1}+\cdots+x_n| \leqq c\}$, $\quad 1 \leqq k \leqq n-1$

とおくと，$A_1, A_2, \cdots, A_n$ は互に素であって，(8.4) の左辺の ω 集合は $A_1+A_2+\cdots+A_n$ に等しい.

$|x_1+\cdots+x_k|>2c$, $|x_{k+1}+\cdots+x_n| \leqq c$ から $|x_1+\cdots+x_n|>c$ がでるから，(8.4) の右辺の ω 集合を C とすれば

$$A_1\cdot B_1+A_2\cdot B_2+\cdots+A_n\cdot B_n \subseteqq C, \quad ただし \quad B_n=\Omega,$$

となる. A_k は $(x_1, \cdots, x_k) \in E$ なる形の条件で定まり，B_k は $(x_{k+1}, \cdots, x_n) \in E'$ なる形の条件で定まるから，$(x_1, \cdots, x_k)$ と $(x_{k+1}, \cdots, x_n)$ とが独立であることを考慮して，$P(A_kB_k)=P(A_k)P(B_k)$, (8.3) により $P(B_k) \geqq 1/2$. ゆえに $P(A_kB_k) \geqq P(A_k)/2$. したがって

$$P(C) \geqq P(A_1B_1)+P(A_2B_2)+\cdots+P(A_nB_n)$$
$$\geqq \frac{1}{2}(P(A_1)+P(A_2)+\cdots+P(A_n))$$

ゆえに
$$P(C) \geqq \frac{1}{2}P(A_1+A_2+\cdots+A_n).$$

§9　0-1 法則

ω 集合 A の定義函数 $a(\omega)$ が確率ベクトル $\boldsymbol{x}(\omega)=\prod_{\lambda\in\Lambda}x_\lambda(\omega)$ に関して可測であるとき，A は $\boldsymbol{x}(\omega)$ に関して（または x_λ, $\lambda\in\Lambda$, に関してという）可測であるという．λ を Λ の任意の元，ξ を任意の実数とし，$\{\omega/x_\lambda\leqq\xi\}$ なる形の ω 集合をすべて考え，これを含む最小の BOREL 集合体を $\boldsymbol{B}(x)$ または $\boldsymbol{B}(x_\lambda, \lambda\in\Lambda)$ とかく．"A が $\boldsymbol{x}(\omega)$ に関して可測" であるとは A が $\boldsymbol{B}(x)$ の元であることと同等である．これはまた A が $\{\omega/\boldsymbol{x}(\omega)\in E\}$, $E\in\boldsymbol{B}^\Lambda$, なる形の集合であるといってもよい．$\lambda_1, \lambda_2, \cdots, \lambda_n\in\Lambda$, $E\in\boldsymbol{B}^n$ に対し，$\{\omega/(x_{\lambda_1}, x_{\lambda_2}, \cdots, x_{\lambda_n})\in E\}$ は $\boldsymbol{x}$ に関して可測である．また $\lambda_1, \lambda_2, \cdots\in\Lambda$ ならば，$x_{\lambda_n}(\omega)$, $n=1, 2, \cdots$, が収束するような ω 全体の集合は $\boldsymbol{x}$ に関して可測である．

補題 1　A が $x_\lambda, \lambda\in\Lambda$, に関して可測であるとする．任意の $\varepsilon>0$ に対し，$x_\lambda, \lambda\in\Lambda$ の中の有限個たとえば $x_{\lambda_1}, x_{\lambda_2}, \cdots, x_{\lambda_n}$ に関して可測な集合 A_ε が存在して

$$P(A-A_\varepsilon)+P(A_\varepsilon-A)<\varepsilon. \tag{9.1}$$

証明　上にのべたような性質をもつ A の全体は BOREL 集合体である．しかも $\{\omega/x_\lambda\leqq\xi\}$ なる形の集合はもちろんこの性質をもつから，$\boldsymbol{B}(x)$ の元がすべてこの性質をもつことになる．

$A_\lambda, \lambda\in\Lambda$, **が独立である**とは，その定義函数の集合 $a_\lambda(\omega)$, $\lambda\in\Lambda$, が独立な確率変数系をなすことである．

補題 2　$A_1, A_2, \cdots$（有限個または可算無限個）が独立であるならば

$$P(\bigcap_n A_n')=\prod_n P(A_n'),\quad \text{ただし}\quad A_n'=A_n \text{ または } A_n^c. \tag{9.2}$$

補題 3　$\boldsymbol{x}_\lambda(\omega)$, $\lambda\in\Lambda$, が独立な確率ベクトル系とし，各 $\lambda\in\Lambda$ に対し A_λ がそれぞれ $\boldsymbol{x}_\lambda(\omega)$ に関して可測ならば，$A_\lambda, \lambda\in\Lambda$, は独立である．

定理 1（**KOLMOGOROFF の 0-1 法則**）　$x_1, x_2, \cdots$ が独立であって，A が任意の n に対して $x_n, x_{n+1}, \cdots$ に関して可測であるならば，

$$P(A)=0 \quad \text{または} \quad 1. \tag{9.3}$$

証明　A は $x_1, x_2, \cdots$ に関して可測であるから，ε に対し，n を十分大きくとって，$x_1, x_2, \cdots, x_n$ に関して可測な A_ε で A を (9.1) の意味で近似することがで

きる．A は $x_{n+1}, x_{n+2}, \cdots$ に関しても可測であるから，$\{x_n\}$ の独立性により A と A_ε とは独立である（補題3）．ゆえに $P(A\cdot A_\varepsilon)=P(A)P(A_\varepsilon)$．(9.1) から

$$|P(A)-P(A_\varepsilon)|<\varepsilon,\quad |P(A)-P(A\cdot A_\varepsilon)|<\varepsilon.$$

したがって $\varepsilon\to 0$ として $P(A)=P(A)^2$ すなわち $P(A)=0$ または 1.

定理1を応用して，$x_1, x_2, \cdots$ が独立のとき

$$P\{\omega/\textstyle\sum x_n \text{ が収束する}\}=0 \text{ または } 1,$$

$$P\left\{\omega\Big/\frac{1}{n}\sum_{\nu=1}^{n}x_\nu\to 0\right\}=0 \text{ または } 1$$

が証明せられる．

定理 2 (Borel-Cantelli の定理)　事象列 $\{A_n\}$ が

$$\sum P(A_n)<\infty \tag{9.4}$$

を満たすならば

$$P(\overline{\lim}\, A_n)=0,\quad P(\underline{\lim}\, A_n{}^c)=1. \tag{9.5}$$

もし $\{A_n\}$ が独立で

$$\sum P(A_n)=\infty \tag{9.6}$$

ならば，

$$P(\overline{\lim}\, A_n)=1,\quad P(\underline{\lim}\, A_n{}^c)=0. \tag{9.7}$$

証明　(9.4) を仮定すれば，

$$P(\overline{\lim}\, A_n)=P(\bigcap_k\bigcup_{n\geqq k}A_n)\leqq P(\bigcup_{n\geqq k}A_n)\leqq\sum_{n\geqq k}P(A_n)\to 0.$$

ゆえに (9.5) の第1式は証明せられた．第2式は，$\underline{\lim}\, A_n{}^c=(\overline{\lim}\, A_n)^c$ を用いると，第1式から直ちに導かれる．

次に $\{A_n\}$ が独立で，しかも (9.6) がなりたつとする．

$$P(\underline{\lim}\, A_n{}^c)=P(\bigcup_k\bigcap_{n\geqq k}A_n{}^c)\leqq\sum_k P(\bigcap_{n\geqq k}A_n{}^c).$$

補題2により

$$P(\bigcap_{n\geqq k}A_n{}^c)=\prod_{n\geqq k}P(A_n{}^c)=\prod_{n\geqq k}(1-P(A_n)).$$

(9.6) により $\sum_{n\geqq k}P(A_n)=\infty$ であるから，上の無限積は 0 となり，$P(\underline{\lim}\, A_n{}^c)$ も 0 である．したがって $P(\overline{\lim}\, A_n)=1$.

§10　加法系列の収束

x_n, $n=0,1,2,\cdots$, が加法系列とする．$y_n=x_n-x_{n-1}$ とおけば $\{y_n\}$ は独立な確率変数系である．本節の目的は $n\to\infty$ のとき x_n が収束するための条件を調べることにある．$x_n(\omega)$, $n=0,1,2,\cdots$ が収束するような ω の集合を C であらわすと，

$$C=\bigcap_p\bigcup_k\bigcap_{m,n>k}\{\omega/|x_m(\omega)-x_n(\omega)|<1/p\}$$
$$=\bigcap_p\bigcup_k\bigcap_{m,n>k}\{\omega/|y_{n+1}(\omega)+\cdots+y_m(\omega)|<1/p\}$$

となる．ゆえに C は $y_1,y_2,\cdots$ に関して可測である．$x_n(\omega)$, $n\geqq 0$, が収束することは $x_n(\omega)-x_N(\omega)$, $n\geqq N$, が収束することと同等であるから，

$$C=\bigcap_p\bigcup_{k\geqq N}\bigcap_{m,n>k}\{\omega/|y_{n+1}(\omega)+\cdots+y_m(\omega)|<1/p\}$$

ともかかれ，C は $y_{N+1},y_{N+2},\cdots$ に関して可測であるともいえる．ゆえに KOLMOGOROFF の 0-1 法測により，

$$P(C)=0 \text{ または } 1 \tag{10.1}$$

では如何なる条件の下で $P(C)$ が 1 となるであろうか．はじめに十分条件をのべる．

定理 1　$\{E(x_n)\},\{V(x_n)\}$ がともに収束するならば，$P(C)=1$，すなわち x_n は概収束する．

証明　$x_n=(x_n-E(x_n))+E(x_n)$，$V(x_n)=V(x_n-E(x_n))$ であるから，$E(x_n)=0$ として一般性を失わない．

$$\sum_1^\infty V(y_n)=\lim_{n\to\infty}V(x_n)<\infty$$

であるから，任意の $\varepsilon>0$ に対し，$n(\varepsilon)$ が存在して，$n\geqq n(\varepsilon)$ なる限り

$$\sum_n^\infty V(y_n)<\varepsilon$$

となる．KOLMOGOROFF の不等式により

$$P\{\omega/\max_{1\leqq k\leqq m}|y_{n+1}+\cdots+y_{n+k}|>a\}\leqq\varepsilon/a^2.$$

$m\to\infty$ として

$$P\{\omega/\sup_{k}|y_{n+1}+\cdots+y_{n+k}|>a\}\leqq\varepsilon/a^2.$$

$|y_{n+k}+\cdots+y_{n+l}|\leqq|y_{n+1}+\cdots+y_{n+k-1}|+|y_{n+1}+\cdots+y_{n+l}|$ $(k<l)$ であるから，上の式から

$$P\{\omega/\sup_{l>k}|y_{n+k}+\cdots+y_{n+l}|>2a\}\leqq\varepsilon/a^2 \qquad (n\geqq n(\varepsilon)),$$

$n\to\infty$ として

$$P\{\omega/\lim_{n\to\infty}\sup_{l>k}|y_{n+k}+\cdots+y_{n+l}|>2a\}\leqq\varepsilon/a^2,$$

$\varepsilon\to0$ とし，それから $a\to0$ として

$$P\{\omega/\lim_{n\to\infty}\sup_{l>k}|y_{n+k}+\cdots+y_{n+l}|>0\}=0.$$

これは C の補集合の P-測度が 0 であることを示す．

次の定理は概収束のための必要十分条件を示す．

定理 2 (3 級数定理) $y_n'(\omega)=y_n(\omega)$ $(|y_n(\omega)|\leqq1)$, $=0$ $(|y_n(\omega)|>1)$ としたとき，x_n が概収束するために必要十分な条件は次の 3 級数がすべて収束することである．

$$\sum E(y_n'), \quad \sum V(y_n'), \quad \sum P\{\omega/y_n\neq y_n'\}. \qquad (10.2)$$

証明 十分なること．はじめの 2 級数が収束することから，前定理により $\sum y_n'$ の概収束がでる．第 3 の級数の収束から，Borel-Cantelli の定理により，ある番号以後 $y_n(\omega)=y_n'(\omega)$ となる確率は 1 である．ゆえに y_n' が概収束することから，y_n の概収束がでる．

必要なること．$\sum P\{\omega/y_n\neq y_n'\}=\infty$ とすると，Borel-Cantelli の定理により，無限に多くの n に対して $y_n(\omega)\neq y_n'(\omega)$ となる確率が 1 である．$y_n\neq y_n'$ は $|y_n|>1$ と同等であるから，無限に多くの y_n の絶対値が 1 より大となる確率が 1 である．ゆえに $\sum y_n$ は発散する確率が 1 である．ゆえに $\sum y_n$ すなわち x_n が概収束するためには $\sum P\{\omega/y_n\neq y_n'\}<\infty$．もしこれがなりたつならば，再び Borel-Cantelli の定理により，$\sum y_n$ の概収束性から $\sum y_n'$ の概収束性がでる．さて y_n' の分布を Φ_n，Φ_n の裏返しの分布を $\check{\Phi}_n$，$\Phi_n*\check{\Phi}_n$ を $\tilde{\Phi}_n$ とする．Φ_n の台は $[-1,1]$ であるから，$\tilde{\Phi}_n$ の台は $[-2,2]$ である．また

$$M(\tilde{\Phi}_n)=0, \quad V(\tilde{\Phi}_n)=2V(\Phi_n)=2V(y_n')$$

も明らか．Φ_n の特性函数を $\varphi_n(z)$ とすれば，$\tilde{\Phi}_n$ のそれは $|\varphi_n(z)|^2$ である．上に証明したように $\sum y_n'$ が概収束するから，

$$\lim_{n\to\infty} E(e^{iz(y_1'+\cdots+y_n')}) = E(e^{izx_\infty}), \quad x_\infty = \sum y_n = \lim x_n,$$

したがって $\prod_n \varphi_n(z)$ は $z=0$ のある近傍（$|z|<a$）で 0 ではない．ゆえに $\prod_n |\varphi_n(z)|^2>0$ （$|z|<a$），これから

$$\sum_n (1-|\varphi_n(z)|^2)<\infty,$$

すなわち

$$\sum_n \int (1-\cos z\xi)\tilde{\Phi}_n(d\xi)<\infty$$

がでる．十分小さい ξ に対しては $1-\cos\xi>\xi^2/3$ であるから，z を十分小さい正の数とすれば（Φ_n の台が $[-2,2]$ であることに注意）

$$\sum_n \int \frac{z^2\xi^2}{3}\tilde{\Phi}_n(d\xi)<\infty$$

となる．これから $\sum V(\tilde{\Phi}_n)$ したがって $\sum V(y_n')$ が収束することがわかる．ゆえに定理 1 により $\sum_n (y_n'-E(y_n'))$ が概収束する．$\sum_n y_n'$ は仮定により概収束するから，$\sum_n E(y_n')$ が収束することもわかる．

定理 3　次の 3 条件は同等である．

（i）　x_n の分布が収束する，

（ii）　x_n が確率収束する，

（iii）　x_n が概収束する．

証明　(iii) ⇒ (ii) ⇒ (i) は明らかである．(i) ⇒ (ii) を示そう．y_n の分布を Φ_n，その特性函数を φ_n とすると，(i) により $\Phi_1*\Phi_2*\cdots*\Phi_n$ は $n\to\infty$ のときある分布 Φ に収束する．Φ の特性函数を φ とせよ．$|\varphi(z)|$ は $z=0$ のある近傍 $|z|\leqq a$ である正数 b より大である．しかも $\varphi_1(z)\cdot\varphi_2(z)\cdots$ は $\varphi(z)$ に広義一様収束するから，任意の $\varepsilon>0$ に対し $N(\varepsilon)$ が定まって

$$m>n>N(\varepsilon) \Rightarrow |\varphi_{n+1}(z)\cdot\varphi_{n+2}(z)\cdots\varphi_m(z)-1|<\varepsilon \quad (|z|\leqq a).$$

いま $\theta(z)=\varphi_{n+1}(z)\cdots\varphi_m(z)$ とおき，$\theta(z)$ に対応する分布すなわち x_m-x_n の分布を Θ とすると，$m>n>N(\varepsilon)$ の下で次のことがわかる．

$$|\Theta(z)-1|<\varepsilon \qquad (|z|\leqq a),$$

ゆえに
$$\left|\int(1-e^{izx})\Theta(dx)\right|<\varepsilon.$$
z について $-a$ から a まで積分して $2a$ で割ると
$$\int\left(1-\frac{\sin xa}{xa}\right)\Theta(dx)<\varepsilon.$$
しかるに
$$1-\frac{\sin x}{x}\geqq C\frac{x^2}{1+x^2}$$
なる定数 $C>0$ が存在するから
$$\int\frac{x^2a^2}{1+x^2a^2}\Theta(dx)<\frac{\varepsilon}{C},$$
したがって
$$\int_{|x|\geqq\eta}\Theta(dx)<\frac{(1+\eta^2a^2)\varepsilon}{C\eta^2a^2},$$
すなわち $m>n>N(\varepsilon)$ なる限り
$$P\{\omega/|x_m-x_n|\geqq\eta\}<(1+\eta^2a^2)\varepsilon/C\eta^2a^2.$$
これは x_n が確率収束することを示す．残っているのは (ii) ⇒ (iii) であるが，これは定理1の証明と同様にして証明される．ただ KOLMOGOROFF の不等式のかわりに OTTAVIANI の不等式を用いたらよい．

§11 散布度

前にのべたように，分散は分布の散らばりの程度を示す標識であるが，これは必ずしも存在しないので，その利用の範囲が限られている．それゆえすべての分布に対して存在しかつ分散と同じ役目をする散布度という概念を導入する．

1次元の分布 Φ に対して
$$\delta(\Phi)=-\log\left[\iint e^{-|x-y|}\Phi(dx)\Phi(dy)\right] \qquad (11.1)$$
を Φ の**散布度**という．また上のカッコの中の2重積分の値を $q(\Phi)$ であらわし，Φ の**集中度**という．確率変数 x に対しても $\delta(x), q(x)$ をそれぞれ x の分布 Φ のそれぞれの値 $\delta(\Phi), q(\Phi)$ として定義する．定義から直ちに次のことがわかる．

(i) $0<q(\Phi)\leqq 1,\quad 0\leqq\delta(\Phi)<\infty,$

(ii) $q(x)=q(x+a)=q(-x),\quad \delta(x)=\delta(x+a)=\delta(-x),$

(iii) $q(\Phi)=1 \Leftrightarrow \delta(\Phi)=0 \Leftrightarrow \Phi$ は δ 分布,

(iv) $\delta(x_n)\to 0 \Leftrightarrow x_n-a_n$ が 0 に確率収束するような $\{a_n\}$ がある.

証明 $\Leftarrow$ は明らか. $\Rightarrow$ を示そう. $\delta(x_n)\to 0$ から

$$\iint e^{-|x-y|}\Phi_n(dx)\Phi_n(dy)\to 1 \qquad (\Phi_n \text{ は } x_n \text{ の分布}).$$

ゆえに $\{a_n\}$ が存在して

$$\int e^{-|x-a_n|}\Phi_n(dx)\to 1,$$

すなわち

$$\int (1-e^{-|x-a_n|})\Phi_n(dx)\to 0,$$

ゆえに

$$\int_{|x-a_n|>\varepsilon}\Phi_n(dx)\leqq \frac{1}{1-e^{-\varepsilon}}\int(1-e^{-|x-a_n|})\Phi_n(dx)\to 0.$$

(v) $\delta(x_n)\to\infty \Leftrightarrow$ すべての l に対し $Q_n(l)\equiv \sup_a \Phi_n[a-l,a+l]\to 0.$

証明 $\delta(x_n)\to\infty$ とすれば $q(x_n)\to 0.$

$$\Phi_n[a-l,a+l]^2=\iint_{|x-a|,|y-a|\leqq l}\Phi_n(dx)\Phi_n(dy)\leqq\iint_{|x-y|\leqq 2l}\Phi_n(dx)\Phi_n(dy)$$
$$\leqq e^l q(x_n),$$

ゆえに

$$Q_n(l)\leqq e^{l/2}q(x_n)^{1/2}\to 0.$$

逆にすべての l に対して $Q_n(l)\to 0$ とせよ.

$$\int e^{-|x-y|}\Phi_n(dx)\leqq\int_{|x-y|\geqq l}{}''\quad+\int_{|x-y|<l}{}''\quad\leqq e^{-l}+Q_n(l),$$

$$q(x_n)=\iint e^{-|x-y|}\Phi_n(dx)\Phi_n(dy)\leqq e^{-l}+Q_n(l).$$

さて l を十分大きくとって $e^{-l}<\varepsilon/2$ とし, 次に n を十分大きくとって, $Q_n(l)<\varepsilon/2$ とすれば, $q(x_n)>\varepsilon$ となるから, $q(x_n)\to 0$. ゆえに $\delta(x_n)\to\infty$.

(vi) φ を Φ の特性函数とすれば,

$$q(\Phi)=\frac{1}{\pi}\int\frac{|\varphi(z)|^2}{1+z^2}dz.$$

したがって $\Phi_n\to\Phi$ ならば $q(\Phi_n)\to q(\Phi)$ すなわち $\delta(\Phi_n)\to\delta(\Phi)$，同様にまた $x_n\to x$（確率収束）ならば $\delta(x_n)\to\delta(x)$.

証明　Ψ を Φ の裏返しとすれば，$\Phi*\Psi$ の特性函数は $|\varphi(z)|^2$ となる．

$$\begin{aligned}q(\Phi)&=\iint e^{-|x-y|}\Phi(dx)\Phi(dy)=\iint e^{-|x+y|}\Phi(dx)\Psi(dy)\\&=\int e^{-|x|}(\Phi*\Psi)(dx)=\int\frac{1}{\pi}\int\frac{e^{izx}}{1+z^2}dz(\Phi*\Psi)(dx)\\&=\frac{1}{\pi}\iint e^{izx}(\Phi*\Psi)(dx)\frac{dz}{1+z^2}=\frac{1}{\pi}\int\frac{|\varphi(z)|^2}{1+z^2}dz.\end{aligned}$$

（vii）**散布度増加の原理**　x,y が独立であるならば

$$q(x+y)\leqq q(x)\quad すなわち\quad \delta(x+y)\geqq\delta(x),$$

しかも等号は y の分布が δ-分布であるときのみなりたつ．

証明　x,y の分布の特性函数をそれぞれ φ_1,φ_2 とする．

$$q(x+y)=\frac{1}{\pi}\int\frac{|\varphi_1(z)\varphi_2(z)|^2}{1+z^2}dz\leqq\frac{1}{\pi}\int\frac{|\varphi_1(z)|^2}{1+z^2}dz=q(x).$$

等号がなりたつためには，$|\varphi_1(z)|>0$ となる z に対して，$|\varphi_2(z)|^2=1$．しかるに $z=0$ の近傍で $|\varphi_1(z)|>0$ であるから，同じ近傍で $|\varphi_2(z)|^2=1$．y の分布を Φ とし，Φ とその裏返し $\check{\Phi}$ との重畳を $\tilde{\Phi}$ とする．$\tilde{\Phi}$ の特性函数は $|\varphi_2(z)|^2$ であり，しかも $\tilde{\Phi}$ は対称分布であるから，

$$\int\cos z\xi\,\tilde{\Phi}(d\xi)=1\quad すなわち\quad \int(1-\cos z\xi)\tilde{\Phi}(d\xi)=0$$

が z のある近傍 $|z|\leqq a$ でなりたつ．z について $-a$ から a まで積分して $2a$ で割ると，

$$\int\left(1-\frac{\sin a\xi}{a\xi}\right)\tilde{\Phi}(d\xi)=0.$$

しかるに

$$1-\frac{\sin x}{x}>C\frac{x^2}{1+x^2},\qquad C=正の定数$$

であるから，

$$\int \frac{a^2\xi^2}{1+a^2\xi^2}\tilde{\Phi}(d\xi) \leqq 0.$$

ゆえに $\tilde{\Phi}$ は単位分布 $\delta(\cdot, 0)$ であって, Φ は一般の δ 分布となる.

さて x_n が加法系列とし, $y_n = x_n - x_{n-1}$ とする. x_{n+1} は独立な x_n と y_{n+1} との和であるから, $q(x_n) \geqq q(x_{n+1})$. したがって $\delta(x_n) \leqq \delta(x_{n+1})$. $q = \lim q(x_n)$, $\delta = \lim \delta(x_n)$ とおけば, 次の定理がなりたつ.

定理 1　$\delta < \infty \Leftrightarrow q > 0 \Leftrightarrow \{a_n\}$ が存在して $\{x_n - a_n\}$ は概収束, しかも $\delta = \delta(\lim_n (x_n - a_n))$.

2　$\delta = \infty \Leftrightarrow q = 0 \Leftrightarrow Q_n(l) = \sup_a P\{\omega / a \leqq x_n \leqq a + l\} \to 0$.

証明　2はすでに上の (E) でのべた. 1を示そう. $\delta < \infty$ すなわち $q > 0$ とせよ.

$$q = \lim_n \frac{1}{\pi}\int \frac{|\varphi_1(z)|^2 \cdots |\varphi_n(z)|^2}{1+z^2} dz = \frac{1}{\pi}\int \prod_{n=1}^{\infty} |\varphi_n(z)|^2 \frac{dz}{1+z^2}$$

$q > 0$ から測度正の集合 A を適当にとると, その上で, $\prod_n |\varphi_n(z)|^2 > 0$, したがって

$$\sum_n [1 - |\varphi_n(z)|^2] < \infty.$$

ゆえに測度正の集合 A_1 を適当にとるとその上で

$$\sum_n [1 - |\varphi_n(z)|^2] < C < \infty.$$

A_1 の測度 ($|A_1|$ とかく) は有限としてよい. y_n の分布を Φ_n, Φ_n とその裏返し $\check{\Phi}_n$ との重畳を $\tilde{\Phi}_n$ とすれば

$$\sum_n \int (1 - \cos z\xi)\tilde{\Phi}_n(d\xi) < C. \qquad (11.2)$$

$0 < |A_1| < \infty$ であるから,

$$f(\xi) \equiv \frac{1+\xi^2}{\xi^2}\int_{A_1} (1 - \cos z\xi) dz$$

は $0 < |\xi| < \infty$ で連続で, しかも $f(\xi) > 0$. また $|\xi| \to \infty$ のときには Riemann-Lebesgue の定理により $f(\xi) \to |A_1| > 0$ が得られる. また $|\xi| \to 0$ のときには

$$f(\xi) \to \frac{1}{2}\int_{A_1} z^2 dz > 0.$$

ゆえに $f(\xi)$ の下限は正で

$$\int_{A_1}(1-\cos z\xi)dz>k\frac{\xi^2}{1+\xi^2} \qquad (k>0).$$

したがって (11.2) を $z\in A_1$ で積分して

$$\sum_n\int\frac{\xi^2}{1+\xi^2}\tilde{\Phi}_n(d\xi)<C'.$$

しかるに

$$\int\frac{\xi^2}{1+\xi^2}\tilde{\Phi}_n(d\xi)=\iint\frac{(\xi-\eta)^2}{1+(\xi-\eta)^2}\Phi_n(d\xi)\Phi_n(d\eta)$$

であるから，適当に $\{b_n\}$ をとって

$$\sum_n\int\frac{(\xi-b_n)^2}{1+(\xi-b_n)^2}\Phi_n(d\xi)<\sum_n\int\frac{\xi^2}{1+\xi^2}\tilde{\Phi}_n(d\xi)<C'.$$

したがって

$$\sum_n\int_{|\xi-b_n|>1}\Phi_n(d\xi)<\infty, \quad \sum_n\int_{|\xi-b_n|\leqq 1}\xi^2\Phi_n(d\xi)<\infty.$$

いま $z_n=y_n-b_n$ ($|y_n-b_n|\leqq 1$ のとき)，$=0$ ($|y_n-b_n|>1$ のとき) とおけば，上の結果から

$$\sum_n P\{\omega/z_n\neq y_n-b_n\}<\infty,$$
$$\sum_n E(z_n{}^2)<\infty.$$

第1の条件から，Borel-Cantelli の定理により，ある番号以後 $z_n=y_n-b_n$ となる確率は1である．また第2の条件から

$$\sum_n V(z_n)\leqq\sum_n E(z_n{}^2)<\infty$$

が得られ，§10 定理1により $\sum_n(z_n-c_n)$ ($c_n=E(z_n)$) は概収束．ゆえに $\sum_n(y_n-d_n)$ ($d_n=b_n+c_n$) も概収束．したがって $\{x_n-a_n\}$ ($a_n=d_1+d_2+\cdots+d_n$) も概収束である．$\lim(x_n-a_n)$ の特性函数を $\varphi(z)$ とすれば $|\varphi(z)|^2=\prod_{n=1}^{\infty}|\varphi_n(z)|^2$ であるから，$q(\lim(x_n-a_n))=q$ したがって $\delta(\lim(x_n-a_n))=\delta$ である．

上の定理1における数列 $\{a_n\}$ を**収束化定数列**という．$\{a_n\}$ が収束化定数列であって，$\{b_n\}$ が収束数列であれば，$\{a_n+b_n\}$ は収束化定数列である．収束化

定数列を求める方法として次の定理がある．

定理 3　定理1の条件が満たされているとするとき，

$$E(\arctan(x_n - c_n)) = 0$$

となるように，c_n を定めると，$\{c_n\}$ は収束化定数列である．これを **DOOB の収束化定数列**という．

証明　まず上の条件で c_n が唯一通りに定まることをいう．c_n を $-\infty$ から ∞ まで変化させると，$E(\arctan(x_n - c_n))$ は $\pi/2$ から $-\pi/2$ へ連続的に単調減少(狭義)する．ゆえにこれが 0 となる c_n は一つ，しかして唯一つある．さて定理1の条件が満たされているならば，収束化定数列 $\{a_n\}$ がある．$\{c_n - a_n\}$ が収束列であることをいえば，定理3が証明されたことになる．それには $\{c_n - a_n\}$ の極限点が唯一つであることをいえばよい．いま

$$c_{p(n)} - a_{p(n)} \to c \quad (p(n) \text{ は自然数の部分列})$$

とせよ．

$$x_{p(n)} - c_{p(n)} = (x_{p(n)} - a_{p(n)}) - (c_{p(n)} - a_{p(n)}) \to x - c$$

であるから，

$$E(\arctan(x - c)) = \lim_n E(\arctan(x_{p(n)} - c_{p(n)})) = 0.$$

ゆえに c は唯一通りに定まる．

注意　定理1のときには $\sum y_n$ は**収束型**といい，定理2のときには**発散型**という．

§12　加法過程の簡単な性質

x_t, $t \in T = [a, b)$ を加法過程とする．加法過程の定義と散布度増加の原理により，

$$(s, t) \subseteq (u, v) \Rightarrow \delta(x_v - x_u) \geqq \delta(x_t - x_s)$$

である．特に $u = s = a$ とおいて，$\delta(t) \equiv \delta(x_t)$ が t の増加函数であることがわかる．$\delta(t)$ の不連続点の集合 D はたかだか可算である．D は次の3集合の直和である．

$$D^+ = \{t \,/\, \delta(t+0) > \delta(t),\ \delta(t-0) = \delta(t)\},$$
$$D^- = \{t \,/\, \delta(t+0) = \delta(t),\ \delta(t-0) < \delta(t)\},$$
$$D^0 = \{t \,/\, \delta(t+0) > \delta(t),\ \delta(t-0) < \delta(t)\}.$$

前節でのべたように各 t に対し

$$E\{\arctan(x_t-f(t))\}=0$$

となる定数 $f(t)$ は一義的に確定する．いま

$$z_t=x_t-f(t),\quad x_t=z_t+f(t)$$

とおく．

$t_1<t_2<\cdots\to t$ とするとき，z_{t_n}, $n=1,2,\cdots$ は加法系列でしかも $\delta(t_n)\leqq\delta(t)$ であるから，$\{z_{t_n}-c_n\}$ は概収束する．$E(\arctan z_{t_n})=0$ であるから，$c_n=0$ ととれる．すなわち $\{z_{t_n}\}$ が概収束する．その極限を z_{t-} とかく．z_{t-} は t をきめたとき P-測度 0 を除いて定まる（例外集合は t に関する）．また $t_1'<t_2'<\cdots$ に対して同様の極限を考え，z_{t-}' とし，$\{t_n\}$, $\{t_n'\}$ を合せて $t_1''<t_2''<\cdots\to t$ とし，これに対応する極限を z_{t-}'' とすれば

$$z_t=z_t''=z_t'\ (\text{a.e.})$$

となる．ゆえに z_{t-} は確率 1 を以て $\{t_n\}$ の選び方に無関係である．ω の例外集合は t に関係する．z_{t+} を定義するには，$t_n\downarrow t$ とし，$\{z_{t_n}-z_{t_1}\}$ を考えると，これも加法系列で，$\delta(z_{t_n}-z_{t_1})=\delta(z_{t_1}-z_{t_n})\leqq\delta(z_{t_1}-z_t)$ であるから，$\{z_{t_n}-z_{t_1}-c_n\}$ が概収束する．したがって $\{z_{t_n}-c_n\}$ が概収束する．$E(\arctan(z_{t_n}-c_n))=0$ であるから，$\{z_{t_n}\}$ が概収束する．これを z_{t+} とする．これも $\{t_n\}$ のとり方に無関係である．

定理 1

$$t\notin D \iff P\{\omega\,/\,z_{t+}=z_t=z_{t-}\}=1,$$
$$t\in D^+ \iff P\{\omega\,/\,z_{t-}=z_t\}=1,\quad \delta(z_{t+}-z_t)>0,$$
$$t\in D^- \iff P\{\omega\,/\,z_{t+}=z_t\}=1,\quad \delta(z_t-z_{t-})>0,$$
$$t\in D^0 \iff \delta(z_{t+}-z_t)>0,\quad \delta(z_t-z_{t-})>0.$$

証明に先立って次の補題を示す．

補題 $\{x_n, y_n, \cdots, u_n\}$ がすべての $n=1,2,\cdots$ に対して独立で，$x_n, y_n, \cdots, u_n$ が $n\to\infty$ のときそれぞれ $x, y, \cdots, u$ に概収束すれば，$x, y, \cdots, u$ も独立である．

証明

$$E\{\exp\{i(\theta x+\varphi y+\cdots+\psi u)\}\}=\lim_{n\to\infty}E\{\exp\{i(\theta x_n+\varphi y_n+\cdots+\psi u_n)\}\}$$

$$= \lim_{n\to\infty} E\{e^{i\theta x_n}\}E\{e^{i\varphi y_n}\}\cdots E\{e^{i\psi u_n}\}$$
$$= E\{e^{i\theta x}\}E\{e^{i\varphi y}\}\cdots E\{e^{i\psi u}\}.$$

$x, y, \cdots, u$ の分布を $\Theta, \Phi, \cdots, \Psi$, 確率ベクトル $(x, y, \cdots, u)$ の分布を F とすれば，上の式から F の特性函数が $\Theta\times\Phi\times\cdots\times\Psi$ の特性函数であることがわかり，したがって両分布は一致する．これは $x, y, \cdots, u$ が独立であることを意味する．

定理の証明　上の補題により z_t-z_{t-} と z_{t-} とは独立でしかも $z_t=(z_t-z_{t-})+z_{t-}$ であり，$\delta(z_t)=\lim_{s\uparrow t}\delta(z_s)=\delta(t-0)$ であるから，$\delta(t-0)=\delta(t)$ ならば z_t-z_{t-} は定数である（確率 1 を以て）．$E(\arctan z_t)=0$, したがって $E(\arctan z_{t-})=\lim_{s\uparrow t}E(\arctan z_s)=0$ であるから，この定数は 0 でなければならない．すなわち $P(z_t=z_{t-})=1$ である．$\delta(t-0)<\delta(t)$ ならば z_t-z_{t-} は定数とはならず，$\delta(z_t-z_{t-})>0$. z_t についても同様である．これを総合すると上の定理が得られる．

さて z_t の飛躍 $z_{t+}-z_{t-}$, $t\in D$, だけを集めて加法過程 u_t を定めよう．しかしながら

$$u_t=\sum_{\substack{s\leqq t\\ s\in D}}(z_{s+}-z_{s-})$$

と定義するような素朴な考えは一般には許されない．それは無限和の収束の問題があるからである．D は可算集合であるから，その元を一列にならべて，s_1, s_2, $\cdots$ とする．

$$u_t^{(n)}=\sum_{\substack{1\leqq i\leqq n\\ s_i\leqq t}}(z_{s_i+}-z_{s_i-})-c_t^{(n)},$$

ただし $s_i=t$ となったときには，z_{s_i+} のかわりに z_t とする．$c_t^{(n)}$ は $E(\arctan u_t^{(n)})=0$ とする定数である．$u_t^{(n)}$ は独立な確率変数の可算和の部分和であり，しかも散布度増加の原理により $\delta(u_t^{(n)})\leqq\delta(z_t)$ であるから，$u_t^{(n)}$ は概収束する．この極限を u_t とすればよい．明らかに $E(\arctan u_t)=0$ である．このことに注意すると，D のならべ方をかえても同じ u_t が得られることがわかる．定義から明らかに

定理 2　u_t は加法過程で，$\delta(u_t)$ は D の点における飛躍のみで増加する純粋不連続な増加函数である．

$$t \notin D \quad では \quad P\{\omega \,/\, u_{t-} = u_t = u_{t+}\} = 1,$$
$$t \in D \quad では \quad P\{\omega \,/\, u_{t+} - u_t = z_{t+} - z_t + 定数\} = 1,$$
$$P\{\omega \,/\, u_t - u_{t-} = z_t - z_{t-} + 定数\} = 1.$$

次に $v_t = z_t - u_t - c_t$ (c_t は $E(\arctan v_t) = 0$ となるように選ぶ) とおいて，v_t の様子を調べよう．

定理 3 v_t は加法過程で，$\delta(u_t)$ は t の連続函数であって，

$$P\{\omega/v_{t-} = v_t = v_{t+}\} = 1. \tag{12.1}$$

証明 $v_t^{(n)} = z_t - u_t^{(n)} - c_t$ とおけば，これは明らかに加法過程である．$v_t^{(n)}$ は v_t に概収束するから，上の補題1を用いて，v_t も加法過程であることがわかる．$E(\arctan v_t) = 0$ により，v_{t-}, v_{t+} が定まる．ゆえに c_{t-0}, c_{t+0} も定まる．定理2により $v_{t+} - v_t$, $v_t - v_{t-}$ はともに定数である確率が1である．$E(\arctan v_t) = 0$ に注意すれば，この定数は0でなければならない．したがって(*12.1*)がなりたつ．これから定理1により $\delta(v_t)$ の不連続点が存在しないこともわかる．

以上を総合して

$$x_t = u_t + v_t + g(t), \quad g(t) = f(t) + c_t$$

という分解が得られ，$g(t)$ は t の函数 (ω を含まない)，u_t, v_t は加法過程で，$\delta(u_t)$ は純粋不連続，$\delta(v_t)$ は連続である．しかも $E(\arctan u_t) = E(\arctan v_t) = 0$. したがって(*12.1*)を得る．$u_t$ と v_t との関係として

定理 4 二つの加法過程 $u_t, t \in T$, と $v_t, t \in T$, とは独立である．(これは二つの確率ベクトル $\prod_t u_t$ と $\prod_t v_t$ とが独立であることを意味する．)

証明 $z_{s_i-} - z_{s_{i-1}}, z_{s_i} - z_{s_i-}, z_{s_i+} - z_{s_i}, i = 1, 2, \cdots, n$, が独立であることと§3でのべた独立性に関する性質とから $u_t^{(n)}, t \in T$, と $v_t^{(n)}, t \in T$, とが独立である．ゆえに任意の $t_1, t_2, \cdots, t_m$ に対し，m 次元確率ベクトル $\prod_i u_{t_i}^{(n)}$ と $\prod_i v_{t_i}^{(n)}$ とは独立である．上の補題は m 次元確率ベクトルに対してもなりたつから，$\prod_i u_{t_i}$ と $\prod_i v_{t_i}$ とが独立となり，結局 $\prod_t u_t$ と $\prod_t v_t$ とは独立となる．

上述のことから，加法過程を研究するには，$\delta(x_t)$ が純粋不連続なものと，$\delta(x_t)$ が連続なものをそれぞれ研究すればよいことがわかる．前者は常に次のような形で構成される．$[a, b)$ の可算部分集合 D を固定し，D の各点 t に対して，二つ

の確率変数 ξ_t, η_t を対応させ, $\xi_t, \eta_t, t\in D$ がすべて独立であるようにする．しかも $a\leqq s<b$ なる s に対し,

$$\xi_s+\sum_{t<s,\ t\in D}(\xi_t+\eta_t)$$

が収束型 (§11 末尾注意) であるとする．これから Doob の収束化定数列を引いてこの和を求め, これを x_t とすれば, 純粋不連続な $\delta(x_t)$ をもつ加法過程が得られる．$\delta(x_t)$ が連続な場合については次の数節にわたって説明する．

§13　確率過程の可分性

$x_t(\omega)$, $t\in T$, を任意の確率過程とせよ．個々の t に対し $x_t(\omega)$ は ω の可測函数であるから,

$$A=\{\omega\,/\,x_{t_1}(\omega)\leqq a_1,\ x_{t_2}(\omega)\leqq a_2,\ \cdots,\ x_{t_n}(\omega)\leqq a_n\},$$
$$B=\{\omega\,/\,\varlimsup_n x_{t_n}(\omega)\leqq a\},$$
$$C=\{\omega\,/\,\text{すべての有理数}\ t\in T\ \text{に対し}\ x_t(\omega)\leqq 1\}$$

などはいずれも可測集合であって, その P-測度を求めることができる．しかもすべての $t\in T$ に対し

$$P\{C_t\}=1,\quad C_t=\{\omega/x_t(\omega)\leqq 1\}$$

であるならば, C は

$$C=\bigcap_{\substack{t\in T\\ t\ \text{有理数}}} C_t$$

とかけるから, P-測度 1 の集合の可算個の交わりであり, したがって $P(C)=1$.
しかし C のかわりに

$$C'=\{\omega\,/\,\text{すべての}\ t\in T\ \text{に対し}\ x_t(\omega)\leqq 1\}$$

を考えると, $C'=\bigcap_t C_t$ であるから, C は非可算個の P-測度 1 の交わりであって, 可測であるかどうかもわからない．もちろん場合によっては可測であって, しかも P-測度 1 となることもあり, 可測であって, しかも P-測度 0 となることもあり, 可測でないこともある．以上のことから次のことがわかる．

“確率過程の定義からたかだか可算個の時点 (t) に対する値に関する事象の確率は簡単に論じ得るが, 非可算個の時点に対する値に関する事象の確率は特別の考慮を要する.”

さて確率過程に関する重要な事象，たとえば

（i）　$x_t(\omega)$ は t に関して連続である，

（ii）　$x_t(\omega)$ は t の函数として有界である，

（iii）　$x_t(\omega)$ は t の増加函数である，

などはいずれも非可算個の時点に関する条件である．これらの条件の確率を論ずるためには確率過程に制限を加えなければならない．DOOB はこの点にはじめて注意し，**可分性**(separability) という制限を加えることにより，この難点を克服した．

定義　確率過程 $x_t, t \in T$, が可分であるとは，T の可算部分集合 S が存在して

（S）　$P\{\omega/$すべての $t \in T$ に対し

$$\varliminf_{\substack{s\to t\\ s\in S}} x_s(\omega) \leqq x_t(\omega) \leqq \varlimsup_{\substack{s\to t\\ s\in S}} x_s(\omega)\} = 1$$

となることである．

可分確率過程 $x_t(\omega)$, $t \in T$, に対しては，(i), (ii), (iii) の事象はいずれも可測である．また (i) の確率が1に等しいような x_t, $t \in T$, は可分である．

確率過程 x_t, $t \in T$, と y_t, $t \in T$, とが‘**弱い意味で同じ**’であるとは，すべての $t \in T$ に対し

$$P\{\omega \,/\, x_t(\omega) = y_t(\omega)\} = 1$$

となることである．このことから，任意の $t_1, t_2, \cdots, t_n \in T$ と任意の $E_n \in \boldsymbol{B}^n$ に対して

$$P\{\omega \,/\, (x_{t_1}(\omega), \cdots, x_{t_n}(\omega)) \in E_n\} = P\{\omega \,/\, (y_{t_1}(\omega), \cdots, y_{t_n}(\omega)) \in E_n\}$$

となる．もっと一般に $E \in \boldsymbol{B}^T$ に対し

$$P\{\omega \,/\, \prod_t x_t \in E\} = P\{\omega \,/\, \prod_t y_t \in E\}$$

となる．しかし T の上で定義された連続函数の全体 C は R^T の部分集合ではあるが，$\boldsymbol{B}^T$ には属しないから，

$$P\{\omega \,/\, \prod_t x_t \in C\} = P\{\omega \,/\, \prod_t y_t \in C\}$$

は必ずしもなりたたない．x_t, $t \in T$, が可分でなければ，上の左辺の ω 集合は P-可測であるとは限らない．y_t についても同様である．

弱い意味で同じ二つの確率過程の中一方が可分でも他方は可分とは限らない．

DOOB によれば

定理 1　任意の確率過程に対し，これと弱い意味で同じ可分確率過程が存在する．これをもとの確率過程の**可分変形** (separable modification) という．

したがって，必要ならば可分変形を考えることにより，可分過程のみ研究すれば十分である．

§14　可分 POISSON 過程

前に定義したように加法過程 $x_t, t \in T$, は $x_s - x_t$ $(s>t)$ の分布が POISSON 分布 $P(\lambda(s-t))$ であるとき，**POISSON 過程** (POISSON process) とよばれる．これが可分であれば**可分 POISSON 過程**という．POISSON 過程は存在するから，その可分変形をとって可分 POISSON 過程が存在することがわかる．

定理 1　x_t, $t \in T = [a, b)$, を可分 POISSON 過程とすれば，その見本過程が高さ 1 の飛躍のみで増加する階段函数である確率が 1 である．(ただし飛躍点における値は左右両極限の間にある．)

証明　可分性の定義により，T の可算部分集合 S が存在して，次の ω 集合の P-測度は 1 である．

$$\Omega' = \{\omega / \varliminf_{\substack{s \to t \\ s \in S}} x_s(\omega) \leqq x_t(\omega) \leqq \varlimsup_{\substack{s \to t \\ s \in S}} x_s(\omega), t \in T).$$

さて t をきめたとき

$$\Omega_t = \{\omega / x_t(\omega) = \text{非負整数}\}$$

の P-測度は 1 である．何となれば x_t の分布は $P(\lambda(t-a))$ であるから．また $x_t - x_u$ $(t>u)$ の分布は $P(\lambda(t-s))$ であるから，

$$\Omega_{ut} = \{\omega / x_t(\omega) - x_u(\omega) \geqq 0\}$$

の P-測度はもちろん 1 である．S は可算集合であるから，

$$\Omega'' = \bigcap_{s \in S} \Omega_s \cap \bigcap_{\substack{s<t \\ s, t \in S}} \Omega_{st} \cap \Omega'$$

の P-測度も 1 である．さて $\omega \in \Omega''$ ならば $x_t(\omega)$ は t の函数として高さ 1, 2, 3, … の飛躍で増加する階段函数である．

$x_t(\omega)$ が 2 以上の飛躍をもつ ω の集合 N の P-測度が 0 であることをいえば

証明が完成する．それには $x_t(\omega)$ が $a \leqq t \leqq t_0$ で 2 以上の飛躍をもつ ω の集合 $N(t_0)$ の P-測度が 0 であることをいってもよい．いま

$$E_{nk}=\left\{\omega\Big/x\left(a+\frac{k}{n}(t_0-a),\omega\right)-x\left(a+\frac{k-1}{n}(t_0-a),\omega\right)\geqq 2\right\},\quad 1\leqq k\leqq n,$$

とおけば

$$N(t_0)\subset\bigcup_k E_{nk},$$

ゆえに $$P(N(t_0))\leqq\sum_{k=1}^{n}P(E_{nk})=O\left(n\left(\frac{1}{n}\right)^2\right)\to 0\qquad(n\to\infty).$$

定義 $x_t,\ t\in T$, を任意の確率過程とし，任意の $\varepsilon>0$ に対し，

$$P\{\omega/|x_t-x_s|>\varepsilon\}\to 0\qquad(t\to s)$$

のとき，この確率過程は s で**確率連続**(continuous in probability)であるという．T のすべての点で確率連続であるとき，$x_t,\ t\in T$, を**確率連続な確率過程**という．

上の (可分) Poisson 過程についていうと，

$$P\{\omega/|x_t-x_s|>\varepsilon\}=O(|t-s|)\to 0\qquad(t\to s)$$

であるから，確率連続である．しかも可分 Poisson 過程の見本過程は階段函数という連続函数とはおよそ対蹠的なものである．大まかないい方をすれば個々の見本過程は不連続点をもつが，その時点が ω とともに動くので，一時点に着目すれば，その点には不連続点がある確率は 0 である．実際 $x_{t+0}=x_{t-0}$ となる ω の集合を N_t とすれば，$P(N_t)=1$ であるが，$P(\bigcap_t N_t)=0$ となるのである．

確率連続な加法過程 x_t があって，$x_s-x_t\ (s>t)$ の分布が Poisson 分布であるとき，x_t を**広い意味の POISSON 過程**という．$\lambda(t)=E(x(t))$ とかくと，確率連続性から，$\lambda(t)$ は t の連続函数となる．$x_s-x_t\ (s>t)$ の分布は $P(\cdot;\lambda(s)-\lambda(t))$ である．前述の Poisson 過程は $\lambda(t)=\lambda\cdot(t-a)$ とかける場合である．この意味でそれは**時間的に一様な** (temporally homogeneous) Poisson 過程とよばれる．

定理 1′ 定理 1 と同様のことが広い意味の可分 Poisson 過程に対してもなりたつ．

逆に

定理 2　確率連続な加法過程があって，その見本過程が高さ1の飛躍のみで増加する階段函数である確率が1であるならば，これは広い意味の可分 POISSON 過程である．

証明　$x_t,\ t \in T=[a, b)$ を問題の加法過程とせよ．可分性は見本過程が階段函数という仮定から明らかである．ゆえに $x_s-x_t\ (s>t)$ の分布が POISSON 分布であることを示せばよい．確率連続ということから，$u \in T$ と $\varepsilon>0$ に対して $\delta=\delta(\varepsilon, u)$ が存在して，$|v-u|<\delta$ なる限り

$$P\{\omega / |x_v-x_u|>\varepsilon\}<\varepsilon$$

となるが，BOREL の被覆定理により，$t \leqq u \leqq s$ においては $\delta(\varepsilon, u)$ を u に無関係にとれる．区間 $[t, s]$ を n 等分し，各小区間における x_t の増分を $y_{n1}, y_{n2}, \cdots, y_{nn}$ とし，$y=y_{n1}+\cdots+y_{nn}=x_s-x_t$ とおく．y'_{nk} を，$y_{nk} \leqq 1$ または $\geqq 2$ に応じて，y_{nk} または 0 と定め，

$$y_n'=y'_{n1}+y'_{n2}+\cdots+y'_{nn}$$

とおく．x_t の見本過程に関する仮定により，

$$P(y_n' \to y)=1.$$

次に $p_{nk}=P\{\omega / y'_{nk}=1\}$ とおくと，$p_{nk}=P\{\omega / y_{nk}=1\}$ であるから，上にのべたことから，k に関して一様に $p_{nk} \to 0\ (n \to \infty)$ となる．また $\{y_{nk}, k=1, 2, \cdots, n\}$ は独立であるから，$\{y'_{nk}, k=1, 2, \cdots, n\}$ も独立である．

（i）　$\sum_k p_{nk} \to \lambda$（有限）のとき，

$$E(e^{izy})=\lim_n E(e^{izy_n'})=\lim_n \prod_k E(e^{izy'_{nk}})=\lim_n \prod_k (1-p_{nk}+e^{iz}p_{nk})$$
$$=\lim_n \prod_k (1+p_{nk}(e^{iz}-1)).$$

$\sum_k p_{nk} \to \lambda,\ \sum_k p^2_{nk} \leqq \max_k p_{nk} \sum_k p_{nk} \to 0$ により，上の最後の式は $\exp\{\lambda(e^{iz}-1)\}$ となり，y の分布が POISSON 分布であることがわかる．

（ii）　$\sum_k p_{nk},\ n=1, 2, \cdots,$ の部分列が有限の極限をもつときも (i) と同様である．

（iii）　$\sum_k p_{nk} \to \infty$ のとき．p_{nk} は $n \to \infty$ のとき k について一様に小さく

なるから，任意 $\lambda>0$ と n に対し $K=K(n,\lambda)$ を定めて

$$\sum_{k=1}^{K} p_{nk} \to \lambda$$

ならしめ得る．$y_n''=\sum_{k=1}^{K} y_{nk}$ とおけば，(i) と同様に

$$|E(e^{izy})| \leqq \lim_{n} |\prod_{k=1}^{K} E(e^{izy'_{nk}})| = |\exp\{\lambda(e^{iz}-1)\}| = \exp\{\lambda(\cos z-1)\}.$$

λ はいくらでも大きくとれるから，$\lambda\to\infty$ とすると，$0<z<2\pi$ で右辺は 0 となり，したがって $|E(e^{izy})|=0$. $z\downarrow 0$ とすれば $1=0$ となり矛盾である．ゆえに (iii) の可能性はない．

§15 可分 WIENER 過程

可分 WIENER 過程の定義，その存在については説明する要はないであろう．

定理 1 可分 WIENER 過程の見本過程が連続である確率は 1 である．

証明 $x_t,\ t\in T=[a,b)$ を WIENER 過程とし，可分性を定義するときに用いられた可算集合を S とする．すなわち

$$\Omega'=\{\omega/\varliminf_{\substack{s\to t\\ s\in S}} x_s(\omega) \leqq x_t(\omega) \leqq \varlimsup_{\substack{s\to t\\ s\in S}} x_s(\omega),\ t\in T\}$$

の確率は 1 である．正規分布の性質により

$$P\{\omega/|x_\beta-x_\alpha|>\varepsilon\}=o(\beta-\alpha).$$

$\alpha=\alpha_0<\alpha_1<\cdots<\alpha_n=\beta$ に対し，$y_\nu=x_{\alpha_\nu}-x_{\alpha_{\nu-1}}$, $\nu=1,2,\cdots,n$, は独立であるから，OTTAVIANI の定理により

$$P\{\omega/\max_{\nu}|x_{\alpha_\nu}-x_\alpha|>2\varepsilon\} \leqq 2P\{\omega/|x(\beta)-x(\alpha)|>\varepsilon\}.$$

次に $[\alpha,\beta]$ の中に可算個の点 $t_1,t_2,\cdots$ があるときにも，まず $t_1,t_2,\cdots,t_n$ を大きさの順にならべて，上の結果を適用して，次に $n\to\infty$ とすると

$$P\{\omega/\sup_{\nu}|x_{t_\nu}-x_\alpha|>2\varepsilon\} \leqq 2P\{\omega/|x_\beta-x_\alpha|>\varepsilon\}.$$

したがって

$$P\{\omega/\sup_{t\in[\alpha,\beta]\cap S}|x(t)-x(\alpha)|>2\varepsilon\}=o(\beta-\alpha),$$

可分性により

$$P\{\omega/\sup_{\alpha\leqq t\leqq\beta}|x(t)-x(\alpha)|>2\varepsilon\}=o(\beta-\alpha).$$

さて $b<\infty$ ならば, $[a, b)$ を n 個の小区間 $I_{n\nu}=[\alpha_{n,\nu-1}, \alpha_{n,\nu}]$, $\nu=1,2,\cdots,n$ に等分して,

$$P\{\omega / \max_{\nu=1}^{n} \sup_{t\in I_{n\nu}} |x_t - x_{\alpha_{n,\nu-1}}| > 2\varepsilon\}$$

$$\leqq \sum_{\nu} P\{\omega / \sup_{t\in I_{n\nu}} |x_t - x_{\alpha_{n,\nu-1}}| > 2\varepsilon\} = n\cdot o\left(\frac{1}{n}\right) = o(1).$$

$|t-s|<(b-a)/n$ ならば, t, s は同じまたは相隣る $I_{n\nu}$ に入るから,

$$P\{\omega / \sup_{|t-s|<(b-a)/n} |x_t - x_s| > 4\varepsilon\} = o(1).$$

この ω 集合は n とともに減少するから

$$P\{\omega / \lim_{n} \sup_{|t-s|<(b-a)/n} |x(t)-x(s)| > 4\varepsilon\} = 0.$$

$\varepsilon\to 0$ として, 定理の結論を得る.

$b=\infty$ のときには

$$\Omega_k' = \{\omega / x_t(\omega) \text{ が } a\leqq t\leqq k \text{ で連続}\}$$

$$\Omega' = \{\omega / x_t(\omega) \text{ が } a\leqq t<\infty \text{ で連続}\}$$

とおけば, $\Omega_k' \downarrow \Omega'$. 上述のことから $P(\Omega_k')=1$. ゆえに $P(\Omega')=1$.

POISSON 過程の場合と同様にして広い意味の WIENER 過程を確率連続な加法過程で, $x_s - x_t$ $(s>t)$ の分布が正規分布であるようなものとして定義することができる. x_t すなわち $x_t - x_a$ の分布を $N(\cdot; m(t), v(t))$ とすれば, $x_s - x_t$ の分布は $N(\cdot; m(s)-m(t), v(s)-v(t))$ である. 確率連続の仮定から $m(t)$, $v(t)$ が連続であることがでる. もちろん $v(t)$ は増加函数である. 広い意味の WIENER 過程の存在, 広い意味の可分 WIENER 過程の存在についても新しく説明を要しないであろう.

定理 1′ 定理 1 は広い意味の WIENER 過程に対してもなりたつ.

逆に

定理 2 確率連続な加法過程があって, その見本過程が連続である確率が 1 であるならば, それは広い意味の可分 WIENER 過程である.

証明 x_t, $t\in T=[a, b)$ を問題の加法過程とせよ. 可分性は見本過程が連続という仮定から明らかである. ゆえに $x_s - x_t$ $(s>t)$ の分布が正規分布であるこ

とをいえばよい．連続函数は有界区間で一様連続であるということを考慮して，任意の$\varepsilon>0$に対して$\delta=\delta(\varepsilon)$があって

$$P\{\omega/u, v\in[t,s], |u-v|<\delta \Rightarrow |x(u)-x(v)|<\varepsilon\}>1-\varepsilon.$$

さて$\varepsilon_1>\varepsilon_2>\cdots\to 0$と定め，$(s-t)/p(n)<o(\varepsilon_n)$となるように$p(n)$をとる．$[t,s)$を$p(n)$等分して$t=t_{n0}<t_{n1}<\cdots<t_{np(n)}=s$とし，$y_{n\nu}=x_{t_{n\nu}}-x_{t_{n,\nu-1}}$，$|y_{n\nu}|<\varepsilon_n$か否かに応じて$y'_{n\nu}=y_{n\nu}$または0と定義し，$y_n'=\sum_\nu y'_{n\nu}$とおくと，

$$P\{\omega/y\neq y_n'\}<\varepsilon_n$$

となるから，$\{y'_{n\nu}\}$の独立性を考慮して

$$E(e^{izy})=\lim_n E(e^{izy_n'})=\lim_n\prod_\nu E(e^{izy'_{n\nu}}). \tag{$*$}$$

(i)　$m_{n\nu}=E(y'_{n\nu})$，$v_{n\nu}=V(y'_{n\nu})$，$m_n=\sum_\nu m_{n\nu}$，$v_n=\sum_\nu v_{n\nu}$とおくとき，$m_n\to m$（有限），$v_n\to v$（有限）となるとき，$(*)$から

$$E(e^{izy})=\lim_n e^{izm_n}\prod_\nu E(e^{iz(y'_{n\nu}-m_{n\nu})})=e^{izm}\lim_n\prod_\nu\left(1-\frac{v_{n\nu}}{2}z^2+v_{n\nu}\cdot O(\varepsilon_n)\right)$$

$$=e^{izm}\lim_n\prod_\nu e^{-\frac{v_{n\nu}}{2}z^2+v_{n\nu}O(\varepsilon_n)}=e^{izm}\lim_n e^{-\frac{v_n}{2}z^2+v_nO(\varepsilon_n)}$$

$$=e^{izm-\frac{v}{2}z^2}.$$

ゆえにyの分布は正規分布である．

(ii)　m_n, v_nの部分列がそれぞれ有限値に近づくときも(i)と同様である．

(iii)　v_nまたはその部分列が有限値vに近づくときには(i)と同様にして$y_n'-m_n$またはその部分列の分布が$N(0,v)$に近づく．しかるにy_n'の分布はyの分布に近づくから，m_nまたはその部分列がある有限値mに近づき，(ii)の場合に帰着される．

(iv)　$v_n\to\infty$とすれば，$|v_{n\nu}|\leqq 4\varepsilon_n^2$であるから，任意の$v$に対し，$\sum_{\nu=1}^{q(n)}v_{n\nu}\to v$なる$q(n)$が定まる．$(*)$により

$$|E(e^{izy})|\leqq\overline{\lim_n}\prod_{\nu=1}^{q(n)}|E(e^{izy'_{n\nu}})|=e^{-\frac{v}{2}z^2}.$$

$v\to\infty$として，$|E(e^{izy})|=0$．これは矛盾である．(iv)の場合はおこらない．

§16　確率連続な加法過程と無限分解可能な分布

すでに§12で一般の加法過程$x_t, t\in T$，が

$$x_t = u_t + v_t + g(t)$$

と分解せられ, $\delta(u_t)$ は連続, $E(\arctan u_t) = 0$, $\delta(v_t)$ は純粋不連続, $E(\arctan v_t) = 0$, $g(t)$ は t のみの函数, しかも $u_t, t \in T$, と $v_t, t \in T$ とは独立, というように分解されることを証明した. v_t の構造はその際説明したから, u_t を調べる問題が残っている. u_t についてはすでにのべたように,

$$P\{\omega/u_{t-} = u_t = u_{t+}\} = 1, \quad t \in T, \tag{16.1}$$

である. したがってもちろん確率連続である. しかし POISSON 過程について注意したように, (16.1) は見本過程が連続であることを示すものではない.

確率連続な加法過程はいかなるものであろうか.

定理 1 x_t を確率連続な加法過程とせよ. 任意の t に対し, $t_1 < t_2 < \cdots \to t$ なる列をとるとき, x_{t_n} は x_t に概収束する, $t_1 > t_2 > \cdots$ なる列についても同様である. もちろんこの概収束における例外の ω 集合は一般に t および列のとり方に関係する.

証明 確率連続の仮定から x_{t_n} は x_t に確率収束する. $t_1 < t_2 < \cdots$ のときには $x_{t_n} = x_{t_1} + (x_{t_2} - x_{t_1}) + \cdots + (x_{t_n} - x_{t_{n-1}})$ でこの項は独立であるから, §10 の定理 3 により, x_{t_n} は概収束する. ゆえに x_{t_n} は x_t に概収束する. $t_1 > t_2 > \cdots$ のときも同様である.

さて広い意味の POISSON 過程も広い意味の WIENER 過程もともに確率連続であって, その増分 $x_s - x_t$ $(s > t)$ の分布はそれぞれ POISSON 分布, 正規分布であった. それゆえ一般の確率連続な加法過程の増分 $x_s - x_t$ の分布を考えることにより, POISSON 分布や正規分布を包含する一般的な分布が得られると予想されるであろう. この分布が無限分解可能な分布とよばれるものである.

1次元の分布 Φ が

$$\int_{|\xi| > \varepsilon} \Phi(d\xi) < \varepsilon$$

を満たすとき, $\Phi \in U(\varepsilon)$ とかくことにする. Φ_n が単位分布に近づくことと, 任意の $\varepsilon > 0$ に対し $n_0(\varepsilon)$ があって $n > n_0(\varepsilon)$ なる限り $\Phi_n \in U(\varepsilon)$ となることとは同等である.

確率連続な加法過程の増分 x_s-x_t の分布を Φ_{ts} とかく．確率連続性により任意の $\varepsilon>0$ と u に対し $\delta=\delta(\varepsilon,u)$ があって

$$|v-u|<\delta \Rightarrow P\{\omega/|x_v-x_u|>\varepsilon\}<\varepsilon$$

となるが，BOREL の被覆定理により $t\leqq u\leqq s$ なる限り $\delta(\varepsilon,u)$ は u に無関係に $(\delta(\varepsilon))$ ととれることがわかる．区間 $[t,s)$ を十分細かく分けて $t=u_0<u_1<\cdots<u_n=s$ とし，$u_i-u_{i-1}<\delta(\varepsilon)$ とすれば，上のことから

$$\Phi_{u_{i-1}u_i}\in U(\varepsilon), \qquad i=1,2,\cdots,n$$

である．しかも加法性により

$$\Phi_{ts}=\Phi_{u_0u_1}*\Phi_{u_1u_2}*\cdots*\Phi_{u_{n-1}u_n}.$$

おおまかにいえば，Φ_{ts} は単位分布にいくらでも近い分布の重畳としてあらわされる．

いま加法過程ということから離れて，分布 Φ があって，任意の $\varepsilon>0$ に対し

$$\Phi=\Phi_1*\Phi_2*\cdots*\Phi_n, \quad \Phi_1,\Phi_2,\cdots,\Phi_n\in U(\varepsilon)$$

なる形の分解式がなりたつとき，Φ を**無限分解可能** (infinitely divisible) という．

$$N(\cdot;m,v)=N_1*\cdots*N_n, \quad N_1=N_2=\cdots=N_n=N\left(\cdot;\frac{m}{n},\frac{v}{n}\right)$$

$$P(\cdot;\lambda)=P_1*\cdots*P_n, \qquad P_1=P_2=\cdots=P_n=P\left(\cdot;\frac{\lambda}{n}\right)$$

により，正規分布も POISSON 分布も無限分解可能である．確率連続な加法過程の増分の分布 (上述の Φ_{ts}) も明らかに無限分解可能である．逆に

定理 1 無限分解可能な分布 Φ に対し，確率連続な加法過程 $x_t, t\in[0,1]$, を適当に定めて $x_1\,(=x_1-x_0)$ が分布を Φ に等しからしめることができる．

証明 $\Phi=\delta(\cdot;m)$ のときには $x_t(\omega)\equiv m\cdot t$ とおけばよいから，この特別な場合を考慮の外において $\delta(\Phi)>0$ と仮定する．また

$$\int \arctan(\xi-c)\Phi(d\xi)=0$$

で一義的に定まる定数 c (DOOB の収束数列に用いたもの) を Φ の**中心値** $\alpha(\Phi)$ ということにしよう．$\alpha(\Phi)=c$ のとき $\Phi*\delta(\cdot;m)$ の中心値は $c+m$ である．

定理を証明するには $\alpha(\Phi)=0$ と仮定してもよい．何故ならば，一般の Φ に対しては，$\Phi*\delta(\cdot\,;-c)$，$c=\alpha(\Phi)$，を考えると，これも無限分解可能な分布となり，しかもその中心値は 0 となるから，これに対する加法過程を x_t とすれば，$y_t=x_t+ct$ が Φ に対応する加法過程である．

$[0,1]$ の中の有理数の全体を S とし，分布系 $\boldsymbol{\Phi}=\{\Phi_{ts}, t\leqq s, t, s\in S\}$ を次の 4 条件を満たすように定めよう．

(i)　$\Phi_{01}=\Phi$,

(ii)　$s\leqq t\leqq u \Rightarrow \Phi_{st}*\Phi_{tu}=\Phi_{su}$,

(iii)　$\alpha(\Phi_{0t})=0$,

(iv)　$\delta(\Phi_{0t})=t\delta(\Phi)$.

$\varepsilon_n\to 0$ なる正数列 $\{\varepsilon_n\}$ をとり，ε_n に対する Φ の分解を

$$\Phi=\Phi_{n1}*\Phi_{n2}*\cdots*\Phi_{np(n)},\qquad \Phi_{ni}\in U(\varepsilon_n)$$

とする．必要ならば Φ_{ni} を $\Phi_{ni}*\delta(\cdot\,;m_i)$ でおきかえることにより，

$$\alpha(\Psi_{ni})=0,\quad \Psi_{ni}=\Phi_{n1}*\cdots*\Phi_{ni},\quad i=1,2,\cdots,n,$$

と仮定することができる．また Φ_{ni} の中に δ 分布はないとしてよい．$\delta(\Psi_{ni})$ は i とともに真に増加する．t に対し

$$\delta(\Psi_{n,i-1})/\delta(\Phi)\leqq t<\delta(\Psi_{n,i})/\delta(\Phi)$$

なる i を定め，$s(>t)$ に対しても同様に j を定め

$$\Phi_{ts}^{(n)}=\Phi_{n,i}*\cdots*\Phi_{n,j-1}\quad (i<j),\qquad \Phi_{ts}^{(n)}=\text{単位分布}\quad (i=j)$$

とおく．$\boldsymbol{\Phi}^{(n)}=\{\Phi_{ts}^{(n)}, t, s\in S, t\leqq s\}$ は $\boldsymbol{\Phi}$ の近似系とみなされる．$\boldsymbol{\Phi}^{(n)}$ に対しても (i), (ii), (iii) はなりたつが，(iv) は近似的になりたつにすぎない．$\boldsymbol{\Phi}^{(n)}$ から部分列をとり，その極限として $\boldsymbol{\Phi}$ を定義しようというのが狙いである．このために次の補題を準備する．

補題　$\Phi_n*\Psi_n=\Phi$, $n=1,2,\cdots$ ならば，$\{\Phi_n\}$ の部分列 $\{\Phi_{n'}\}$ と実数列 $\{m(n)\}$ とが存在して，$\{\Phi_{n'}*\delta(\cdot\,;m(n))\}_n$ がある Φ_∞ に収束する．特に $\alpha(\Phi_n)=0$ のときには，$m(n)=0$ とすることができる．

証明　Φ_n の分布函数を $F_n(x)$ とする．$\Phi_n*\Psi_n=\Phi$ から $[\Phi_n*\delta(\cdot, m)]*[\Psi_n*\delta(\cdot,-m)]=\Phi$ がでるから，

$$F_n(-0)\leqq 1/2, \quad F_n(0)\geqq 1/2$$

と仮定して一般性を失わない．この条件から

$$F_n(y)-F_n(x)>1/2 \Rightarrow x\leqq 0\leqq y \tag{16.2}$$

を得る．仮定 $\Phi_n*\Psi_n=\Phi$ により

$$\int_{-\infty}^{\infty}[F_n(l-x)-F_n(-l-x)]\Psi_n(dx)=\Phi[-l,l].$$

l を十分大きくとって右辺を 1/2 より大きくすると，$m(n)$ を適当にとって

$$F_n(l-m(n))-F_n(-l-m(n)-0)\geqq\Phi[-l,l]\geqq 1/2.$$

ゆえに (16.2) により $-l\leqq m(n)\leqq l$. したがって $\{n\}$ の部分列 $\{n'\}$ を適当にとり $\{m(n')\}_n$ がある m に収束するようにし，さらに $\{n'\}$ の部分列——ふたたび $\{n'\}$ とかく——をとって $\{F_{n'}(x-m(n_1'))\}_n$ が単調増加右連続函数 $F_0(x)$ に可算例外点の外で収束するようにできる．$m(n')\to m$ であるから，$\{F_{n'}(x-m)\}$ も上の意味で $F_0(x)$ に近づき，したがって $\{F_{n'}(x)\}$ が $F(x)\equiv F_0(x+m)$ に可算例外点を除いて近づく．しかも $0\leqq F(x)\leqq 1$ でかつ

$$F(\infty)-F(-\infty)\geqq F_0(l)-F_0(-l-0)\geqq\Phi[-l,l].$$

次に L を l より大きい任意の数とし，L と $\{F_{n'}(x)\}_n$ に対して上の論法を繰返して，$\{F_{n'}(x)\}$ の部分列 $\{F_{n''}(x)\}$ がある $G(x)$ に可算例外点をのぞいて近づき

$$G(\infty)-G(-\infty)\geqq\Phi[-L,L].$$

しかるにもともと $\{F_{n'}(x)\}$ は $F(x)$ に近づくから，$G=F$ となる．ゆえに

$$F(\infty)-F(-\infty)\geqq\Phi[-L,L].$$

L は任意であるから，$L\to\infty$ として $F(\infty)-F(-\infty)=1$. ゆえに F は1次元の分布 Φ_∞ に対応し，$\{\Phi_{n'}\}_n$ は Φ_∞ に近づく．もし $\alpha(\Phi_n)=0$ ならば $\Phi_{n'}*\delta(\cdot;m(n))\to\Phi_\infty$ から $m(n)\to\alpha(\Phi_\infty)$ が得られるから，$\{\Phi_{n'}\}$ 自身が収束列となる．

定理の証明にもどる．$\Phi_{st}^{(n)}*[\Phi_{0t}^{(n)}*\Phi_{t1}^{(n)}]=\Phi$ であるから，補題により，$\{n\}$ の部分列 $\{n'\}$ と数列 $\{m_n(s,t)\}$ をとって $\{\Phi_{st}^{(n')}*\delta(\cdot;m_n(s,t))\}_n$ が収束するようにできる．この部分列 $\{n'\}$ のとり方は一般に $s,t(\in S)$ に関係するが，S が可算であることを考慮し，対角線論法を適用して，すべての s,t に共通な部分

列をとることができる．補題の後半の注意から $m_n(0, t)=0$ にできる．$m_n(s, t)=0$ としてよいことを示す．それには $\{m_n(s, t)\}$ が収束すればよい．明らかに

$$\Phi_{0s}^{(n')} * [\Phi_{st}^{(n')} * \delta(\cdot ; m_n(s, t))] = \Phi_{0t}^{(n')} * \delta(\cdot ; m_n(s, t))$$

であるが，$\{n'\}$ のとり方により左辺および右辺の $\Phi_{0t}^{(n')}$ は収束する．故に $\{m_n(s, t)\}_n$ も収束しなければならない．したがって $\{\Phi_{st}^{(n')}\}_n$ 自身収束する．この極限分布を Φ_{st} とかくと，$s \leqq t \leqq u$ のとき，$\Phi_{st}^{(n)} * \Phi_{tu}^{(n)} = \Phi_{su}^{(n)}$ から $\Phi_{st} * \Phi_{tu} = \Phi_{su}$ がでる．$\alpha(\Phi_{0t}^{(n)})=0$ であるから，$\alpha(\Phi_{0t})=0$．また

$$\delta(\Phi_{0t}^{(n)}) \leqq t \cdot \delta(\Phi) < \delta(\Phi_{0t}^{(n)} * \Phi_{n, i(n t)}),$$

$\Phi_{n, i(n, t)} \in U(\varepsilon_n)$ であるから，$\{\Phi_{n, i(n, t)}\}$ は単位分布に近づく．ゆえに上の不等式で $n \to \infty$ として

$$\delta(\Phi_{0t}) \leqq t \cdot \delta(\Phi) \leqq \delta(\Phi_{0t}) \quad \text{すなわち} \quad \delta(\Phi_{0t}) = t \cdot \delta(\Phi).$$

ゆえに $\Phi = \{\Phi_{s,t} ; s<t, s, t \in S\}$ は (i), (ii), (iii), (iv) を満たす．

§6 定理 2 により加法過程 $y_t, t \in S$, が存在して，$y_t - y_s\ (t>s)$ の分布は Φ_{st} となる．(§6 の定理では t の変域 T が区間の場合であるが，その証明は $T=S$ の場合にもそのまま適用される)．次に任意の $t \in [0, 1]$ に対して，$t_n \uparrow t$ なる $t_n \in S$ をとると，$\{y_{t_n}\}$ は加法系列となり，$\alpha(y_{t_n})=0$, $\delta(y_{t_n}) = t_n \delta(\Phi) \leqq t\delta(\Phi)$ であるから，$\{y_{t_n}\}$ は概収束する．この極限を x_t とすると，x_t, $0 \leqq t \leqq 1$, は加法過程で，$\alpha(x_t)=0$, $\delta(x_t)=t\delta(\Phi)$ (t について連続) であるから x_t は確率連続となる．

§17 確率連続な可分加法過程の構造

すでに §13 で注意したように加法過程を論ずるには可分加法過程を論じたら十分である．本節の目的は確率連続な可分加法過程の構造を詳しく調べることが目的である．証明は技術的に複雑であるから省略する．

定理 1 x_t, $t \in [a, b)$ を確率連続な可分加法過程とすれば，その見本過程が第 1 種不連続函数である確率は 1 である．

すべての t に対し，$f(t-0)$, $f(t+0)$ が存在するとき，$f(t)$ は**第 1 種不連続函数**であるという．(t, u) 平面の上に

$$u = f(t+0) - f(t-0), \qquad a \leqq t \leqq b,$$

のグラフをかく．グラフといっても一般には不連続な点の集合であって，帯状領域 $D: a \leqq t \leqq b,\ -\infty < u < \infty$, の部分集合 $G(f)$ である．D の任意の Borel 部分集合 E に対し，$E \cap G(f)$ の中にある点の数を $N_f(E)$ とかく．$E \cap G(f)$ が無限集合であれば濃度の如何をとわず $N_f(E) = \infty$ とする．$N_f(E)$ は E の中にあるグラフの点の数である．$N_f(E)$ は D の上の測度と考えることができる．特に E が t 軸から**真に離れている**（すなわち正の距離にある）ときには，$N_f(E)$ は有限であることは第1種不連続函数という仮定からすぐ証明される．次に $E \cap G(f)$ の中のすべての点についてその u 座標を合計したものを $S_f(E)$ であらわす．

$$S_f(E) = \sum_{(t,u) \in E \cap G(f)} u = \sum_{(t, f(t+0)-f(t-0)) \in E} (f(t+0)-f(t-0))$$

$$= \int_E u N_f(dt\,du).$$

E が上半平面または下半平面に含まれるときには $S_f(E)$ は $\pm\infty$ を許して定まるが，t 軸の上下にまたがっているときには定まらないことがある．しかし E が t 軸から真に離れているならば，$S_f(E)$ は確定し，その値は有限である．

$x_t(\omega),\ t \in [a, b)$ が確率連続な可分加法過程とすれば，その見本過程は確率1を以て第1種不連続函数であるから，これに対し，上述の $N_x(E), S_x(E)$ が定義される．これはいずれも ω に関係し，ω の可測函数である．

定理 2 $N_x(E)$ の分布は Poisson 分布である．ただし恒等的に ∞ に等しい確率変数の分布は $P(\cdot;\infty)$ であると約束する．

定理 3 $E_1, E_2, \cdots$ がたがいに素であれば，$N_x(E_1), N_x(E_2), \cdots$ は独立であって，$E = \sum_n E_n$ とすれば

$$N_x(E) = \sum_n N_x(E_n).$$

N を以て確率変数の系 $\{N_x(E)\}_E$ をあらわそう．上の2定理から，N は Poisson 過程によくにている．この意味で N を **POISSON 加法系**という．$N_x(E)$ の平均値を $n(E)$ とすれば，$N_x(E)$ の分布は $P(\cdot; n(E))$ となる．$N_x(E)$ の加法性から，$n(E)$ は $D: a \leqq t \leqq b,\ -\infty < u < \infty$, の上の測度であることがわかる．$E$ が t 軸から真にはなれているときには，$N_x(E)$ は常に有限であるから，$n(E)$

も有限である．$n(E)$ は E が t 軸から離れていないときには ∞ となり得るが，その大きさの程度は次の定理で与えられる．

定理 4
$$\int_{u=-1}^{1}\int_{t=a}^{b} u^2 n(dt\,du) < \infty.$$

x_t の飛躍の中で高さの絶対値 $1/n$ 以上のものを a から t まで合計して得られる $S_n(t)$，すなわち

$$S_n(t) = \int_{|u|>1/n}\int_{\tau=a}^{t} uN(d\tau\,du)$$

を考えよう．これは加法過程である．$n\to\infty$ のとき一般に $S_n(t)$ は収束しないが，適当な t の函数（ω に無関係）を加減して収束せしめることができる．すなわち

定理 5
$$S_n^*(t) = S_n(t) - \int_{|u|>1/n}\int_{\tau=a}^{t} \frac{u}{1+u^2} n(d\tau\,du)$$

とおくと，$n\to\infty$ のとき $S_n^*(t)$ が t について一様に収束する確率は 1 である．この極限過程を $S(t)$ とすれば，これも加法過程で，$u = S(t+0) - S(t-0)$ のグラフと $u = x_{t+0} - x_{t-0}$ のグラフとは確率 1 を以て一致する．

この定理により $y_t = x_{t+0} - S(t+0)$ は確率 1 を以て t の連続函数となる．しかも

定理 6　y_t は可分正規過程であって，前述の Poisson 加法系 $N = \{N_x(E)\}_E$ と独立である．以上を総合して

$$x_{t+0} = y_t + \lim_n \int_{|u|>1/n}\int_{\tau=a}^{t} \left[uN(d\tau\,du) - \frac{u}{1+u^2} n(d\tau\,du) \right].$$

§18　無限分解可能な分布の標準形

Φ を無限分解可能な分布とせよ．§16 で示したように Φ はある確率連続な加法過程 x_t, $0 \leqq t \leqq 1$, の x_1 の分布と見なすことができる．可分変形をとることにより，x_t は可分としてよい．前節の結果を用いて

$$x_{t+0} = y_t + \lim_n \int_{|u|>1/n}\int_{\tau=a}^{t} \left[uN(d\tau\,du) - \frac{u}{1+u^2} n(d\tau\,du) \right].$$

N が Poisson 加法系であること，(y_t) が N と独立な可分正規過程であることから，$E(y_t) = m(t)$, $V(y_t) = v(t)$ とおいて，

$$E(e^{izx_{t+0}}) = \exp\left\{i\,m(t) - \frac{v(t)}{2}z^2 + \lim_{n\to\infty}\int_{|u|>1/n}\int_{\tau=a}^{t}\left(e^{izu} - 1 - \frac{izu}{1+u^2}\right)n(d\tau\,du)\right\},$$

$n_t(du) = \int_{\tau=a}^{t} n(d\tau\,du)$ とおいて

$$E(e^{izx_{t+0}}) = \exp\left\{i\,m(t) - \frac{v(t)}{2}z^2 + \lim_{n\to\infty}\int_{|u|>1/n}\left(e^{izu} - 1 - \frac{izu}{1+u^2}\right)n_t(du)\right\}.$$

ここで $t = 1$ とおくと左辺は $E(e^{izx_1})$ すなわち x_1 の分布 Φ の特性函数 $\varphi(z)$ となる．$m(1) = m$, $v(1) = v$, $n_1(E - \{0\}) = n(E)$ とおいて

$$\varphi(z) = \exp\left\{imz - \frac{v}{2}z^2 + \int_{-\infty}^{\infty}\left(e^{izu} - 1 - \frac{izu}{1+u^2}\right)n(du)\right\}, \qquad (18.1)$$

ここに m は実数, $v \geqq 0$, n は測度で

$$n(\{0\}) = 0, \qquad \int_{-\infty}^{\infty}\frac{u^2}{1+u^2}n(du) < \infty.$$

これが無限分解可能な分布に関する P. LÉVY の標準形である．逆に上の条件を満たす $m, v, n(du)$ に対して (*18. 1*) で $\varphi(z)$ を定義すると，これは無限分解可能な分布の特性函数となる．(*18. 1*) が特性函数であることを示すには，$\varphi(z) = \exp(\psi(z))$ が特性函数となるような $\psi(z)$ の全体を Ψ とかくと，

(i) 正規分布や POISSON 分布の特性函数の形から imz, $-\frac{v}{2}z^2$, $\lambda(e^{iz}-1) \in \Psi$,

(ii) $\psi(z) \in \Psi \Rightarrow \psi(zu) \in \Psi$,

(iii) $\psi_1(z), \psi_2(z), \cdots, \psi_n(z) \in \Psi \Rightarrow \sum_i \psi_i(z) \in \Psi$,

(iv) $\psi_n(z) \in \Psi$, $\psi_n(z) \to \psi(z)$ (広義一様) $\Rightarrow \psi(z) \in \Psi$,

となることに注意すればよい．次に (*18. 1*) が無限分解可能な分布に対応することをいうには，(*18. 1*) において m, v, n のかわりにその $1/n$ 倍をおいたものを $\varphi_n(z)$ とすると $\varphi(z) = \varphi_n(z)^n$ であり，しかも $n \to \infty$ のとき $\varphi_n(z) \to 1$ (広義一様) であるから，$\varphi(z)$, $\varphi_n(z)$ に対応する分布 (その存在は上に示した) を Φ, Φ_n とすると

$$\Phi = \Phi_n * \Phi_n * \cdots * \Phi_n \ (n\text{ 個}), \qquad \Phi_n \to \text{単位分布}$$

となり，Φ は無限分解可能である．

かくして $\varphi(z)$ が無限分解可能な分布の特性函数であるための必要十分条件

は $\varphi(z)$ が (18.1) の形にかけることであることがわかった．しかも実はこの場合 (18.1) の $m, v, n(du)$ は分布によって唯一通りに定まることも証明されるが，証明はここでは省略する．

正規分布は (18.1) において $n(du)\equiv 0$ の場合であり，POISSON 分布は $v=0$, $n(du)$ はその台が1点1のみで $n(\{1\})=\lambda$, $m=\lambda/2$ の場合となる．

すでに無限分解可能な確率法則はある加法過程の増分の分布としてあらわれることを示したが，実は時間的に一様な加法過程の増分の分布としてあらわれるということができる．実際 Φ の特性函数を (18.1) の形にかいて $\varphi(z)=\exp(\psi(z))$ とすると $\varphi_t(z)=\exp\{t\psi(z)\}$ も特性函数である．Φ_{st} $(0\leqq s\leqq t\leqq 1)$ を $\varphi_{t-s}(z)$ に対する分布とすれば，$\varphi_t(z)\varphi_s(z)=\varphi_{t+s}(z)$ であるから，$\Phi_{st}*\Phi_{tu}=\Phi_{su}$ $(s\leqq t\leqq u)$ となる．したがって加法過程 $x_t, 0\leqq t\leqq 1$ があって x_t-x_s $(t\geqq s)$ の分布は Φ_{st} である．Φ_{st} は $t-s$ のみに関係するから，x_t は時間的に一様である．

(18.1) はまた次の形にかくことができる．

$$\varphi(z)=\exp\left\{inz+\int_{-\infty}^{\infty}\left(e^{izu}-1-\frac{izu}{1+u^2}\right)\frac{1+u^2}{u^2}G(du)\right\}, \qquad (18.2)$$

ここに $G(du)$ は R^1 の上の有界測度である．被積分函数は $u=0$ のときそのままでは意味がないが，$u\to 0$ のときの極限として定義し，$-z^2/2$ とする．ゆえに1点0に対する G-測度 $G(0)$ が (18.1) の v に相当する．(18.2) は A. KHINCHIN が示した形である．

特に Φ の分散 $V(\Phi)$ が有限であるときには，(18.1) は

$$\varphi(z)=\exp\left\{imz-\frac{v}{2}z^2+\int_{-\infty}^{\infty}(e^{izu}-1-izu)n(du)\right\},\quad \int u^2n(du)<\infty \qquad (18.3)$$

とかかれる．この m は (18.1) の m とは異なるが，$v, n(du)$ は同じである．これは KOLMOGOROFF によって示された形である．また

$$\int_{-1}^{1}|u|n(du)<\infty$$

のときには，

$$\varphi(z)=\exp\left\{imz-\frac{v}{2}z^2+\int_{-\infty}^{\infty}(e^{izu}-1)n(du)\right\} \qquad (18.4)$$

とかいてもよい．この場合にも v, n は (18.1) と同じで，m は (18.1) とは異なる．

特に対応する加法過程が飛躍だけで変化するときには

$$\varphi(z) = \exp\left\{\int_{-\infty}^{\infty}(e^{izu}-1)n(du)\right\} \tag{18.5}$$

となり，正の飛躍だけで変化するときは

$$\varphi(z) = \exp\left\{\int_{0}^{\infty}(e^{izu}-1)n(du)\right\}. \tag{18.6}$$

§19 POISSON 過程の種々の構成法

もともと POISSON 過程は瞬間ごとに独立に増加して行く整数値確率過程 x_t で

$$P(\Delta x_t = 0) = 1-\lambda\cdot\Delta t+o(\Delta t), \quad P(\Delta x_t = 1) = \lambda\cdot\Delta t+o(\Delta t),$$
$$P(\Delta x_t = k) = o(\Delta t), \qquad k \geqq 2 \tag{19.1}$$

を満たすものとして導入された．時間的に一様でなければ，$\lambda\cdot\Delta t$ のかわりに $\Delta\lambda(t)$ とおけばよい．たとえばタクシーの運転手がおこす事故の数は第1次近似としては POISSON 過程で叙述できるとみなされる．交通量の少い時は事故が少く，ラッシュ·アワーは事故が多いから，時間的に一様ではない．事故をおこすと暫らくの間は注意するから，独立の増加ということも少し疑問があり，これを考慮すると第2近似が得られるが，今はそれにふれない．

独立の増加ということは厳密にいうと加法過程となる．ゆえに時間的に一様な場合には (18.6) により

$$\varphi_{ts}(z) = E(e^{iz(x_t-x_s)}) = \exp\left\{(t-s)\int_{0}^{\infty}(e^{izu}-1)n(du)\right\}.$$

しかも飛躍が正整数ということから，$n(du)$ の台は $\{1, 2, 3, \cdots\}$ で

$$\varphi_{st}(z) = \exp\left\{(t-s)\sum_k(e^{ikz}-1)c_k\right\}, \quad \sum_{k=1}^{\infty}c_k = \int_1^{\infty}n(du)<\infty,$$

$$= 1-\left(\sum_k c_k\right)(t-s)+(t-s)\sum_k e^{ikz}\cdot c_k+o(t-s)$$

となるから，(19.1) により $c_2 = c_3 = \cdots = 0$ となり，

$$\varphi_{st}(z) = \exp((t-s)(e^{iz}-1)c_1)$$

が得られる．これは $x_t - x_s$ の分布が POISSON 分布であることに外ならない．時間的に一様でない場合も同様の論法ができる．

x_t, $t \in [0, \infty)$, を一様な可分 POISSON 過程としてみよう．$x_t(\omega)$ の見本過程の増加時点を $T_0(\omega), T_0(\omega)+T_1(\omega), T_0(\omega)+T_1(\omega)+T_2(\omega), \cdots$ とする．$T_0(\omega)$, $T_1(\omega), T_2(\omega), \cdots$ は $0, 1, 2, \cdots$ における滞在時間である．$T_0, T_1, T_2, \cdots$ はいずれも同じ分布（**指数分布** exponential distribution とよばれる）をもち

$$P\{\omega \,/\, T_n > t\} = e^{-\lambda t}, \qquad n = 0, 1, \cdots,$$

しかも独立である．まず T_0 に対しては

$$P\{\omega \,/\, T_0 > t\} = P\{\omega \,/\, x_t = 0\} = e^{-\lambda t}.$$

ゆえに T_0 の分布密度は $\lambda e^{-\lambda t} dt$ である．次に (T_0, T_1) の分布を求めよう．$t_1 > t_0$ として

$$\begin{aligned} P\{\omega \,/\, T_0 > t_0, T_0 + T_1 > t_1\} &= P\{\omega \,/\, x_{t_0} = 0, x_{t_1} = 0 \text{ または } 1\} \\ &= P\{\omega \,/\, x_{t_0} = 0, x_{t_1} = 0\} + P\{\omega \,/\, x_{t_0} = 0, x_{t_1} = 1\} \\ &= e^{-\lambda t_1} + e^{-\lambda t_0} e^{-\lambda (t_1 - t_0)} \cdot \lambda (t_1 - t_0) \\ &= e^{-\lambda t_1}[1 + \lambda (t_1 - t_0)], \end{aligned}$$

$$\begin{aligned} E\{f(T_0, T_1)\} &= E\{f(T_0, T_0 + T_1 - T_0)\} \\ &= \iint_{t_1 > t_0} f(t_0, t_1 - t_0) \frac{\partial^2 (e^{-\lambda t_1}(1 + \lambda (t_1 - t_0)))}{\partial t_1 \partial t_0} dt_0 dt_1 \\ &= \iint_{t_1 > t_0} f(t_0, t_1 - t_0) \lambda^2 e^{-\lambda t_1} dt_0 dt_1 \\ &= \int_{t_1 = 0}^{\infty} \int_{t_0 = 0}^{\infty} f(t_0, t_1) \lambda^2 e^{-\lambda (t_0 + t_1)} dt_0 dt_1. \end{aligned}$$

ゆえに (T_0, T_1) の分布密度は $\lambda e^{-\lambda t_0} \cdot \lambda e^{-\lambda t_1}$ である．これは T_0, T_1 の分布がともに同じ指数分布で，しかも両変数は独立であることがわかる．$T_0, T_1, \cdots, T_n$ についても同様である．

このような滞在時間の関係を利用して POISSON 過程を次のように構成することができる．$T_0, T_1, T_2, \cdots$ を独立な確率変数の列とし，

$$P\{\omega \,/\, T_n > t) = e^{-\lambda t}, \qquad n = 0, 1, 2, \cdots,$$

であるとする．

$$x_t = \inf\{n \,/\, T_0+T_1+\cdots+T_n > t\}$$

とおくと，x_t は POISSON 過程となる．この観点からの実例をあげよう．いま電球の持久時間が指数分布に従うとする．すなわち t 時間と $(t+dt)$ 時間の間にきれる確率を $\lambda e^{-\lambda t}dt$ とする．このような電球をつけておき，きれたらすぐとりかえるとするとき，t 時間の間にきれる電球の個数 x_t は POISSON 過程となる．この構成法は時間的に一様でない場合には適用できない．

いま一つの興味ある構成法は次のようである．POISSON 分布に従う確率変数 x と $[0,1]$ の上の一様分布に従い独立な確率変数 $y_1, y_2, \cdots$ をもとにする．x と $y_1, y_2, \cdots$ とも独立とする．$[0,t]$ の定義函数を $c_t(\xi)$ とする．

$$x_t = \sum_{i=1}^{x} c_t(y_i)$$

とすると，x_t は POISSON 過程となる．実際 $0=t_0<t_1<\cdots<t_n=1$ をとり，$(x_{t_i}-x_{t_{i-1}},\ i=1,2,\cdots,n)$ の分布を考えると，

$$\begin{aligned}
&P\{\omega \,/\, x_{t_i}-x_{t_{i-1}} = k_i,\ i=1,2,\cdots,n\}\\
&\quad = P\{\omega \,/\, x=\textstyle\sum k_i,\ y_1,\cdots,y_n \text{ の中 } k_i \text{ 個が } [t_{i-1},t_i] \text{ に入る},\ i=1,2,\cdots,n\}\\
&\quad = e^{-\lambda}\cdot\frac{\lambda^k}{k!}\,\frac{k!}{k_1!\cdots k_n!}\prod_i (t_i-t_{i-1})^{k_i}, \qquad k=\textstyle\sum k_i,\\
&\quad = \prod_i e^{-\lambda(t_i-t_{i-1})}\,\frac{(\lambda(t_i-t_{i-1}))^{k_i}}{k_i!}.
\end{aligned}$$

すなわち $x_t,\ 0\leqq t\leqq 1$ に POISSON 過程である．時間的に一様でないときも同様に構成できる．

§20　複合 POISSON 過程

飛躍だけで変化する時間的に一様な加法過程 $x_t,\ 0\leqq t<\infty$，を考えよう．明らかに

$$\varphi_{st}(z) \equiv E(e^{iz(x_t-x_s)}) = \exp\left\{(t-s)\int_{-\infty}^{\infty}(e^{izu}-1)n(du)\right\}. \qquad (20.1)$$

この場合 n は

$$\int_{|u|>1} n(du)<\infty, \qquad \int_{|u|\leqq 1} |u|\,n(du)<\infty \qquad (20.2)$$

を満たす．この場合高さの絶対値がある正数より大きい飛躍は有限時間では確率1を以て有限個であるが，高さが0に近い飛躍は一般に無限にある．唯飛躍の高さの和が絶対収束する確率は1であるので $x_t - x_s$ が飛躍の高さの和として定まるのである．もし (*20. 2*) よりも少し強く

$$\lambda = \int_{-\infty}^{\infty} n(du) < \infty \tag{20.3}$$

とするならば，有限時間内の飛躍は確率1を以て有限個である．このような加法過程を複合 POISSON 過程という．

いま

$$\Phi(du) = \lambda^{-1} n(du)$$

とおけば，Φ は実数上の確率分布となる．(*20. 1*) はかきなおして

$$\varphi_{st}(z) = \exp\left\{\int_s^t \int_{-\infty}^{\infty} (e^{izu}-1)\Phi(du)\cdot\lambda d\tau\right\}.$$

となる．この式からわかることは時間 $d\tau$ の間に飛躍がある確率は

$$\int_{u=-\infty}^{\infty} \Phi(du)\lambda\cdot d\tau = \lambda\cdot d\tau$$

であり，その飛躍の高さが du 内にある確率は $\Phi(du)\cdot\lambda\cdot d\tau$ である．ゆえに $\Phi(du)$ は飛躍の高さの分布と見てよい．

いま $[0, t]$ 内でおこる x_t の飛躍の数を N_t とすると N_t は POISSON 過程で

$$\psi_{st}(z) = E(e^{iz(N_t - N_s)}) = \exp\{(t-s)\lambda(e^{iz}-1)\}$$

である．しかも x_t と N_t とは同じ飛躍時点をもっている．N_t の飛躍の高さは常に1であるが，x_t の飛躍の高さは Φ にしたがって分布している．

$\varphi_{st}(z)$ の式をかきなおして

$$\varphi_{st}(z) = e^{-\lambda(t-s)(1-\phi(z))}$$

$$= e^{-\lambda(t-s)} \sum \frac{(\lambda(t-s))^n}{n!} \phi(z)^n, \quad \phi(z) = \int e^{izu}\Phi(du).$$

したがって $x_t - x_s$ の分布 Φ_{st} は

$$\Phi_{st} = \sum_n e^{-\lambda(t-s)} \frac{(\lambda(t-s))^n}{n!} \Phi^{*n}, \tag{20.4}$$

$$= \sum_n P(n;\lambda(t-s))\cdot\Phi^{*n}, \quad \Phi^{*n} = \Phi*\cdots*\Phi \ (n \text{ 個}).$$

この見地から複合 Poisson 過程を次のように構成することができる．$T_1, T_2, \cdots, u_1, u_2, \cdots$ を独立な確率変数とし,

$$P\{\omega / T_n > t\} = e^{-\lambda t}, \quad P\{\omega / u_n \in du\} = \Phi(du)$$

とする．これに対し, x_t を

$$x_t = u_1 + u_2 + \cdots + u_n \quad (T_1 + \cdots + T_n \leqq t < T_1 + \cdots + T_{n+1}) \quad (n = 1, 2, \cdots)$$

で定義すれば, これは上述の**複合 POISSON 過程**となる．ここで $T_1, T_2, \cdots$ は次の飛躍がおこるまでの**待機時間**となり, $u_1, u_2, \cdots$ は飛躍の高さとなる．

複合 Poisson 過程の例としてはタクシーの運転手が事故に伴っておこる損害の累計をあげることができる．事故の数の累計は Poisson 過程 (一様としておく) となることは前にのべたが, さらに1事故による損害の分布を Φ とすれば, 損害の累計の分布は (*20. 4*) で与えられる．

§21 安定分布と安定過程

2分布 Φ, Ψ が, ある正数 $\lambda > 0$ によって

$$\Psi(E) = \Phi(\lambda E), \quad \lambda E = \{\lambda\cdot\xi;\ \xi \in E\}, \tag{21.1}$$

で結びつけられているとき, Φ と Ψ とは**同型**であるという．Φ, Ψ の分布函数, 特性函数をそれぞれ $F, G; \varphi, \psi$ とすれば, (*21. 1*) は

$$G(x) = F(\lambda x) \tag{21.1'}$$

または

$$\psi(\lambda z) = \varphi(z) \tag{21.1''}$$

と同等である．確率変数 X の分布と $\lambda\cdot X$ $(\lambda > 0)$ の分布とは同型である．平均値が0の正規分布 $N(\cdot; 0, v)$ $(v > 0)$ は標準正規分布 $N(\cdot; 0, 1)$ と同型である．

分布 Φ と同型の任意の2分布 Φ_1, Φ_2 の重畳 $\Phi_1 * \Phi_2$ がまた Φ と同型であるとき, Φ は**安定** (stable) であるという．Φ が安定ならば, Φ と同型の分布は安定である．標準正規分布も安定である．Φ の安定性はその特性函数 $\varphi(z)$ を用いて次のように特長づけられる．任意の $\lambda_1, \lambda_2 > 0$ に対して, $\lambda = \lambda(\lambda_1, \lambda_2) > 0$ があって

$$\varphi(\lambda z) = \varphi(\lambda_1 z)\varphi(\lambda_2 z). \tag{21.2}$$

これから

定理 1 安定分布は無限分解可能である.

を証明することができる. 実際 (*21.2*) から $\varphi(az)=\varphi(z)^2$ なる $a>0$ の存在を得る. これから

$$\varphi(a^n z)=\varphi(z)^{2^n} \tag{21.3}$$

となる. $a=1$ であれば $\varphi(z)=\varphi(z)^2$. ゆえに $\varphi(z)=1$ または 0. $\varphi(z)$ は連続で $\varphi(0)=1$ であるから, $\varphi(z)\equiv 1$. ゆえに Φ は単位分布でもちろん無限分解可能である. もし $a<1$ ならば $|\varphi(z)|\equiv 1$ である. 何故ならば $|\varphi(z)|<1$ なる z があれば, (*21.3*) において $n\to\infty$ として $1=0$ となるから矛盾である. $|\varphi(z)|\equiv 1$ からは $\delta(\Phi)=0$, すなわち Φ は δ 分布となる. これも無限分解可能である. $a>1$ ならば, (*21.3*) において z のかわりに z/a^n とおくと,

$$\varphi(z)=\varphi(a^{-n}z)^{2^n}. \tag{21.4}$$

$\varphi(a^{-n}z)$ も特性函数であり, $n\to\infty$ のとき 1 に広義一様収束するから, (*21.4*) は Φ が無限分解可能であることを示している.

上の定理により, $\varphi(z)$ は

$$\varphi(z)=e^{\psi(z)},\quad \psi(z)=imz-\frac{v}{2}z^2+\int\left(e^{izu}-1-\frac{izu}{1+u^2}\right)n(du), \tag{21.5}$$

なる形であらわされ, (*21.2*) は

$$\psi(\lambda z)=\psi(\lambda_1 z)+\psi(\lambda_2 z) \tag{21.6}$$

となる. これから

定理 2 $\psi(z)=\left(-c_0+i\dfrac{z}{|z|}c_1\right)|z|^\alpha \qquad (c_0\geqq 0,\ -\infty<c_1<\infty,\ \alpha>0).$

が得られる. $\psi(z)\equiv 0$ のときには, $c_0=c_1=0$ として定理はなりたつから, この場合は除外して考える. (*21.6*) から正の整数 n に対し

$$\psi(a_n z)=n\psi(z) \tag{21.7}$$

なる $a_n>0$ がある. 正の有理数 $r=q/p$ に対しては $a_r=a_n/a_m$ とおけば,

$$\psi(a_r z)=r\psi(z). \tag{21.7'}$$

a_r は r によって一義的に定まることを示そう. それには $\psi(\alpha z)=\psi(\beta z)$,

$\alpha>\beta>0$, として矛盾をだせばよい．$\gamma=\beta/\alpha$ とおいて $\psi(z)=\psi(\gamma z)=\psi(\gamma^2 z)=\cdots=\psi(\gamma^n z)\to\psi(0)=0$. ゆえに $\psi(z)\equiv 0$ となり，これは除いておいた場合となる．(*21.7'*) から正の有理数 r, s に対し $\psi(a_r a_s z)=r\psi(a_s z)=rs\psi(z)=\psi(a_{rs}z)$. ゆえに $a_r a_s=a_{rs}$. また (*21.7'*) から

$$\psi(z)=r^n\psi(a_r^{-n}z).$$

$r\leqq 1$ のとき $a_r>1$ ならば $\psi(z)\to\psi(0)=0$ となり，矛盾．ゆえに $r\leqq 1$ ならば $a_r\leqq 1$. $r\leqq s$ ならば $a_r=a_{r/s}a_s\leqq a_s$. ゆえに a_r は r が有界区間を動く限り有界である．$r\to 1$ のとき $a_r\to 1$ である．何故ならば，a_r のある部分列が a に近づくとせよ．上の注意から a は有限である．(*21.7'*) においてこの部分列を考えると極限として $\psi(az)=\psi(z)$. ゆえに $a=1$. 以上のことから a_r は r について有界区間では一様連続．ゆえに正の実数 t に対して $a_t=\lim_{r\to t}a_r$ (r は有理数）と定めると，

$$\psi(a_t z)=t\psi(z),\quad a_t a_u=a_{tu},\quad a_t \text{ は連続}$$

となる．ゆえに後の2条件から $a_t=t^{1/\alpha}$ $(\alpha>0)$ となり，

$$\psi(az)=a^\alpha\psi(z)$$

が得られる．ゆえに $z=1$ とおいて $\psi(a)=a^\alpha\psi(1)$. また $\psi(-a)=\overline{\psi(a)}=a^\alpha\overline{\psi(1)}$. ゆえに

$$\psi(z)=|z|^\alpha\left(-c_0-ic_1\frac{z}{|z|}\right).$$

$|\varphi(z)|\leqq 1$ であるから，$c_0\geqq 0$ でなければならない．$\varphi(z)=\exp\psi(z)$ は無限分解可能な確率法則の特性函数であるから，時間的に一様な加法過程 x_t, $0\leqq t<\infty$ を定めて

$$\varphi_{ts}(z)=E(e^{iz(x_s-x_t)})=\exp\{(s-t)\psi(z)\}$$

とすることができる．$\psi(z)$ が (*21.5*) の形にかけているとすると，0 から t までの間の x_t の飛躍で高さが du に属するものの数の平均値は $t\cdot n(du)$ である．また正数 a に対し，$y_t=ax_t$ を考えると，これも加法過程で

$$\varphi'_{ts}(z)\equiv E(e^{iza(x_s-x_t)})=\exp\{(s-t)\psi(az)\}=\exp\{(s-t)a^\alpha\psi(z)\}$$

となるから，0 から t までの y_t の飛躍で高さが du に属するものの平均数は

$t\cdot a^{\alpha}\cdot n(du)$ である．$y_t=a\cdot x_t$ により後者はまた x_t の 0 から t までの飛躍で高さが du/a に属するものの平均数 $tn(du/a)$ に等しい．ゆえに

$$n(du/a)=a^{\alpha}\cdot n(du),$$

これから

$$n_+(x)=\int_x^{\infty}n(du)=\int_1^{\infty}n(x\cdot du)=\int_1^{\infty}x^{-\alpha}n(du)=x^{-\alpha}n_+(1)$$

が得られ，$n(du)=\mathrm{const}\cdot u^{-\alpha-1}du$ $(u>0)$ となる．$u<0$ のときも同様である．

$$\begin{aligned} n(du) &= c_+\cdot u^{-\alpha-1}du \quad (u>0)\\ &= c_-|u|^{-\alpha-1}du \quad (u<0) \quad (c_{\pm}>0)\end{aligned}$$

とおこう．

定理 3　Φ は正規分布であるか，または $0<\alpha<2$.

証明　$c_+=c_-=0$ であれば Φ は正規分布である．もし c_+, c_- の一方が正ならば，$\int_{-1}^{1}u^2n(du)<\infty$ により $0<\alpha<2$ なるを要する．

α の値により $0<\alpha<1$, $1<\alpha<2$, $\alpha=1$ の三つの場合に分けて論ずる．

(a)　$0<\alpha<1$. このときには

$$\int_{-\infty}^{\infty}n(du)=\infty,\quad \int_{-1}^{1}|u|n(du)<\infty$$

であるから，

$$\psi(z)=imz-\frac{v}{2}z^2+c_+\int_0^{\infty}(e^{izu}-1)\frac{du}{u^{\alpha+1}}+c_-\int_{-\infty}^{0}(e^{izu}-1)\frac{du}{|u|^{\alpha+1}}$$

となる．積分の部分は $O(|z|^{\alpha})$ ($z\to 0$ および $z\to\infty$ のとき) である．たとえば $z>0$ のとき

$$\int_0^{\infty}(e^{izu}-1)\frac{du}{u^{\alpha+1}}=z^{\alpha}e^{-\pi i\alpha/2}\int_0^{\infty}(e^{-v}-1)\frac{dv}{v^{\alpha+1}}\qquad (z>0).$$

$\psi(z)=O(|z|^{\alpha})$ であるから，$z\to\infty$ のときの位数を考えて，$m=v=0$. ゆえに

$$\psi(z)=c_+\int_0^{\infty}(e^{izu}-1)\frac{du}{u^{\alpha+1}}+c_-\int_{-\infty}^{0}(e^{izu}-1)\frac{du}{|u|^{\alpha+1}}.$$

したがってこの場合には対応する加法過程 x_t の見本過程は確率 1 を以て飛躍のみで変化する純粋不連続函数である．しかも $c_+=c_-=0$ の特別の場合の外

は飛躍数は確率1を以て無限である．定理2で $c_0 \geqq 0$ ということを示したが，$c_0=0$ ならば $|\varphi(z)|=1$，したがって Φ は δ 分布となり，$\psi(z)=imz$（m は定数）となるが，これは $c_1=n=0$ の場合すなわち Φ が単位分布の場合にのみ成立する（$0<\alpha<1$ に注意）．$|\varphi(z)|=\exp(-c_0|z|^\alpha)$ $(0<\alpha<1)$ であるから，$\varphi(z)$ は $L_1(R^1)$ にも $L_2(R^1)$ にも属する．ゆえにその FOURIER 変換は連続函数である．これは φ に対応する分布 Φ が連続密度をもつことを示すものである．見本過程は純粋不連続であるのに分布が連続密度をもつということは興味がある．これは不連続なものが平均せられて連続となるからである．

(b)　$1<\alpha<2$．このときには

$$\int_{-\infty}^{\infty} n(du)=\infty, \quad \int_{-\infty}^{\infty} un(du)=\infty, \quad \int_{|u|>1} |u|n(du)<\infty.$$

したがって

$$\psi(z)=imz-\frac{v}{2}z^2+c_+\int_0^\infty (e^{izu}-1-izu)\frac{du}{u^{\alpha+1}}$$
$$+c_-\int_{-\infty}^0 (e^{izu}-1-izu)\frac{du}{|u|^{\alpha+1}}.$$

積分は $O(|z|^\alpha)$ であるから，$z\to 0$ および $z\to\infty$ のときの位数を考えて $m=v=0$ となり

$$\psi(z)=c_+\int_0^\infty (e^{izu}-1-izu)\frac{du}{u^{\alpha+1}}+c_-\int_{-\infty}^0 (e^{izu}-1-izu)\frac{du}{|u|^{\alpha+1}}.$$

対応する加法過程の飛躍の数も高さの絶対値の和も ∞ である確率が1である．しかし $\beta\ (>\alpha)$ を任意にとるとき，飛躍の高さの絶対値の β 乗の和

$$\sum_{0<\tau<t} |x_{\tau+0}-x_{\tau-0}|^\beta$$

は確率1を以て有限である．この中高さの絶対値が1より大きい飛躍は有限個であるから，絶対値1以下のものを考えたらよい．その平均は

$$\int_0^t \int_{-1}^1 |u|^\beta \frac{du}{u^{\alpha+1}} d\tau<\infty$$

であるから，それ自身確率1を以て有限である．

(c)　$\alpha=1$．

$$\psi(z) = ic_1z - c_0|z|$$

また

$$\int_{-\infty}^{\infty}\left(e^{izu}-1-i\frac{zu}{1+u^2}\right)\frac{du}{u^2} = 2\int_0^{\infty}(\cos zu - 1)\frac{du}{u^2} = -\pi|z|$$

であるから

$$\psi(z) = ic_1z + \frac{c_0}{\pi}\int_{-\infty}^{\infty}\left(e^{izu}-1-i\frac{zu}{1+u^2}\right)\frac{du}{u^2}.$$

この場合対応する分布は CAUCHY 分布である．それゆえ対応する加法過程を **CAUCHY 過程** (CAUCHY process) という．

上にでた加法過程のように安定分布に対応するものを**安定過程** (stable process) という．これには上の (a), (b) の場合, (c) の CAUCHY 過程および正規過程(定理 3 参照), その退化した場合として $x_t = m\cdot t$ (m は定数) の場合がある．

第3章　定　常　過　程

§22　定常過程の定義

定常過程というのは時の推移に対して定常性をもっている現象をあらわすための確率過程である．定常性の定義のしかたに強，弱2通りある．$x_t(\omega)$, $t \in T = (-\infty, \infty)$, を確率過程とし，

$$m(t) = E(x_t), \quad v(t, s) = E((x_t - E(x_t))(x_s - E(x_s))),$$

$$\Phi_{t_1, t_2, \cdots, t_n}(E) = P\{\omega/(x_{t_1}, x_{t_2}, \cdots, x_{t_n}) \in E\}$$

とおく．すべての t, s, h に対し

$$m(t+h) = m(t), \quad v(t+h, s+h) = v(t, s)$$

のとき x_t は**弱定常過程** (weakly stationary stochastic process) という．このときには $m(t)$ は定数 (m), $v(t, s)$ は $t-s$ の函数 $(v(t-s))$ となる．すべての n, $\{t_i\}$ に対し

$$\Phi_{t_1+h, t_2+h, \cdots, t_n+h} = \Phi_{t_1, t_2, \cdots, t_n}$$

であるとき，x_t は**強定常過程** (strongly stationary stochastic process) という．

定理 1　x_t が強定常で，$E(|x_0|^2) < \infty$ ならば x_t, $t \in T$, は弱定常である．

証明　強定常性により $E(|x_t|^2) = E(|x_0|^2) < \infty$. ゆえに $m(t)$, $v(t, s)$ は有限確定である．しかも

$$m(t) = \int \xi \Phi_t(d\xi), \quad v(t, s) = \iint (\xi - m(t))(\eta - m(s)) \Phi_{ts}(d(\xi, \eta))$$

であるから，強定常性から弱定常性がでる．

この逆は必ずしもなりたたないが，正規確率過程に対して次の定理がなりたつ．

定理 2　正規確率過程 x_t が弱定常ならば強定常である．

証明　$t_1, t_2, \cdots, t_n$ を任意にとり，

$$M = (m(t_i)), \quad V = (v(t_i, t_j))$$

とすれば，正規性の仮定から $\Phi_{t_1 \cdots t_n}$ は $N(\cdot; M, V)$ である．弱定常性により M

と V は t_i のかわりに t_i+h とおいてもかわらないから，$\Phi_{t_1+h, t_2+h, \cdots, t_n+h}=\Phi_{t_1 t_2 \cdots t_n}$．すなわち x_t は強定常である．

t の変域を $(-\infty, \infty)$ とするかわりに，整数の集合 $\{\cdots, -3, -2, -1, 0, 1, 2, 3, \cdots\}$ としても上述のことがそのままなりたつ．このときには x_t を**定常系列**(stationary random sequence) という．

また $x_t(\omega)$ が複素数値をとる場合（複素確率過程）にも定常性が定義される．実数の場合と異なるのは

$$v(t, s)=E((x_t-m(t))\overline{(x_s-m(s))}) \quad (\bar{\xi}=\xi \text{ の共役複素数})$$

とする点である．定理1はもちろんそのままなりたつ．定理2に相当するものもなりたつが，それには複素正規分布という概念を導入する必要がある（§27, §28 参照）．以後特に断らない限り複素定常過程とする．

§23　定常過程の研究に関する準備事項

定常過程論に用いられることがらを一まとめにして準備しておく．

BOCHNER の定理　これは特性函数のところですでに説明したが，僅かにかわった形でもう一度のべておく．$-\infty<t<\infty$ に対して定義された複素数値函数 $\varphi(t)$ が

i)　正型：$\sum_{ij} \varphi(t_i-t_j)\xi_i\bar{\xi}_j \geqq 0$,

ii)　連続：$t\to 0$ のとき $\varphi(t)\to\varphi(0)$

ならば，有界右連続増加函数 $F(\lambda)$ が定まって

$$\varphi(t)=\int_{R^1} e^{-i2\pi t\lambda} dF(\lambda), \quad F(-\infty)=0$$

となる．指数の中に 2π をいれたのは便宜上である．

STONE の定理　HILBERT 空間 $\boldsymbol{H}$ の unitary 作用素の系 U_t, $-\infty<t<\infty$, があって

i)　連続：$(U_t f, g)$ は t について連続（または可測でも十分），

ii)　群：$U_t U_s = U_{t+s}$

ならば，U_t は**スペクトル分解**：

$$U_t=\int e^{-i2\pi\lambda t} dE(\lambda)$$

が可能である．

また U が unitary 作用素ならば，スペクトル分解

$$U=\int e^{-i2\pi\lambda}dE(\lambda)$$

が可能である．

エルゴード定理 (ergodic theorem)　$\Omega(\boldsymbol{B}, P)$ を確率空間とし，S を Ω をそれ自身の上にうつす1対1保測変換とする．ここに**保測** (measure preserving) とは E が可測ならば，$SE, S^{-1}E$ が共に可測で，しかも $P(SE)=P(S^{-1}E)=P(E)$ となることである．このとき $f\in L^1(\Omega)$ に対し，ほとんどすべての ω に対して

$$f^*(\omega)=\lim_{\substack{n\to\infty \\ m\to-\infty}}\frac{1}{n-m}[f(S^{m+1}\omega)+f(S^{m+2}\omega)+\cdots+f(S^n\omega)]$$

が存在する．しかも $f^*(S\omega)=f^*(\omega)$ (a.e.) である．これを G. D. BIRKHOFF **の個別エルゴード定理** (individual ergodic theorem) という．

超函数 (L. SCHWARTZ' distribution) の理論は既知とする．複素数値をとる普通の超函数のほかに HILBERT 空間の中の値をとる超函数も考える．その定義は普通の場合と全く同様である．

$\Omega(\boldsymbol{B}, P)$ を確率空間とするとき，$\boldsymbol{H}=L^2(\Omega)$ は普通の方法で HILBERT 空間とみなされる．$\Omega(\boldsymbol{B}, P)$ の上の確率論的概念を HILBERT 空間の言葉でいうと，次のようになる．

$$E(x)=(x, 1),$$
$$E(x\cdot\bar{y})=(x, y)\quad \text{特に}\quad E(|x|^2)=\|x\|^2,$$
$$x_n\to x\ (\text{平均2乗})\ \Leftrightarrow\ \|x_n-x\|\to 0.$$

x_t ($\in\boldsymbol{H}$) が t について連続（ノルムの意味で）かつノルム有界であり，$f(t)\in L^1(R^1)$ ならば，$\int f(t)x_t dt$ をノルム収束の意味で定義できる．t の動く範囲が区間の場合も同様である．次に

$$I(f)=\int f(t)dy_t$$

なる形の積分を定義する．特に重要なのは y_t が**直交増分性**(orthogonal increment)をもつときである．その意味は任意の互に素な区間 $(t_1, t_2]$, $(s_1, s_2]$ に対し $y_{t_2}-y_{t_1}$, $y_{s_2}-y_{s_1}$ が直交することである．このときには単調増加函数 $F(t)$ が存在して(加法定数を除いて定まって)

$$F(s)-F(t) = \|y_s-y_t\|^2 \quad (s>t)$$

となる．特に $F(t)$ が右連続と仮定すると，y_t も右連続となる．F から定まる Lebesgue-Stieltjes 測度も同じ記号 F であらわす．

$$F(E) = \int_E dF(t).$$

さて $f\in L^2(R^1, F)$ に対し，上の $I(f)$ が定まることを証明する．まず f が台が有界な階段函数(その全体を $\boldsymbol{J}$ とかく)のときには普通のように定義する．しかも

$$\|I(f)\| = \|f\| \quad (\|f\| \text{ は } L^2(R^1, F) \text{ におけるノルム})$$

となるから，$I(f)$ を $\bar{\boldsymbol{J}}$ すなわち $L^2(R^1, F)$ の上から $\boldsymbol{H}$ の中の作用素にまで普通の方法で拡張できる．これが求むるものであって，

$$I(\alpha f+\beta g) = \alpha I(f)+\beta I(g),$$
$$(If, Ig) = (f, g)$$

となる．

§24　弱定常過程のスペクトル分解

x_t, $-\infty<t<\infty$, を弱定常過程とし

$$E(x_t) = m, \quad E((x_t-m)\overline{(x_s-m)}) = v(t-s) \tag{24.1}$$

とする．$x_t(\omega)\equiv m$ という特別のつまらない場合を除いて $v(0)>0$. ゆえに x_t のかわりに $(x_t-m)/\sqrt{v(0)}$ を考えることにより，はじめから

$$E(x_t) = 0, \quad E(x_t\bar{x}_s) = v(t-s), \quad E(|x_t|^2) = v(0) = 1 \tag{24.1'}$$

と仮定しておいて一般性を失わない．

x_t, $-\infty<t<\infty$, はまた Hilbert 空間 $\boldsymbol{H} = L^2(\Omega)$ の中の曲線と考えられる．しかも (24.1′) により

$$(x_t, 1) = 0, \quad (x_t, x_s) = v(t-s), \quad \|x_t\| = 1 \tag{24.1''}$$

であるから，この曲線は $\boldsymbol{H}$ の中で $\{1\}$ の直交補空間 $\boldsymbol{H}'=\{y/y\perp 1\}$ の中にあるし，$\boldsymbol{H}$ の中の単位球の上にもある．また $v(t-s)$ は $\boldsymbol{H}$ の中の二つのベクトル x_t, x_s のなす角の cosine である．これを x_t, x_s の**相関係数** (correlation coefficient) とよぶことがある．

さらに x_t の**ノルム連続性**：

$$\lim_{t\to s}\|x_t-x_s\|=0 \tag{24.2}$$

を仮定する．これから見本過程の連続性は必然的でないことは前章の Poisson 過程の例からもわかるであろう．しかしながら

$$P\{\omega/|x_t-x_s|>\varepsilon\}\leqq\|x_t-x_s\|^2/\varepsilon^2$$

であるから，確率連続性はノルム連続性から導かれる．

定理 1 (A. Khinchin) $v(t)$ のスペクトル分解：

$$v(t)=\int e^{-i2\pi\lambda t}dF(\lambda),\qquad F(-\infty)=0 \tag{24.3}$$

がなりたつ．ここに $F(\lambda)$ は $v(t)$ により定まる有界右連続増加函数である．$F(\lambda)$ を $v(t)$ のスペクトル函数という．

証明 $v(t)$ の定義により

$$\sum_{ij}v(t_i-t_j)\xi_i\bar{\xi}_j=\|\sum\xi_i x(t_i)\|^2\geqq 0.$$

また (2) により

$$v(t)=(x_t, x_0)\to(x_0, x_0)=v(0)\qquad(t\to 0).$$

ゆえに Bochner の定理から F が定まる．

定理 2 (A. Kolmogoroff) x_t のスペクトル分解：

$$x_t=\int e^{-i2\pi\lambda t}dy_\lambda,\qquad y_{-\infty}=0, \tag{24.4}$$

がなりたつ．ここに y_λ は直交増分性をもち

$$\|y_\lambda\|^2=F(\lambda) \tag{24.5}$$

である．y_λ は x_t により定まる．

証明 $\{x_t\}$ の1次結合のつくる空間を $\boldsymbol{A}$ とし，$\bar{\boldsymbol{A}}$ を $\boldsymbol{H}_0$ とおく．$\boldsymbol{H}_0$ は $\boldsymbol{H}_1$ の部分空間である．$\boldsymbol{A}$ の中の変換群 U_t, $-\infty<t<\infty$, を

$$U_t(\sum a_i x_{t_i}) = \sum a_i x_{t_i+t}$$

と定義する．この定義が確定することを示すには

$$\sum a_i x_{t_i} = 0 \Rightarrow \sum a_i x_{t_i+t} = 0$$

を示せばよいが，それは

$$\| \sum a_i x_{t_i} \|^2 = \sum a_i \bar{a}_j v(t_i - t_j) = \| \sum a_i x_{t_i+t} \|^2 \qquad (24.6)$$

から明らかである．またこの式は U_t が $\boldsymbol{A}$ から $\boldsymbol{A}$ の上への**等長変換**(isometric transformation) であることを示している．したがって U_t は $\boldsymbol{H}_0$ から $\boldsymbol{H}_0$ の上への等長変換にまで拡張できる．しかも $\boldsymbol{A}$ の中で $U_t U_s = U_{t+s}$ であるから $\boldsymbol{H}_0$ の上でもこの性質をもつ．$U_t f$ は $f \in \boldsymbol{A}$ のときには t についてノルム連続であるから，$U_t f$ の等長性を利用して $f \in \boldsymbol{H}_0$ に対してもこの連続性がなりたつ．ゆえに Stone の定理により U_t のスペクトル分解ができて

$$x_t = U_t x_0 = \int e^{-i 2\pi \lambda t} d(E(\lambda) x_0) = \int e^{-i 2\pi \lambda t} dy_\lambda.$$

スペクトル分解の性質により y_λ は直交増分性をもち，

$$G(\lambda) = \| y_\lambda \|^2$$

は有界増加右連続函数 $G(\lambda)$ を与える．しかもスペクトル分解の性質から

$$v(t) = (x_t, x_0) = \int e^{i 2\pi \lambda t} dG(\lambda), \qquad G(-\infty) = 0$$

となる．これを (24.3) と比較して $F = G$ となるから，(24.5) がなりたつ．

次に (24.4) の y_λ が 2 通りあって y_λ, y_λ' とするとき $y_\lambda = y_\lambda'$ となることを示す．$f \in L^1(R^1)$ の Fourier 変換を $\hat{f}$ とすれば

$$\int \hat{f}(\lambda) dy_\lambda = \int \hat{f}(\lambda) dy_\lambda' = \int f(t) x_t \cdot dt,$$

もし $g(\lambda)$ が連続で，その台が有界であれば，$g(\lambda)$ は上のような $\hat{f}(\lambda)$ で一様近似できるから

$$\int g(\lambda) dy_\lambda = \int g(\lambda) dy_\lambda'.$$

いま $(-\infty, \mu]$ の定義函数を $c(\lambda)$ とすれば，$c(\lambda)$ に対し上の $g(\lambda)$ を

$$\int | c(\lambda) - g(\lambda) |^2 dF(\lambda) < \varepsilon^2$$

となるように定めると

$$\left\|\int c(\lambda)dy_\lambda - \int g(\lambda)dy_\lambda\right\|^2 = \int |c(\lambda)-g(\lambda)|^2 dF(\lambda) < \varepsilon^2.$$

同様に

$$\left\|\int c(\lambda)dy_\lambda' - \int g(\lambda)dy_\lambda'\right\|^2 < \varepsilon^2.$$

ゆえに

$$\left\|\int c(\lambda)dy_\lambda - \int c(\lambda)dy_\lambda'\right\| < \varepsilon. \qquad \varepsilon \to 0 \text{ として}$$

$$\int c(\lambda)dy_\lambda = \int c(\lambda)dy_\lambda' \quad \text{すなわち} \quad y_\mu = y_\mu'.$$

かくして定理2は証明された.

例 特に $F(\lambda)$ が純粋不連続で,

$$F(\lambda) = \sum_{\lambda_n \leqq \lambda} a_n$$

なる形にかける場合を考える. ここに $\{\lambda_n\}$ は任意に与えられた実数列, $\{a_n\}$ は正数列で $\sum a_n < \infty$ とする. このときには

$$v(t) = \int e^{-i2\pi\lambda t} dF(\lambda) = \sum a_n e^{-i2\pi\lambda_n t}$$

は概周期函数となる. 次に x_t の分解をみると

$$x_t = \sum y_n e^{-i2\pi\lambda_n t} \qquad (\text{ここに } \{y_n\} \text{ は直交列で } \|y_n\|^2 = a_n)$$

となる. 実際 $y_n = y_{\lambda_n+0} - y_{\lambda_n-0}$ とおけばよい.

§25 弱定常過程の見本過程のスペクトル分解

x_t, $-\infty < t < \infty$, を弱定常過程とし, 前節の (*24. 1′*), (*24. 2*) を満たすとする. KOLMOGOROFF のスペクトル分解定理により

$$x_t = \int e^{-i2\pi\lambda t} dy_\lambda, \qquad y_{-\infty} = 0, \tag{25. 1}$$

となる. いまこの関係を見本過程についてながめてみよう. 右辺の積分は $L^2(\Omega)$ の中のノルム収束によって定義されているから, このままでは ω の各値に対する関係とはならない. まず

$$\|x_t - x_s\| \to 0 \quad (t \to s), \qquad \|y_\lambda - y_\mu\| \to 0 \quad (\lambda \downarrow \mu) \tag{25. 2}$$

を考慮して

定理 1　x_t, y_λ とそれぞれ弱い意味で一致する可測(2変数 (t, ω) または (λ, ω) に対して可測) な x_t^*, y_λ^* がある.

が証明される(証明略). しかも x_t^* と y_λ^* との間に (*25. 1*) がなりたつことは明らかであるから, 以後 x_t, y_λ が可測としておく. 2変数 (t, ω) (または (λ, ω)) に関する可測性により, ほとんどすべての ω に対し x_t (または y_λ) は t (または λ) に関して可測である.

$x_t(\omega)$ はほとんどすべての ω に対し t の**緩増加函数** (超函数論参照) である. なぜならば

$$E\left\{\left(\int \frac{|x_t|}{1+t^2}dt\right)^2\right\} \leqq E\left\{\int \frac{|x_t|^2}{1+t^2}dt \int \frac{dt}{1+t^2}\right\} = \left(\int \frac{dt}{1+t^2}\right)^2 < \infty.$$

ゆえにほとんどすべての ω に対し

$$\int \frac{|x_t(\omega)|}{1+t^2}dt < \infty,$$

すなわち $x_t(\omega)$ は t の緩増加超函数 (実は緩増加函数) である. 同様に

$$E\left\{\left(\int \frac{|y_\lambda|}{1+\lambda^2}d\lambda\right)^2\right\} \leqq E\left\{\int \frac{|y_\lambda|^2}{1+\lambda^2}d\lambda \int \frac{d\lambda}{1+\lambda^2}\right\} \leqq \left(\int \frac{d\lambda}{1+\lambda^2}\right)^2 < \infty .$$

であるから, $y_\lambda(\omega)$ もほとんどすべての ω に対し λ の緩増加 (超) 函数である. したがって y_λ の超函数としての微分 Dy_λ も緩増加超函数である.

定理 2　$x_t(\omega)$, $-\infty < t < \infty$, はほとんどすべての ω に対し, 超函数 $Dy_\lambda(\omega)$ の FOURIER 変換である, すなわち

$$x(\phi) = Dy_\lambda(\mathfrak{F}\phi). \tag{25. 3}$$

ここに

$$\mathfrak{F}\phi(\lambda) = \int e^{-i2\pi\lambda t}\phi(t)dt.$$

証明

$$E\left[\int \frac{|x_t(\omega)|^2}{1+t^2}dt\right] = \int \frac{1}{1+t^2}dt < \infty$$

であるから, ほとんどすべての ω に対し ($\omega \in \Omega_1$, $P(\Omega_1) = 1$)

$$\int \frac{|x_t(\omega)|^2}{1+t^2}dt < \infty.$$

ゆえにこの ω に対し,

$$z_\lambda(\omega)=\int_{-1}^{1}x_t\frac{e^{i2\pi\lambda t}-1}{i2\pi t}dt+\underset{a\to\infty}{\mathrm{l.i.m.}}^{*}\left(\int_1^a+\int_{-a}^{-1}\right)x_t\frac{e^{i2\pi\lambda t}}{i2\pi t}dt \qquad (25.4)$$

$$\left(\underset{a\to\infty}{\mathrm{l.i.m.}}\,f_a(t)=f(t)\Leftrightarrow\lim_{a\to\infty}\int|f_a(t)-f(t)|^2dt=0\right)$$

とおくと,

$$x(\phi)=\mathfrak{F}Dz_\lambda(\phi),\qquad \phi\in\mathfrak{D}, \qquad (25.5)$$

となる. すなわち $\omega\in\Omega_1$ に対しては x と $\mathfrak{F}Dz_\lambda$ とは $\mathfrak{D}'$ の元として一致するが, $P(\Omega_1)=1$ であるから, x と $\mathfrak{F}Dz_\lambda$ は $\mathfrak{D}'_{\boldsymbol{H}}$, $\boldsymbol{H}=L^2(\Omega)$, の元としても一致する. ゆえに $\boldsymbol{H}$ の中で

$$x(\phi)=\int\mathfrak{F}\phi(\lambda)dy_\lambda=-\int(\mathfrak{F}\phi(\lambda))'y_\lambda d\lambda,$$

$$x(\phi)=\mathfrak{F}Dz_\lambda(\phi)=-\int(\mathfrak{F}\phi(\lambda))'z_\lambda d\lambda.$$

$\phi=\mathfrak{F}^{-1}\psi$ とおくと, 任意の急減少函数 ψ に対し

$$\int\psi'y_\lambda d\lambda=\int\psi'z_\lambda d\lambda \quad \text{ゆえに} \quad Dy_\lambda=Dz_\lambda$$

すなわちほとんどすべての λ に対し $y_\lambda=z_\lambda+c$, $c\in\boldsymbol{H}$, となる. (25.5) において z_λ のかわりに $z_\lambda-c$ としてもよいから, ほとんどすべての λ に対し $y_\lambda=z_\lambda$ が $\boldsymbol{H}$ の中でなりたつ. (25.4) からほとんどすべての λ に対し

$$z_\lambda(\omega)=\int_{-1}^{1}\ \text{〃}\ +\lim_{a_n\to\infty}\left(\int_1^{a_n}+\int_{-a_n}^{-1}\right)\ \text{〃}$$

となるように a_n がとれるから, $x_t(\omega)$ が (t,ω) について可測なことから, $z_\lambda(\omega)$ が (λ,ω) に対して可測であるようにとれる. $y_\lambda(\omega)$ も (λ,ω) に対して可測である. しかもほとんどすべての λ に対し, ほとんどすべての ω に対し $y_\lambda(\omega)=z_\lambda(\omega)$ であるから, FUBINI の定理によりほとんどすべての ω に対し, ほとんどすべての λ に対し $y_\lambda(\omega)=z_\lambda(\omega)$ となる. ゆえに (25.5) は $x(\phi)=\mathfrak{F}Dy_\lambda(\phi)$ とかける.

---

* l. i. m. = limit in the mean.

N. WIENER 流にかけば (25.3) は

$$x_t = \lim_{\varepsilon\to 0} \underset{a\to\infty}{\mathrm{l.\,i.\,m.}} \int_{-a}^{a} e^{-i2\pi\lambda t} \frac{y_{\lambda+\varepsilon}-y_{\lambda-\varepsilon}}{2\varepsilon} d\lambda \tag{25.3}$$

となる.

§26 強定常過程に関するエルゴード定理

$x_t(\omega)$, $-\infty<t<\infty$, を可測強定常過程とする. 明らかに

$$E(|x_t|)=E(|x_0|)$$

であるが, これを有限と仮定する. $x_t(\omega)$ は2変数 (t,ω) に関して可測であるから, ほとんどすべての ω に対し, t の函数として可測である. しかも $-\infty<a<b<\infty$ に対し

$$E\left\{\int_a^b |x_t|dt\right\} = \int_a^b E(|x_t|)dt = E(|x_0|)(b-a)<\infty$$

であるから, 任意の有限区間 (a,b) に対しほとんどすべての ω に対して

$$\int_a^b |x_t(\omega)|dt<\infty$$

となる. この積分は a,b が整数の場合 (この場合の数は可算) に有限ならば, すべての区間に対し有限となるから, ほとんどすべての ω に対し, これをきめたときすべての区間に対して上の積分は有限である.

定理 1 $E(|x_0|)<\infty$ のときには, ほとんどすべての ω に対し

$$x^*(\omega)=\lim_{A\to\infty}\frac{1}{2A}\int_{-A}^{A} x_t(\omega)dt$$

が存在する. これを**見本平均値** (sample mean) という.

証明 まず

補題 $\{x_n\}$ が定常系列で $E(|x_0|)<\infty$ のとき

$$x^*=\lim_{\substack{n\to\infty\\ m\to-\infty}} \frac{1}{n-m}\sum_{k=m+1}^{n} x_k$$

がほとんどすべての ω に対し存在する.

証明 $Z=\{\cdots,-3,-2,-1,0,1,2,\cdots\}$ とし, $R^Z(\boldsymbol{B}^Z)$ に確率ベクトル $\boldsymbol{x}=\prod_k x_k$ の分布 Φ をそえて確率空間 $R^Z(\boldsymbol{B}^Z,\Phi)$ をつくる. R^Z からそれ自身の上へ

の1対1対応

$$T\colon \quad \prod_k \xi_k \to \prod_k \xi_{k+1}$$

を考えると，これは保測変換となる．$f\colon \Xi = \prod_k \xi_k \to \xi_0$ とすると，f は $\in L^1(R^Z)$ である．ゆえにほとんどすべて（Φ に関して）の Ξ に対し

$$f^*(\Xi) = \lim_{\substack{n\to\infty \\ m\to-\infty}} \frac{1}{n-m} \sum_{k=m+1}^{n} f(T^k \Xi)$$

が存在する．ゆえにほとんどすべての ω に対し

$$f^*(\boldsymbol{x}) = \lim_{\substack{n\to\infty \\ m\to-\infty}} \frac{1}{n-m} \sum_{k=m+1}^{n} x_k$$

となり補題が証明された．

さて定理の証明にうつる．

$$y_n = \int_n^{n+1} x_t dt, \quad n = \cdots, -3, -2, -1, 0, 1, 2, \cdots,$$

とおくと，これが定常系列となる（この証明は面倒であるから省略する）．上の補題により

$$x^* = \lim_{n\to\infty} \frac{1}{2n} \int_{-n}^{n} x_t dt = \lim_{n\to\infty} \frac{1}{2n} \sum_{k=-n}^{n-1} y_k$$

がほとんどすべての ω に対し存在する．次に $n<A<n+1$ ならば

$$\frac{1}{2A}\int_{-A}^{A} x_t dt = \frac{n}{A}\frac{1}{2n}\int_{-n}^{n} x_t dt + \frac{1}{2A}\int_{-A}^{-n} x_t dt + \frac{1}{2A}\int_{n}^{A} x_t dt.$$

ゆえに後の2項が0に近づくことをいえばよい．上の論法を $|x_t|$ に適用すれば

$$\frac{1}{2n}\int_{-(n+1)}^{n+1} |x_t| dt = \frac{n+1}{n} \frac{1}{2(n+1)} \int_{-(n+1)}^{n+1} |x_t| dt \to |x|^*,$$

$$\frac{1}{2n}\int_{-n}^{n} |x_t| dt \to |x|^*$$

であるから，この差をとって

$$\frac{1}{2n}\int_{-(n+1)}^{-n} |x_t| dt + \frac{1}{2n}\int_{n}^{n+1} |x_t| dt \to 0,$$

ゆえに

$$\left|\frac{1}{2A}\int_{-A}^{-n}x_t dt+\frac{1}{2A}\int_{n}^{A}x_t dt\right| \leqq \frac{1}{2n}\int_{-(n+1)}^{-n}|x_t|dt+\frac{1}{2n}\int_{n}^{n+1}|x_t|dt \to 0.$$

$f(\xi_1, \xi_2, \cdots, \xi_n)$ を n 変数の BAIRE 函数とすれば

$$y_t = f(x_{t_1+t}, x_{t_2+t}, \cdots, x_{t_n+t})$$

も可測強定常過程となるから，

$$E(|y_0|) = E(|f(x_{t_1}, x_{t_2}, \cdots, x_{t_n})|) < \infty$$

ならば，上の定理が y_t に適用できて，

$$\lim_{A\to\infty}\frac{1}{2A}\int_{-A}^{A} f(x_{t_1+t}, x_{t_2+t}, \cdots, x_{t_n+t})dt$$

の存在が証明できる．特に $E(|x_0|^2)<\infty$，したがって $E(|x_t\bar{x}_s|)<\infty$ ならば，

$$\lim_{A\to\infty}\frac{1}{2A}\int_{-A}^{A} x_{t+\sigma}\bar{x}_{s+\sigma}d\sigma$$

の存在がわかる．したがって

$$v^*(t, s) = \lim_{A\to\infty}\frac{1}{2A}\int_{-A}^{A}(x_{t+\sigma}-x^*)(\overline{x_{s+\sigma}-x^*})d\sigma$$

$$= \lim_{A\to\infty}\frac{1}{2A}\int_{-A}^{A} x_{t+\sigma}\bar{x}_{s+\sigma}d\sigma - |x^*|^2$$

の存在もわかる．$V^* = (v^*(t, s))$ を見本分散行列 (sample variance matrix) という．明らかに

$$v^*(t, s) = v^*(t-s)$$

である．

$$\sum_{i,j} v^*(t_i-t_j)\xi_i\bar{\xi}_j = \lim_{A\to\infty}\frac{1}{2A}\int_{-A}^{A}\left|\sum \xi_i(x_{t_i+\sigma}-x^*)\right|^2 d\sigma \geqq 0$$

であるから，

$$v^*(t) = \int e^{-i2\pi\lambda t}dS^*(\lambda) \qquad (\text{ただし } S^*(-\infty)=0)$$

とかける．$S^*(\lambda)$ を見本スペクトル函数 (sample spectral function) という．明らかに

$$E(x^*) = 0 = E(x_0)$$

であるが，さらに

$$E(v^*(t)) = v(t) - E(|x^*|^2) \leqq v(t),$$
$$E(S^*(\lambda)) = F(\lambda) - E(|x^*|^2)H(\lambda) \leqq F(\lambda)$$
$$(H(\lambda) = 0 \ (\lambda < 0), \ = 1 \ (\lambda \geqq 0)).$$

特に $E(|x^*|^2) = 0$ すなわち $x^* = 0$ のときには等号がなりたつ. $x^* = 0$ は $F(+0) = F(-0)$ と同等であることは

$$E(|x^*|^2) = \lim_{A\to\infty}\left(\frac{1}{2A}\right)^2 \int_{-A}^{A}\int v(t-s)dt\,ds = F(+0) - F(-0)$$

からわかる.

前節に示したように

$$x_t = \int e^{-i2\pi\lambda t} dy_\lambda = \mathfrak{F}(Dy_\lambda)$$

であるが, これから $v^*(t)$ を形式的に計算すると

$$v^*(t) = \lim_{A\to\infty}\frac{1}{2A}\int_{-A}^{A}\iint e^{-i2\pi[\lambda(t+s)-\mu s]}ds\,dy_\lambda\overline{dy_\mu}$$
$$= \iint e^{-i2\pi\lambda t}\lim_{A\to\infty}\frac{1}{2A}\int_{-A}^{A} e^{-i2\pi s(\lambda-\mu)}ds\,dy_\lambda\overline{dy_\mu}$$
$$= \iint e^{-i2\pi\lambda t}\delta_{\lambda\mu}dy_\lambda\overline{dy_\mu}, \qquad \delta_{\lambda\mu} = \begin{cases} 1 & (\lambda = \mu), \\ 0 & (\lambda \neq \mu), \end{cases}$$
$$= \int e^{-i2\pi\lambda t}|dy_\lambda|^2.$$

これから

$$dS^*(\lambda) = |dy_\lambda|^2$$

という記号的関係が考えられる. この興味ある事実は N. WIENER の一般調和解析をつかって厳密に論じ得る. 上の式の厳密な意味は任意の有界連続函数 $f(\lambda)$ に対し

$$\int f(\lambda)dS^*(\lambda) = \lim_{\varepsilon\downarrow 0}\int f(\lambda)\frac{|y_{\lambda+\varepsilon} - y_{\lambda-\varepsilon}|^2}{2\varepsilon}d\lambda$$

がなりたつことである.

§27 複素正規系

x_α, $\alpha \in A$, が実正規系であるというのは, 確率ベクトル $\boldsymbol{x} = \prod_\alpha x_\alpha$ の分布が

$R^A(\boldsymbol{B}^A)$ の上の正規分布であることと定義する．WIENER 過程や (実) 正規定常過程は実正規系である．上の定義は任意の $\alpha_\nu \in A$, $z_\nu \in R^1$ に対し

$$E\{\exp(i\sum z_\nu x_{\alpha_\nu})\} = \exp\left\{i\sum z_\nu m(\alpha_\nu) - \frac{1}{2}\sum z_\mu z_\nu v(\alpha_\mu, \alpha_\nu)\right\}$$

$$(m(\alpha) = E(x_\alpha),\ v(\alpha, \beta) = E\{(x_\alpha - m(\alpha))(x_\beta - m(\beta))\})$$

と同等である．特に平均値が 0 のときには

$$E\{\exp(i\sum z_\nu x_{\alpha_\nu})\} = \exp\left\{-\frac{1}{2}\|\sum z_\nu x_{\alpha_\nu}\|^2\right\}$$

$$\left(\|x\|^2 = \int |x(\omega)|^2 P(d\omega)\right)$$

とかける．この性質を一般化して複素確率変数の系 x_α, $\alpha \in A$, が複素正規系であるとは，$\alpha_\nu \in A$, $z_\nu \in C(=R^1 + iR^1)$ に対し

$$E\{\exp(i\,\mathrm{Re}\,(\sum \bar{z}_\nu x_{\alpha_\nu}))\} = \exp\left\{-\frac{1}{4}\|\sum \bar{z}_\nu x_{\alpha_\nu}\|^2\right\}, \qquad (27.1)$$

Re は実部，バーは複素共役をあらわす．

と定義する．特に

$$E\{\exp i\,\mathrm{Re}\,\bar{z}x_\alpha\} = \exp\left\{-\frac{|z|^2}{4}\|x_\alpha\|^2\right\}.$$

ここで x_α の実部，虚部を x'_α, x''_α とおき，$z = z' + iz''$ とすると

$$E\{\exp\{i(z'x'_\alpha + z''x''_\alpha)\}\} = \exp\left\{-\frac{\|x_\alpha\|^2}{4}(z'^2 + z''^2)\right\}$$

となるから，x'_α と x''_α とは独立で各々の分布は同じ 1 次元正規分布 $N(\cdot; 0, \|x_\alpha\|^2/2)$ である．

定理 1　x_α, $\alpha \in A$, を複素確率変数系とし $Ex_\alpha = 0$ とする．

$$v(\alpha, \beta) = E(x_\alpha \bar{x}_\beta) = (x_\alpha, x_\beta)$$

とおけば，$(v(\alpha, \beta))$ は正型である，すなわち

$$\sum_{ij} \bar{\xi}_i \xi_j v(\alpha_i, \alpha_j) \geqq 0. \qquad (27.2)$$

逆に $(v(\alpha, \beta))$ が正型ならば複素正規系 x_α, $\alpha \in A$, があって，(27.1) がなりたつ．

証明 前半：

$$\sum_{ij}\bar{\xi}_i\xi_j v(\alpha_i, \alpha_j) = \left\|\sum_i \bar{\xi}_i x_{\alpha_i}\right\|^2 \geqq 0.$$

後半： $\Omega = C^A = R^{2A}$ とし $\Omega(\boldsymbol{B}^{2A})$ の中に（実）正規分布 N を次のようにいれる．R^{2A} の点で有限個以外の座標が 0 であるもの全体は前に R_0^{2A} とかいたが，これはまた C^A の点で同じ性質のもの全体 $C_0{}^A$ と一致する．$\boldsymbol{z}(=\prod_\alpha z_\alpha) \in C_0{}^A$ に対し

$$\varphi(\boldsymbol{z}) = \exp\left\{-\frac{1}{4}\sum_{\alpha\beta}\bar{z}_\alpha z_\beta v(\alpha, \beta)\right\}$$

とおく．$\sum_{\alpha\beta}$ は見かけ上無限和であるが $\boldsymbol{z} \in C_0{}^A$ により有限和にすぎないから，収束の問題はおこらない．$\varphi(\boldsymbol{z})$ が $R^{2A}(\boldsymbol{B}^{2A})$ の上のある正規分布 N の特性函数であるためには，$\sum_{\alpha\beta}$ が $\boldsymbol{z} \in R_0^{2A}$ の函数とみて正型の実2次形式であることをいえばよい．これは $(v(\alpha, \beta))$ が正型であることからでる．実際，正型の仮定から $v(\alpha, \beta) = \overline{v(\beta, \alpha)}$ がでるから，これから $\sum_{\alpha\beta}$ が $\boldsymbol{z} \in R^{2A}$ の実2次形式となる．また正型であることは (27.2) により明らかである．$\Omega(\boldsymbol{B}^{2A}, N)$ を基礎の確率空間とし，$\omega \in \Omega = C^A$ に対し $x_\alpha(\omega)$ を ω の α 座標（複素数）とすれば，$\boldsymbol{z} = \prod_\alpha z_\alpha \in C_0{}^A$ に対し

$$E\{e^{i\,\mathrm{Re}\sum_\alpha \bar{z}_\alpha x_\alpha}\} = E\{e^{i\sum_\alpha (z_\alpha' x_\alpha' + z_\alpha'' x_\alpha'')}\} = \exp\left\{-\frac{1}{4}\sum_{\alpha\beta}\bar{z}_\alpha z_\beta v(\alpha, \beta)\right\}$$

$$(z_\alpha = z_\alpha' + iz_\alpha'',\ x_\alpha = x_\alpha' + ix_\alpha'')$$

となる．z_α のかわりに $t\cdot z_\alpha$ とおき

$$E\{e^{it\,\mathrm{Re}\sum_\alpha \bar{z}_\alpha x_\alpha}\} = \exp\left\{-\frac{t^2}{4}\sum_{\alpha\beta} z_\alpha \bar{z}_\beta v(\alpha, \beta)\right\}.$$

両辺を t で2回微分して $t = 0$ とおくと

$$\frac{1}{4}\sum_\alpha \bar{z}_\alpha^2 E(x_\alpha^2) + \frac{1}{4}\sum_\alpha z_\alpha^2 E(\bar{x}_\alpha^2) + \frac{1}{2}\sum_{\alpha\beta}\bar{z}_\alpha z_\beta (x_\alpha, x_\beta)$$

$$= \sum_{\alpha\beta}\bar{z}_\alpha z_\beta v(\alpha, \beta).$$

ゆえに

$$E(x_\alpha^2) = 0, \quad (x_\alpha, x_\beta) = v(\alpha, \beta)$$

となる．ゆえに

$$E\{e^{i\,\mathrm{Re}\sum_\alpha \bar z_\alpha x_\alpha}\} = \exp\left\{-\frac{1}{4}\left\|\sum \bar z_\alpha x_\alpha\right\|^2\right\}$$

となる．

注意　$E(x^2_\alpha)=0$ は副産物として得られたが，これは注意すべき性質である．実際 $x_\alpha = x'_\alpha + i x''_\alpha$ とすると，前にも注意したように，x''_α, x''_α は独立で同じ分布 $N(\cdot\,;\,0,\ \|x_\alpha\|^2/2)$ をもつから，

$$E(x^2_\alpha) = E(x'^2_\alpha) - E(x''^2_\alpha) + 2iE(x'_\alpha)E(x''_\alpha) = 0$$

となる．

定理 2　$x_\alpha,\ \alpha\in A$, が複素正規系で，かつたがいに直交するならば，これは独立である．

証明

$$E(e^{i\,\mathrm{Re}\sum \bar z_\alpha x_\alpha}) = \exp\left\{-\frac{1}{4}\left\|\sum \bar z_\alpha x_\alpha\right\|^2\right\}$$

直交性により

$$= \exp\left\{-\frac{1}{4}\sum |z_\alpha|^2\|x_\alpha\|^2\right\}$$

$$= \prod_\alpha \exp\left\{-\frac{1}{4}|z_\alpha|^2\|x_\alpha\|^2\right\}$$

$$= \prod_\alpha E(e^{i\,\mathrm{Re}\, z_\alpha x_\alpha}).$$

これから $\boldsymbol{x} = \prod_\alpha x_\alpha$ の分布が各々の x_α の分布の直積であることがでる．

定理 3　$x_\alpha,\ \alpha\in A$, を複素正規系としたとき，$\mathrm{Re}\,(x_\alpha),\ \alpha\in A$, $\mathrm{Im}\,(x_\alpha),\ \alpha\in A$, (Im は虚部) はともに実正規系である．

(*27.1*) において $\mathrm{Im}\,(z_\nu)$ または $\mathrm{Re}\,(z_\nu)=0$ とおいてみるとすぐわかる．

また定義から容易に

定理 4　$x_\alpha,\ \alpha\in A$, $y_\alpha,\ \alpha\in A$, がそれぞれ実正規系とし，両系が同分布でたがいに独立であるとすれば，$x_\alpha + i y_\alpha,\ \alpha\in A$, は複素正規系である．

定理 5　$x_\alpha,\ \alpha\in A$, が複素正規系で $y_\beta,\ \beta\in B$, の各々が $x_\alpha,\ \alpha\in A$, の複素係数1次結合またはそのノルム極限であれば，$y_\beta,\ \beta\in B$, も正規系である．

例　複素 WIENER 過程 (complex WIENER process)　$x_t,\ -\infty<t<\infty$, が

複素正規系で，直交増分性：

$t<s\leqq u<v$ に対し　　$(x_s-x_t,\, x_v-x_u)=0$

をもつとき，x_t, $-\infty<t<\infty$, を複素 WIENER 過程という．このとき，$t_1<s_1\leqq t_2<s_2\leqq\cdots\leqq t_n<s_n$ に対し，$x_{s_i}-x_{t_i}$, $i=1,2,\cdots,n$ は定理5により複素正規系であって，しかもたがいに直交するから，定理2により独立である．ゆえにこれは複素加法過程である．x_s-x_t の分布は複素平面上の原点のまわりの回転で不変な分布である．$s<t<u$ のとき $(x_u-x_t,\, x_t-x_s)=0$ であるから，

$$\|x_u-x_s\|^2=\|x_u-x_t\|^2+\|x_t-x_s\|^2$$

となり，

$$\|x_t-x_s\|^2=F(t)-F(s)$$

なる増加函数 $F(t)$ が加法定数を除いて唯一通りに定まる．特に $F(t)$ が右連続ならば x_t もノルムの意味で右連続となる．逆に増加函数 $F(t)$ に対し $\|x_t-x_s\|^2=F(t)-F(s)$ となる複素 WIENER 過程の存在を示す．実数の区間 $(a,b]$, $-\infty<a<b<\infty$, の全体を A であらわす．$\alpha,\beta\in A$ に対し

$$v(\alpha,\beta)=\begin{cases}\text{区間}\,\alpha\cap\beta\,\text{における}\,F\,\text{の増加} & (\alpha\cap\beta\neq\phi\ \text{すなわち}\ \alpha\cap\beta=\text{区間}),\\ 0 & (\alpha\cap\beta=\phi)\end{cases}$$

と定義すれば $(v(\alpha,\beta))$ は正型となる．実際 α の定義函数を $c(t,\alpha)$ とすれば

$$\sum_{ij}\bar{\xi}_i\xi_j v(\alpha_i,\alpha_j)=\sum_{ij}\bar{\xi}_i\xi_j\int c(t,\alpha_i)c(t,\alpha_j)dF(t)\quad(\text{RIEMANN-STIELTJES 積分})$$

$$=\int\left|\sum_i c(t,\alpha_i)\bar{\xi}_i\right|^2 dF(t)\geqq 0$$

となる．ゆえに

$$(x_\alpha,\, x_\beta)=v(\alpha,\beta)$$

となる複素正規系 $\{x_\alpha\}$ がある．$t<s<u$ ならば

$$\begin{aligned}&\|x_{(t,s]}+x_{(s,u]}-x_{(t,u]}\|^2\\&=F(s)-F(t)+F(u)-F(s)+F(u)-F(t)\\&\qquad\qquad-2(F(s)-F(t))-2(F(u)-F(s))\\&=0\end{aligned}$$

であるから

$$x_{(t,s]}+x_{(s,u]}=x_{(t,u]}\ \text{(a. e.)}.$$

ゆえに $a<\min(0,t)$ に対し

$$x_t=x_{(a,t]}-x_{(a,0]}$$

とおくと，これは a のとり方には無関係（確率0を除いて）で，x_t，$-\infty<t<\infty$，が求める複素 WIENER 過程である．

特に $F(t)=t$ のときは時間的に一様でこれは WIENER が **BROWN 運動**としてとりあつかったものである．

§28　正規定常過程

複素正規系 x_t，$-\infty<t<\infty$，が弱定常過程であるとき，これを**複素正規弱定常過程**という．§22 定理2に対応して

定理 1　複素正規弱定常過程は強定常である．

証明　x_t，$-\infty<t<\infty$，が複素正規弱定常とする．任意の $t_1<t_2<\cdots<t_n$ と h に対し，

$$\begin{aligned}E\{e^{i\,\mathrm{Re}\,(\sum\bar{z}_\nu x_{t_\nu})}\}&=\exp\left\{-\frac{1}{4}\sum\bar{z}_\mu z_\nu(x_{t_\mu},x_{t_\nu})\right\}\\&=\exp\left\{-\frac{1}{4}\sum\bar{z}_\mu z_\nu v(t_\mu-t_\nu)\right\},\quad (x_t,x_s)=v(t-s),\\&=E\{e^{i\,\mathrm{Re}\,(\sum\bar{z}_\nu x_{t_\nu+h})}\}.\end{aligned}$$

ゆえに (x_{t_ν}) の分布と $(x_{t_\nu+h})$ の分布は等しく，(x_t) が強定常となる．

この定理により**複素正規定常過程**といえば十分であることがわかる．またいままででも定常過程は常に複素数値としてきたから，これを略して簡単に**正規定常過程**という．

前に KHINCHIN の定理として $v(t)=(x_{s+t},x_s)$ のスペクトル分解ができることを示したが，逆にこのような函数 $v(t)$ に対して $(x_t,x_s)=v(t-s)$ となるような定常過程 (x_t) があるかということにはふれなかった．実はこれは存在するのであって，この条件を満たす正規定常過程すらある．

定理 2　$v(t)=\int e^{-i2\pi t\lambda}dF(\lambda)$，$F(\lambda)$ は有界右連続増加函数，とすれば，正規定常過程 x_t，$-\infty<t<\infty$，があって

$$(x_t, x_s) = v(t-s).$$

証明 任意の t_μ, ξ_μ に対し

$$\sum \bar{\xi}_\mu \xi_\nu v(t_\mu - t_\nu) = \int |\sum \bar{\xi}_\mu e^{-i2\pi t_\mu \lambda}|^2 dF(\lambda) \geqq 0$$

であるから，前節定理1により直ちに (x_t) の存在が知られる．

次に x_t の KOLMOGOROFF のスペクトル分解を考えてみよう．

$$x_t = \int e^{-i2\pi t\lambda} dy_\lambda.$$

ただし y_λ は x_t によって張られる HILBERT 空間 $\boldsymbol{H}_0$ に属するから，前節の定理5により $y_\lambda, -\infty<\lambda<\infty$, も複素正規系となる．しかも $y_\lambda, -\infty<\lambda<\infty$, は直交増分性をもつから複素 WIENER 過程である．KHINCHIN のスペクトル函数 F を用いて

$$\|y_\lambda - y_\mu\|^2 = F(\lambda) - F(\mu) \qquad (\lambda > \mu)$$

である．y_λ は一様ではない．ゆえに

定理 3 正規定常過程は複素 WIENER 過程の微分（超函数の意味の）の FOURIER 変換である．

§29 WIENER 積分，重複 WIENER 積分

$x_t, -\infty<t<\infty$, を複素 WIENER 過程とし

$$\|x_t - x_s\|^2 = F(t) - F(s) \qquad (t>s)$$

とする．x_t は直交増分性をもつから，

$$I(f) = \int f(t) dx_t, \quad f \in L^2(R^1, dF)$$

なる形の積分が定義できることは §23 でのべた．(x_t) が複素 WIENER 過程の場合にはこれは特に **WIENER 積分**という．次にこの場合には**重複 WIENER 積分**というべき

$$I_{p,q}(f) = \int \cdots \int f(t_1, \cdots, t_p, s_1, \cdots, s_q) dx_{t_1} \cdots dx_{t_p} d\bar{x}_{s_1} \cdots d\bar{x}_{s_q}$$

なる形の積分が定義できるが，そのためには $F(t)$ の連続性を仮定する必要がある．ここでは詳しい証明は省いて，$p=2,\ q=0$ の場合：

$$I(f)=I_{2,0}(f)=\iint f(t_1,t_2)dx_{t_1}dx_{t_2}$$

について要点を説明しよう．初めに f が対角線と共通点をもたない 2 次元の区間 $(a,b]\times(c,d]$ の定義函数のときには

$$I(f)=(x_b-x_a)(x_d-x_c)$$

と定義する．ここに対角線と共通点をもたないという条件（これを**条件 *A*** とよぶことにする）は重要である．f が上述のような定義函数の 1 次結合（その全体を S とかく）のときには，上の $I(f)$ の同様の 1 次結合として定義する．明らかに I は S から $\boldsymbol{H}=L^2(\Omega)$ の中への線形作用素である．条件 A を用いて

$$\|I(f)\|^2\leqq\|f\|^2\equiv\iint|f(t_1,t_2)|^2dF(t_1)dF(t_2)$$

が得られる．特に $f(t_1,t_2)$ が (t_1,t_2) について対称ならば上の不等号は等号となり，f,g がともに対称ならば

$$(If,Ig)=(f,g)$$

が得られる．しかも F の連続性により，$\bar{S}=L^2\equiv L^2(R^2,(dF)^2)$ となるから，$I(f)$ を L^2 の上にまで拡張できる．

一般の $I_{p,q}(f)$ についても同様に定義できる．$I_{p,q}(f)$ の像の全体を $\boldsymbol{H}_{p,q}$ とする．特に $\boldsymbol{H}_{00}$ は $L^2(\Omega)$ の中の定数の全体の作る 1 次元の空間とする．条件 A がきいて $\{\boldsymbol{H}_{p,q}\}_{p,q}$ はたがいに直交する $\boldsymbol{H}$ の部分空間となる．次に x_t, $-\infty<t<\infty$, に関して可測な複素数値（確率変数）x で $E(|x|^2)<\infty$ なるものの全体を $\boldsymbol{H}^*$ とすれば，$\boldsymbol{H}^*$ は $\boldsymbol{H}_{p,q}$ の直和となることが示される．したがって $x\in\boldsymbol{H}^*$ の直交展開

$$x=\sum_{p,q}I_{p,q}(f_{p,q})$$

が可能である．$f_{p,q}(t_1,\cdots,t_p,s_1,\cdots,s_q)$ としては $(t_1,\cdots,t_p)(s_1,\cdots,s_q)$ の各組についてそれぞれ対称にとることができるし，またそういう条件の下では x によって一義的に定まる．

例 1 x_t, $-\infty<t<\infty$, を時間的に一様な複素 WIENER 過程とし，

$$y_t=\int f(t+s)dx_s,\quad f\in L^2(R^1),$$

とおけば, y_t は正規定常過程となる．実際

$$(y_t, y_u) = \int f(t+s)\overline{f(u+s)}ds = \int f(t-u+s)\overline{f(s)}ds$$

となるから, (y_t, y_u) は $t-u$ の函数で, 定常性がでる．正規性は y_t が x_s の1次結合の極限であることから明らかである．いま f の逆 FOURIER 変換を $\hat{f}$ とすれば

$$(y_t, y_u) = \int e^{-i2\pi(t-u)\lambda}|\hat{f}(\lambda)|^2 d\lambda$$

となる．ゆえに $|\hat{f}(\lambda)|^2$ はスペクトル函数の微分係数である．

例 2 上と同様な方法で重複 WIENER 積分を用いて, たとえば

$$z_t = \iint f_2(t_1+t, t_2+t)dx_{t_1}dx_{t_2} + \int f_1(t_1+t)dx_{t_1}$$

を定義すると, 強定常過程が得られるが, $f_2 \equiv 0$ の場合以外には正規性をもたない．さらにもっと高次の重複 WIENER 積分を用い, さらにその極限まで考えても, やはり強定常過程が得られるが, このような方法で一般の強定常過程を構成できるかどうかを調べるのは興味ある問題であろう．

§30 正規定常過程のエルゴード性

まず強定常過程 x_t, $-\infty<t<\infty$, のエルゴード性, 強混合性を定義しよう．x を x_t, $-\infty<t<\infty$, に関して可測な確率変数とすると

$$f_n(x_{t_1}, \cdots, x_{t_n}) \to x\,(\text{確率収束}) \tag{30.1}$$

とかくことができる．ここに f_n は n 個の複素変数の BAIRE 函数である．強定常性により

$$\begin{aligned}&P\{\omega/|f_n(x_{t_1+t}, \cdots, x_{t_n+t})-f_m(x_{t_1+t}, \cdots, x_{t_m+t})|>\varepsilon\}\\&= P\{\omega/|f_n(x_{t_1}, \cdots, x_{t_n})-f_m(x_{t_1}, \cdots, x_{t_m})|>\varepsilon\}\\&\to 0 \qquad (m, n\to\infty)\end{aligned}$$

であるから, $f_n(x_{t_1+t}, \cdots, x_{t_n+t})$, $n=1, 2, \cdots$, はある確率変数 x' に確率収束する．x' は x と t のみで確率1を以て定まり (30.1) の列のとり方には無関係である．$x' = T_t x$ とかく．明らかに

$$T_{t+s}x = T_t T_s x\,(\text{a.e.}) \tag{30.2}$$

である．もしすべての t に対し $T_t x = x$ であるとき，x は**不変**であるという．$x \equiv \text{const.}$ はたしかに不変であるが，これ以外に不変なものがないとき，x_t, $-\infty<t<\infty$, は**エルゴード性をもつ** (ergodic) という．もし不変なもの x があれば x の切断 $x^{(M)}$ $(x^{(M)}(\omega) = x(\omega)$ $(|x(\omega)| \leqq M)$, $=0$ $(|x(\omega)|>M))$ を考えると，これも不変である．x が定数でなければ，M を十分大きくとって $x^{(M)}$ も定数でないようにできるから，有界不変なものがなければ，エルゴード性をもつといえる．次にノルム有界で，x_t, $-\infty<t<\infty$, について可測な任意の x, y に対し

$$E(T_t x\cdot\bar{y}) \to E(x)E(\bar{y}) \quad \text{すなわち} \quad (T_t x, y) \to (x,1)(1,y)$$

となるとき，x_t, $-\infty<t<\infty$, は**強混合性をもつ** (strongly mixing) という．強混合性はエルゴード性より強い条件である．何故ならば，もし $T_t x = x$ とすれば，強混合性から

$$E(x^2) = E(T_t x\cdot x) \to E(x)^2,$$

したがって $V(x) = E(x^2)-E(x)^2 = 0$ で $x = \text{const.}$ となる．

これだけの準備の下に次の定理を証明する．

定理 1 (G. Maruyama) 正規定常過程がエルゴード性をもつためには，スペクトル函数 $F(\lambda)$ が連続なことが必要十分である．

定理 2 正規定常過程が強混合性をもつためには，$v(t)\to 0$ $(t\to\infty)$ が必要十分である．

x_t, $-\infty<t<\infty$, を正規定常過程とし，$F(\lambda)$ が $\lambda=\mu$ で飛躍をもつとする．x_t の Kolmogoroff のスペクトル分解を

$$x_t = \int e^{-i2\pi\lambda t} dy_\lambda$$

とし，U_t, $E(\lambda)$ など上の定理の証明に用いた記号をそのまま用いることとすると，$y_\lambda = E(\lambda)\cdot x_0$ も $\lambda=\mu$ で飛躍をもち，その飛躍 $z = y_{\mu+0}-y_{\mu-0}$ は $U_t z = e^{-i2\pi\mu t}z$ を満たす．T_t は U_t の拡張になっているから，$T_t z = e^{-i2\pi\mu t}z$．T_t の定義から $|T_t z| = T_t|z|$．ゆえに $T_t|z| = |z|$．ゆえに $|z|$ は不変である．しかも z の分布は複素平面上の回転不変な正規分布であり，$\|z\|^2 = F(\mu+0)-F(\mu$

$-0)>0$により，δ分布ではない．ゆえに$|z|$も定数ではない．これで定理1の必要性の部分が示された．次に十分なことをいう．xが有界不変であるとせよ．y_λ, $-\infty<\lambda<\infty$, に関して可測なもの全体と x_t, $-\infty<t<\infty$, に関して可測なもの全体とは一致するから，x は y_λ, $-\infty<\lambda<\infty$, について可測である．また $\|x\|^2<\infty$ であるから，前節の結果により

$$x=\text{const.}+\sum_{p+q>0}\int\cdots\int f_{pq}(\lambda_1\cdots\lambda_p,\mu_1\cdots\mu_q)dy_{\lambda_1}\cdots dy_{\lambda_p}d\bar{y}_{\mu_1}\cdots d\bar{y}_{\mu_q}. \quad (30.3)$$

$f_{p,q}$ は $(\lambda_i)(\mu_j)$ についてそれぞれ対称としておく．T_tx を求めるには $dy_{\lambda_1}\cdots$ を $T_tdy_{\lambda_1}\cdots$ とすればよいが，$T_tdy_\lambda=e^{-i2\pi\lambda t}dy_\lambda$, $T_td\bar{y}_\mu=e^{i2\pi\mu t}d\bar{y}_\mu$ となるから（このいい方は記号的で，厳密にいうともう少し長くなるが，これで十分意味がわかるであろう），

$$T_tx=\text{const.}+\sum_{p+q>0}\int\cdots\int f_{pq}(\lambda_1\cdots\lambda_p,\mu_1\cdots\mu_q)e^{-i2\pi t(\sum\lambda_\pi-\sum\mu_\rho)}dy_{\lambda_1}\cdots d\bar{y}_{\mu_q}. \quad (30.4)$$

この被積分函数も $(\lambda_\pi)(\mu_\rho)$ についてそれぞれ対称であるから $T_tx=x$ から

$$f_{pq}(\lambda_1\cdots\lambda_p,\mu_1\cdots\mu_q)e^{-i2\pi t(\sum\lambda_\pi-\sum\mu_\rho)}=f_{pq}(\lambda_1\cdots\lambda_p,\mu_1\cdots\mu_q).$$

ゆえに超平面 $\prod$: $\sum\lambda_\pi-\sum\mu_\rho=0$ の外では $f_{pq}=0$. しかるに F の連続性により

$$\int_{\Pi}dF(\lambda_1)\cdots dF(\lambda_p)dF(\mu_1)\cdots dF(\mu_q)=0$$

であるから，$f_{pq}=0$ (a. e.). ゆえに $x=\text{const.}$ がでる．

次に定理2の証明に移る．もし強混合性をもてば $v(t)=(x_t,x_0)=(T_tx_0,x_0)\to(x_0,1)^2=0$. 次に $v(t)\to 0$ と仮定する．これから $F(\lambda)$ が連続でなければならないことがわかる．ゆえに x_t, $-\infty<t<\infty$, に関し可測で，ノルム有界な x, y は (30.3) の形でかけて，前節でのべた $\boldsymbol{H}_{pq}$ の直交性を用いて，

$$(T_tx,y)=(x,1)(1,y)+\sum_{p+q>0}\int\cdots\int f_{pq}(\cdots)\bar{g}_{pq}(\cdots)$$
$$\cdot e^{-i2\pi t(\sum\lambda_\pi-\sum\mu_\rho)}dF(\lambda_1)\cdots dF(\mu_q). \quad (30.5)$$

さて $v(t)\to 0$ から，任意の組 $-\infty<a<b<\infty$ に対し，

$$\left|\int_a^b e^{-i2\pi t\lambda}dF(\lambda)\right|\to 0 \qquad (t\to\infty)$$

となる*. f_{pq}, g_{pq} を区間の特性函数の1次結合で近似すると(30.5)の $\sum$ の中の各項は0に収束する. ゆえに x, y の展開が有限項できれているときには $(T_t x, y) \to (x, 1)(1, y)$ となる. さらに一般の x, y をかかるものでノルム近似して, 同じことを証明できる. この際 $\|T_t x\| = \|x\|$ を注意すべきである.

例　正規過程 x_t は強定常であり, $E(|x_0|) < \infty$ であるから, 見本平均値:

$$x^* = \lim_{A \to \infty} \frac{1}{2A} \int_{-A}^{A} x_t dt$$

が存在する. 明らかに $T_t x^* = x^*$ であるから, $F(\lambda)$ が連続ならば定理1により $x^* =$ 定数. ゆえに $x^* = E(x^*) = E(x_0)$. これは見本過程から, $E(x_0)$ を求める式である. 同様のことが $v(t)$ についてもいえる.

§31　定常過程の一般化

まず**定常系列**についてのべる. これは一般化というべきではないが, 序にのべておく. 確率系列 x_n, $n = \cdots, -3, -2, -1, 0, 1, 2, \cdots$, の弱定常性, 強定常性, 正規性の定義については定常過程の場合と同じである. また正規定常系列においては強定常, 弱定常の区別の必要のないことも前と同様である. $E(x_n) = 0$ と仮定してすすもう. $v(n) = (x_{n+m}, x_m)$ の KHINCHIN のスペクトル分解は

$$v(n) = \int_0^1 e^{-i 2\pi \lambda n} dF(\lambda), \tag{31.1}$$

dF は $R^1/\mathrm{mod}\, 1$ 上の測度である. また x_n に関する KOLMOGOROFF のスペクトル分解は

$$x_n = \int_0^1 e^{-i 2\pi \lambda n} dy_\lambda, \quad \|dy_\lambda\|^2 = dF(\lambda), \tag{31.2}$$

となる. 定常過程の性質はほとんどそのまま, むしろ一層簡単な形で定常系列にもあらわれることがわかる.

定常超過程 (stationary random distribution)　確率過程 $x_t(\omega)$ は ω を補助変数としてもつ t の函数と考えられるが, 次に ω を補助変数としてもつ t の超函数を考えることにより, **確率超過程** (random distribution) ともいうべき

* K. Itô, Complex multiple Wiener integral, Japan J. Math. **22** (1952), 63–86 の Theorem 19.3 参照.

ものが考えられる．確率超過程にも強弱両義のものが考えられる．$\mathfrak{D}$ を無限回可微分で台が有界な t の函数の全体とし，超函数の全体を $\mathfrak{D}'$ とする．$\phi \in \mathfrak{D}$ と ω との函数 $x(\phi, \omega)$ があって，ω のすべての値（或いはほとんどすべての値）に対し $x(\phi, \omega)$ が ϕ の函数と見て $\mathfrak{D}'$ に属し，かつ任意に定めた ϕ に対して $x(\phi, \omega)$ が ω の可測函数であるとき，$x(\phi, \omega)$ は**強義の超過程**という．これに対し $x(\phi, \omega)$ が任意に定めた ϕ に対し，ω の函数と見て $\boldsymbol{H}=L^2(\Omega)$ に属し

$$x:\quad \mathfrak{D} \ni \phi \to x(\phi, \cdot) \in \boldsymbol{H}$$

なる写像 x が $\boldsymbol{H}$ の値をとる超函数であるとき，すなわち $x \in \mathfrak{D}'_{\boldsymbol{H}}$ であるとき，$x(\phi, \omega)$ は**弱義の超過程**であるという．特に強義の超過程が**強義の定常性**：

“$(x(\phi_1), \cdots, x(\phi_n))$ の分布と $(x(\phi_1^{(h)}), \cdots, x(\phi_n^{(h)}))$ の分布

が常に同じである”．　$(\phi^{(h)}(t) = \phi(t+h))$ (31.3)

を満たすとき**強定常超過程**という．可測強定常過程 $x_t(\omega)$ があって，$E(|x_0|)<\infty$ とする．これに対し

$$x(\phi, \omega) = \int \phi(t) x_t(\omega) dt \tag{31.4}$$

と定義すると，これは強定常超過程となる．実際 $E(|x_0|)<\infty$ により，ほとんどすべての ω に対し

$$\int \frac{|x_t(\omega)|}{1+t^2} dt < \infty \tag{31.5}$$

となるが（この積分の平均値を考えよ），これから $x_t(\omega)$ が t の函数として局所可積分であることが直ちにわかる．したがって (31.4) は強義超過程を与える．これが強義定常性 (31.3) をもつことも証明できる．また弱義の超過程 $x(\phi, \omega)$，$\phi \in \mathfrak{D}$，があって，

$$m(\phi) = E(x(\phi)), \quad v(\phi, \psi) = E((x(\phi)-m(\phi))\overline{(x(\psi)-m(\psi))}) \tag{31.6}$$

がともに平行移動で不変：

$$m(\phi^{(h)}) = m(\phi), \quad v(\phi^{(h)}, \psi^{(h)}) = v(\phi, \psi) \tag{31.7}$$

であるとき，**弱定常超過程**という．たとえば弱定常過程 $x_t(\omega)$ は次のように考えて，弱定常超過程とみなされる．

$$x(\phi)=\int\phi(t)x_t dt \qquad \text{(積分はノルム収束についていう)}.$$

実際

$$m(\phi)=\int\phi(t)m(t)dt=m\int\phi(t)dt,$$

$$\begin{aligned}v(\phi,\psi)&=\iint\phi(t)\overline{\psi(s)}v(t,s)dt\,ds=\iint\phi(t)\overline{\psi(s)}v(t-s)dt\,ds\\&=\int v(t)\int\phi(t+s)\overline{\psi(s)}ds\,dt\\&=\int v(t)\int\phi(t-s)\check{\psi}(s)ds\,dt,\quad \check{\psi}(s)=\overline{\psi(-s)},\\&=\int v(t)(\phi*\check{\psi})(t)dt\\&=v(\phi*\check{\psi}).\end{aligned}$$

これから m, v の平行移動不変性がでるし，また $v(\phi,\psi)$ が $v(\phi*\check{\psi})$ の形にかけることもわかる．後の事実は $v(\phi,\psi)$ が平行移動不変性をもつことから導かれるから，一般の弱定常超過程に対し，

$$v(\phi,\psi)=v(\phi*\check{\psi}). \tag{31.8}$$

ここで v は $\mathfrak{D}'$ の元とみなし得るし，また

$$v(\phi*\check{\phi})=v(\phi,\phi)=\|x(\phi)-m(\phi)\|^2\geqq 0$$

であるから，BOCHNER の定理の超函数への拡張を用いて，

$$v=\mathfrak{D}'\text{-}\lim_{A\to\infty}\int_{-A}^{A}e^{-i2\pi\lambda t}dF(\lambda), \tag{31.9}$$

ここに

$$dF(\lambda)\geqq 0,\qquad \int\frac{dF(\lambda)}{(1+\lambda^2)^k}<\infty. \tag{31.10}$$

これが A. KHINCHIN のスペクトル分解の一般化である．また $x(\phi)$ に対し直交増分過程 y_λ が存在して

$$x=\mathfrak{D}'_{\boldsymbol{H}}\text{-}\lim_{A\to\infty}\int_{-A}^{A}e^{-i2\pi\lambda t}dy_\lambda,\quad \|dy_\lambda\|^2=dF(\lambda), \tag{31.11}$$

となる．これが KOLMOGOROFF のスペクトル分解の一般化である．

いま x_t, $-\infty<t<\infty$, を時間的に一様な複素 WIENER 過程（§27 末尾）とする．x_t そのものは明らかに定常過程ではない．しかし時間的一様性 $\|dx_t\|^2=dt$ により，x_t の超函数 $(\mathfrak{D}'_{\boldsymbol{H}})$ の意味の微分（普通の微分は存在しないことは $\|dx_t\|^2=dt$ から明らか）を考え，これを Dx_t とかくと，これは弱定常超過程となる．実際これの $m(\phi)$, $v(\phi,\psi)$ を求めてみると，

$$Dx_t(\phi)=-x_t(\phi')=-\int x_t\phi'(t)dt=-\int(x_t-x_a)\phi'(t)dt$$

とかけるから（a は任意）

$$m(\phi)=0,$$

$$v(\phi,\psi)=E\left\{\int\int\phi'(t)\overline{\psi'(s)}(x_t-x_a)(\overline{x_s-x_a})dt\,ds\right\},$$

$$v(\phi,\psi)=\int_a\int_a\phi'(t)\overline{\psi'(s)}(x_t-x_a,\,x_s-x_a)dt\,ds$$

（ϕ,ψ の台が (a,∞) に入るように a をとる）

$$=\int_a\int_a\phi'(t)\overline{\psi'(s)}(\min(t,s)-a)dt\,ds$$

$$=\int\phi(t)\overline{\psi(t)}dt=(\phi*\check{\psi})(0)$$

$$=\delta(\phi*\check{\psi})\qquad(\delta\text{ は DIRAC の }\delta).$$

これは v が平行移動不変でしかも $v(\phi,\psi)=v(\phi*\check{\psi})$ とかけば，$v=\delta$ となることを示す．このことはもっと記号的に

$$\left(\frac{dx_t}{dt},\overline{\frac{dx_s}{ds}}\right)=0\qquad(t\neq s),$$

$$\left(\frac{dx_t}{dt},\frac{d\bar{x}_t}{dt}\right)=\frac{\|dx_t\|^2}{dt^2}=\frac{dt}{dt^2}=\frac{1}{dt}$$

とかいてみるとよくわかる．しかも

$$\delta=\mathfrak{D}'\text{-}\lim_{A\to\infty}\int_{-A}^{A}e^{-i2\pi\lambda t}d\lambda$$

であるから，$F(\lambda)\equiv\lambda$ がスペクトル函数である．この場合

$$\int \frac{d\lambda}{1+\lambda^2} < \infty$$

であるから，(*31. 10*) の指数 k は1である．

ベクトル値定常過程　$\boldsymbol{x}_t$, $-\infty < t < \infty$, の値が m 次元ベクトルとなるような定常過程も考えられる．弱定常過程について簡単な説明をしよう．$\boldsymbol{m}(t) \equiv E(\boldsymbol{x}_t) = 0$ としておいて一般性を失わない．$v(t, s)$ は行列 $(v_{ij}(t, s))$ であって

$$v_{ij}(t, s) = E(x_t^i x_s^j) \quad \text{すなわち} \quad v(t, s) = E(\boldsymbol{x}_t \times \boldsymbol{x}_s) \qquad (31.12)$$

である．$v_{ij}(t, s)$ が $t-s$ だけの函数となるとき，$\boldsymbol{x}_t$ は弱定常という．$v_{ij}(t, s) = v_{ij}(t-s)$ とかく．$v(t) = (v_{ij}(t))$ のスペクトル分解については，H. Cramer が A. Khinchin のスペクトル分解の一般化という形で求めた．すなわち $m \times m$ 次の行列の値をとる $F(\lambda) = (F_{ij}(\lambda))$ があって，

$$v(t) = \int e^{-i2\pi\lambda t} dF(\lambda). \qquad (31.13)$$

ここに $F(\lambda)$ は

$$\lambda \geqq \mu \Rightarrow F(\lambda) - F(\mu) \geqq 0 \qquad (\geqq 0 \text{ は正型}),$$

$$F(\infty) \text{ は確定し，} \qquad F(-\infty) = 0,$$

$$F(\lambda+0) = F(\lambda)$$

を満たす Hermite 行列である．実際任意の $\{a_i\}$ に対し $v_a(t) = \sum a_i \bar{a}_j v_{ij}(t)$ は

$$\sum_{\mu\nu} \xi_\mu \bar{\xi}_\nu v_a(t_\mu - t_\nu) = \sum_{\mu\nu} \sum_{ij} \xi_\mu \bar{\xi}^\nu a_i \bar{a}_j (x_{t_\mu}^i, x_{t_\nu}^j) = \| \sum \xi_\mu a_i x_{t_\mu}^i \|^2 \geqq 0$$

を満たすから

$$v_a(t) = \int e^{-i2\pi\lambda t} dF_a(\lambda)$$

となる．$\varDelta F_a(\lambda)$ は (a_i) の Hermite 形式であって $\varDelta F_a(\lambda) \geqq 0$．ゆえに $\varDelta F_a(\lambda) = \sum a_i \bar{a}_j \varDelta F_{ij}(\lambda)$ となる $F_{ij}(\lambda)$ が定まり，$\varDelta F(\lambda) = (\varDelta F_{ij}(\lambda))$ は正型となる．

この場合にも Kolmogoroff のスペクトル分解に相当するものも得られる．

時と場所に関係する確率過程　確率過程は時とともにかわる偶然量をあらわすものであるが，時と場所とともにかわるというものも考えられる．たとえば

ある時 t におけるある場所 $\xi=(\xi_1,\xi_2,\xi_3)$ における状態がある確率変数 $x(t,\xi,\omega)$ であらわされるというようなものである．いま

$$m(t,\xi)=E(x(t,\xi,\omega)),$$
$$v(t,\xi;s,\eta)=E\{(x(t,\xi,\omega)-m(t,\xi))\overline{(x(s,\xi,\omega)-m(s,\xi))}\}$$

とおく．もしこれが時間，空間の平行移動で不変であれば，$x(t,\xi,\omega)$ は定常であるという．このときには $m(t,\xi)=\text{const}$ （以後0とおく），$v(t,\xi;s,\eta)$ は $t-s$，$\xi-\eta=(\xi_1-\eta_1,\xi_2-\eta_2,\xi_3-\eta_3)$ の函数 $v(t-s,\xi-\eta)$ となる．この v についてスペクトル分解ができて

$$v(t,\xi)=\int_{R^4}e^{-i2\pi(\lambda t+(\sigma,\xi))}dF(\lambda,\sigma),\qquad(\sigma,\xi)=\sigma_1\xi_1+\sigma_2\xi_2+\sigma_3\xi_3,$$

となる．これが KHINCHIN の分解に対応するものである．また $x(t,\xi,\omega)$ そのものの分解 (KOLMOGOROFF 分解) も定常過程の場合と同様である．

また場所に関して一様性のほかに等方向性を仮定することがある．このときには $v(t,\xi)$ は $v(t,|\xi|)$，$|\xi|$ はベクトル ξ の長さ，の形にかくことができ，測度 $dF(\lambda,\sigma)$ もまた場所について等方向性をもち $dF(\lambda,\sigma)=dG(\lambda,r)\cdot d\theta$ （r は σ の長さをあらわし，θ は σ が単位球をきる点をあらわす）．

$$v(t,|\xi|)=\int_{R^2}e^{-i2\pi\lambda t}K(r\cdot|\xi|)dG(\lambda,r).\tag{31.14}$$

ここに K は BESSEL 函数を用いて次のようにあらわされる．

$$K(p)=2\pi\frac{J_{1/2}(2\pi p)}{p^{1/2}}.\tag{31.15}$$

等方向乱流 (isotropic turbulence)　前のは時点 t と空間の点 ξ に対し，偶然スカラー量 $x(t,\xi,\omega)$ が対応していたが，ここで考えるのはスカラー量のかわりにベクトル量 $\boldsymbol{u}(t,\xi,\omega)$ が対応している場合である．たとえば任意の時点 t に対し空間の点 ξ における乱流の速度を $\boldsymbol{u}(t,\xi,\omega)$ とするような場合である．本質的にむずかしい所だけをはっきりさせるために，時点 t を固定して，$\boldsymbol{u}(\xi,\omega)$ とかくことにし，$E\boldsymbol{u}(\xi,\omega)=0$ と仮定しておく．さて $v(\xi,\eta)$ は

$$v(\xi,\eta)=E[\boldsymbol{u}(\xi,\omega)\otimes\boldsymbol{u}(\eta,\omega)]$$

であって，これは点 ξ,η における切平面 T_ξ, T_η のテンソル積 $T_\xi\otimes T_\eta$ の元であ

る．これが空間の合同変換に対して不変であるとき，$\boldsymbol{u}(\xi,\omega)$ を等方向乱流という．この不変性の意味をはっきりいうと次のようになる．g を任意の合同変換とする．g は点 ξ を点 $g\cdot\xi$ にうつすが，同時に ξ における切平面 T_ξ から $g\cdot\xi$ における切平面 $T_{g\cdot\xi}$ の上への合同変換 $\dot{g}$ をひきおこし，さらに $T_\xi\otimes T_\eta$ から $T_{g\cdot\xi}\otimes T_{g\cdot\eta}$ の上への合同変換をもひきおこす．後者も $\dot{g}$ であらわす．g による不変性は

$$E[\dot{g}\boldsymbol{u}(\xi,\omega)\otimes\dot{g}\boldsymbol{u}(\eta,\omega)]=E[\boldsymbol{u}(g\xi,\omega)\otimes\boldsymbol{u}(g\cdot\eta,\omega)]. \qquad (31.16)$$

すなわち

$$gv(\xi,\eta)=v(g\xi,g\eta).$$

いま ξ の空間に直交系 (e_1,e_2,e_3) を定め，T_ξ においてもこれに平行な直交系 $(e_1(\xi),e_2(\xi),e_3(\xi))$ をとって，これについて座標を定めることにすると，

$$\left.\begin{aligned}&\xi'=g\xi \Leftrightarrow \xi_i'=\sum_j g_{ij}\xi_j+h_i, \qquad (g_{ij})=\text{直交行列},\\ &u'=\dot{g}\cdot u \Leftrightarrow u_i'=\sum_j g_{ij}u_j\end{aligned}\right\} \qquad (31.17)$$

となるから，(31.16) は

$$E\left(\sum_k g_{ik}u_k(\xi)\sum_l g_{jl}u_l(\eta)\right)=E(u_i(g\xi)\cdot u_j(g\eta)),$$

すなわち

$$\sum_{kl}g_{ik}g_{jl}v_{kl}(\xi,\eta)=v_{ij}(g\xi,g\eta), \qquad (31.18)$$

特に $(g_{ij})=$ 単位行列 とすれば

$$v_{ij}(\xi,\eta)=v_{ij}(\xi+h,\eta+h), \qquad h=(h_1,h_2,h_3).$$

ゆえに v_{ij} は ξ-η の函数である．これを $v_{ij}(\xi\text{-}\eta)$ とかくと，(31.18) により

$$\sum_{kl}g_{ik}g_{jl}v_{kl}(\xi)=v_{ij}(g\xi).$$

いま $v(\xi;a,b)=\sum_{ij}a_ib_jv_{ij}(\xi)$ とおくと，上の式は

$$v(g\xi;ga,gb)=v(\xi;a,b), \qquad g\text{ は直交行列}, \qquad (31.19)$$

と同等となる．$v(\xi;a,a)$ は定義により ξ の正型函数であるから

$$v(\xi;a,a)=\int e^{-i2\pi(\lambda,\xi)}m(d\lambda;a), \qquad m(d\lambda;a)\geqq 0.$$

$v(\xi;a,b)$ が a,b について双1次形式であることを用いて，

$$v(\xi;a,b)=\int e^{-i2\pi(\lambda,\xi)}m(d\lambda;a,b),\ m(d\lambda;\ a,a)=m(d\lambda;a)\geqq 0. \quad (31.20)$$

$m(d\lambda;a,b)$ は a,b の正型双1次形式である．しかも v の不変性 (31.19) により，m も不変性：

$$m(g\cdot d\lambda;ga,gb)=m(d\lambda;a,b)$$

をもつ．これから

$$m(d\lambda;a,b)=\sum a_ib_j[\theta_i\theta_jd\theta\, m_1(dr)+(\delta_{ij}-\theta_i\theta_j)d\theta\, m_2(dr)+m_0(d\lambda)] \quad (31.21)$$

という形になる．ここに $r=|\lambda|$，$\theta_i=\lambda_i/|\lambda|$，$d\theta$ は単位球上の面素，m_1,m_2 は $(0,\infty)$ 上の有界測度，m_0 は λ 空間の原点にのみ分布した測度である．逆に (31.21) なる形の m から (31.20) により v を定めると，これが等方向乱流に対応することがわかる．

第 4 章　MARKOFF 過 程

§32　条件付確率

$\Omega(\boldsymbol{B}, P)$ を基礎の確率空間として出発しよう．$\boldsymbol{B}_1$ を $\boldsymbol{B}$ の部分 BOREL 集合体とする．$\boldsymbol{B}_1$ に関して可測な集合または函数はもちろん $\boldsymbol{B}$ についても可測であるが，逆は必ずしもなりたたない．次に A を事象すなわち $\boldsymbol{B}$ について可測な集合とする．$\boldsymbol{B}_1$ に関する A の**条件付確率** (conditional probability) $P(A/\boldsymbol{B}_1)$ を DOOB に従って次の条件を満たす ω の実函数 $P(A/\boldsymbol{B}_1)(\omega)$ と定義する．

(C. 1)　$P(A/\boldsymbol{B}_1)(\omega)$ は $\boldsymbol{B}_1$ について可測である (したがってもちろん $\Omega(\boldsymbol{B}, P)$ の上の確率変数である)．

(C. 2)　B を $\boldsymbol{B}_1$ について可測な集合すなわち $B \in \boldsymbol{B}_1$ とすれば

$$P(A \cdot B) = \int_B P(A/\boldsymbol{B}_1)(\omega) P(d\omega). \tag{32.1}$$

このような $P(A/\boldsymbol{B}_1)(\omega)$ が一つしかして (測度 0 を除いて) 唯一つ存在することを示すには RADON-NIKODYM の定理を用いる．すなわち $P(A \cdot B)$ を B に関する集合函数と見ると $\Omega(\boldsymbol{B}_1)$ の上の有界測度で，$P(A \cdot B) \leqq P(B)$ により P (詳しくいうと P の $\boldsymbol{B}_1$ の上への制限) に関して絶対連続である．ゆえに (32. 1) を満たす $\boldsymbol{B}_1$ に関して可測な函数が一つかつ測度 0 を除いて唯一つある．

このように天下り式に与えられた定義はわれわれが常識的に条件付確率と呼んでいるものとどういう関係にあるかを疑う人もあろうから，そのために少し説明を加えよう．いま Ω を有限または可算個のたがいに素な可測部分に分け

$$\Omega = B_1 + B_2 + \cdots \tag{32.2}$$

とする．$B_1, B_2, \cdots$ の中のいくつか (0 個, 有限個, 無限個) の和としてあらわされる集合の全体を $\boldsymbol{B}_1$ としよう．$\boldsymbol{B}_1$ は明らかに BOREL 集合体である．$\boldsymbol{B}_1$ に関して可測な函数 $P(A/\boldsymbol{B}_1)(\omega)$ はこの場合には $B_1, B_2, \cdots$ のおのおのの上でそれぞれ一定値 $a_1, a_2, \cdots$ をとるものである．したがって (32. 1) において B の代りに B_i とおいて

$$P(A\cdot B_i)=a_iP(B_i),$$

すなわち

$$a_i=P(A\cdot B_i)/P(B_i)$$

を得る．かくして $P(A/\boldsymbol{B}_1)(\omega)$ は

$$P(A/\boldsymbol{B}_1)(\omega)=P(A\cdot B_i)/P(B_i),\quad \omega\in B_i \tag{32.3}$$

となる．

普通 $P(AB)/P(B)$ を条件 B の下における A の確率といって $P(A/B)$ とかく．この記号を用いると，(32.3) は

$$P(A/\boldsymbol{B}_1)(\omega)=P(A/B_i),\quad \omega\in B_i \tag{32, 3'}$$

となる．これでいまここに与えた DOOB の定義と普通の定義との関係が明らかになったであろう．

次に $x(\omega)$ を確率ベクトルとし，その値域を $R^A(\boldsymbol{B}^A)$ とする．$\boldsymbol{B}_1$ を $\{x^{-1}(E)/E\in\boldsymbol{B}^A\}$ とする．$x(\omega)$ の座標を $x_\lambda(\omega)$ とするとき，$\boldsymbol{B}_1$ は

$$x_\lambda(\omega)<c$$

なる形の集合で生成される BOREL 集合体といってもよい．このときには $P(A/\boldsymbol{B}_1)(\omega)$ は $\boldsymbol{B}_1$ に関して可測という条件から，$R^A(\boldsymbol{B}^A)$ の上の可測 $(\boldsymbol{B}^A)$ 函数 φ を用いて $\varphi(x(\omega))$ という形にかかれる．かくして (32.1) は

$$P(A\cdot x^{-1}(E))=\int_{x^{-1}(E)}\varphi(x(\omega))P(d\omega)$$

となる．x の分布を P_x とすれば，$P_x=P\cdot x^{-1}$ であるから

$$P(A\cdot x^{-1}(E))=\int_E\varphi(\xi)P_x(d\xi)$$

となる．上の左辺は $E\in\boldsymbol{B}^A$ の函数と見て測度で，しかも $P(A\cdot x^{-1}(E))\leqq P(x^{-1}(E))=P_x(E)$ であるから，P_x について絶対連続な測度である．ゆえに $\varphi(\xi)$ はこの条件で唯一通りに定まる．これが KOLMOGOROFF の定義した条件付確率 $P(A/x=\xi)$ である．上に定義した DOOB の $P(A/\boldsymbol{B}_1)(\omega)$ は $\varphi(\xi)$ の ξ の中に $x(\omega)$ を入れて得られる確率変数である．以後これを $P(A/x)$ とかく．

例 x,y を二つの実確率変数とし，その結合分布が密度 $f(\xi,\eta)$ をもつとすると，KOLMOGOROFF の条件付確率は

$$P(y\in E/x=\xi)=\int_E f(\xi,\eta)d\eta\Big/\int_{R^1}f(\xi,\eta)d\eta$$

となる．これから DOOB の $P(y\in E/x)$ は

$$P(y\in E/x)=\int_E f(x,\eta)d\eta\Big/\int_{R^1}f(x,\eta)d\eta.$$

§33　条件付平均値

条件付平均値 (conditional mean) は条件付確率と全く平行に定義できる．いま $y(\omega)$ を実（または複素）確率変数とし，

$$E|y|<\infty \tag{33.1}$$

と仮定する．$\boldsymbol{B}_1$ は前節同様に $\boldsymbol{B}$ の部分 BOREL 集合体とする．任意の可測集合 B に対し

$$E(y;B)=\int_B y(\omega)P(d\omega) \tag{33.2}$$

と定める．$\boldsymbol{B}_1$ に関する y の条件付平均値 $E(y/\boldsymbol{B}_1)$ を次の条件を満たす ω の函数 $E(y/\boldsymbol{B}_1)(\omega)$ と定義する．

(E.1)　$E(y/\boldsymbol{B}_1)(\omega)$ は $\boldsymbol{B}_1$ に関して可測である．

(E.2)　$B\in\boldsymbol{B}_1$ に対し　$E(y;B)=E(E(y/\boldsymbol{B}_1);B)$．

このような $E(y/\boldsymbol{B}_1)(\omega)$ が必ず存在し，かつ P-測度 0 を除いて一意に定まることとは条件付確率の場合と同様に RADON-NIKODYM の定理を用いて証明せられる．

集合 A の定義函数を $\chi_A(\omega)$ とすれば $E(\chi_A/\boldsymbol{B}_1)$ は $P(A/\boldsymbol{B}_1)$ と一致するから，条件付確率は条件付平均値の特別の場合と考えてよい．次に条件付平均値に関する性質をのべるが，それから条件付確率の性質も容易に導かれるであろう．

(i)　z が $\boldsymbol{B}_1$ について可測，$E|y|$, $E|yz|<\infty$ ならば

$$E(zy/\boldsymbol{B}_1)=zE(y/\boldsymbol{B}_1). \tag{33.3}$$

z が $M\in\boldsymbol{B}_1$ の定義函数のときには，$B\in\boldsymbol{B}_1$ に対し

$$E(zy;B)=E(y;M\cdot B)=\int_{M\cdot B}E(y/\boldsymbol{B}_1)(\omega)P(d\omega)$$

$$=\int_B z(\omega)E(y/\boldsymbol{B}_1)(\omega)P(d\omega).$$

$z(\omega)E(y/\boldsymbol{B}_1)(\omega)$ は $\boldsymbol{B}_1$ に関して可測であるから,

$$E(zy/\boldsymbol{B}_1)(\omega) = z(\omega)E(y/\boldsymbol{B}_1)(\omega)$$

となる. (33.3) の両辺が z について線型であることに注意して任意の z について (33.3) がなりたつことを示すことができる.

(ii)　$\boldsymbol{B}_1 \subset \boldsymbol{B}_2$ ならば

$$E(y/\boldsymbol{B}_1) = E(E(y/\boldsymbol{B}_2)/\boldsymbol{B}_1), \tag{33.4}$$

$B \in \boldsymbol{B}_1$ ならばもちろん $B \in \boldsymbol{B}_2$ であるから

$$E(y\,;B) = E\{E(y/\boldsymbol{B}_2)\,;B\}$$
$$= E\{E(E(y/\boldsymbol{B}_2)/\boldsymbol{B}_1)\,;B\}.$$

ゆえに上の関係式 (33.4) がなりたつ.

(iii)　$y = c_1y_1 + c_2y_2$, c_1, c_2 は定数, $E|y_i| < \infty$, $i = 1, 2$ のときには

$$E(y/\boldsymbol{B}_1) = c_1E(y_1/\boldsymbol{B}_1) + c_2E(y_2/\boldsymbol{B}_1). \tag{33.5}$$

(iv)　$y_n \to y$, $|y_n| \leqq z$, $E|z| < \infty$ のときには,

$$E(y_n/\boldsymbol{B}_1) \to E(y/\boldsymbol{B}_1). \tag{33.6}$$

注 1　以上の関係はすべて P-測度 0 を除いてなりたつのである.

注 2　x を任意の確率ベクトルとするとき $P(A/x)$ と同様にして $E(y/x)$ を定義することができる.

§34　マルチンゲール

マルチンゲール(martingale) は確率論で非常に重要な概念であるが, ここでは本章で必要な範囲の事柄だけのべておく.

$x_t, t \in T$ (T は実数の集合) が確率過程とし, $E(|x_t|) < \infty$ とする. いまおのおのの $t \in T$ に対し BOREL 集合体 $\boldsymbol{B}_t (\subseteqq \boldsymbol{B})$ が対応し,

(i)　$s < t$ ならば $\boldsymbol{B}_s \subset \boldsymbol{B}_t$

と仮定しておく. さらに

(ii)　すべての $t \in T$ に対し x_t は $\boldsymbol{B}_t$ に関して可測とする. もし

(iii)　$s < t$ なる限り, 確率 1 を以て $E\{x_t/\boldsymbol{B}_s\} = x_s$ がなりたつときには $\{x_t\}$ は $\{\boldsymbol{B}_t\}$ に関しマルチンゲールであるといい,

(iii′)　$s < t$ なる限り, 確率 1 を以て $E\{x_t/\boldsymbol{B}_s\} \leqq x_s$ のときには $\{\boldsymbol{B}_t\}$ に関し

優マルチンゲール (super-martingale) であるという．マルチンゲールは優マルチンゲールの特別の場合である．

優マルチンゲールの性質をのべておく．まず

$$s<t \text{ なる限り } E(x_s) \leqq E(x_t)$$

である．これは条件 (iii′) から明らかである．$E(x_t)$ は t について単調増大であるからたかだか可算個の例外点を除いて連続である．

定理 34.1　T を区間とする．$x_t, t\in T$, は $(\boldsymbol{B}_t, t\in T)$ に関して優マルチンゲールであるとする．もし x_t が可分であれば，x_t の見本過程はほとんどすべての ω に対し，第1種の不連続点しかもたない (証略)．

§35　遷移確率

R を第2可算性をもつコンパクトな Hausdorff 空間とする．したがって R の位相は距離によって定められていると考えてよい．R の開部分集合をすべて含む最小の Borel 集合体を $\boldsymbol{B}_R$ とする．

時間をあらわす実変数 $t\geqq 0, x\in R, E\in \boldsymbol{B}_R$ の函数 $P(t, x, E)$ が次の条件を満たすとき**遷移確率** (transition probability) とよばれる．

(T. 1)　t, x を固定したとき $P(t, x, E)$ は E について確率分布である．

(T. 2)　(x に関する連続性) 固定した t に対し，$x\to x_0$ のとき，測度 $P(t, x, E)$ は $P(t, x_0, E)$ に汎弱収束する．すなわち任意の連続函数 f に対し

$$\int_R f(y)P(t, x, dy) \to \int_R f(y)P(t, x_0, dy), \quad x\to x_0.$$

(T. 3)　(t に関する連続性) 固定した x に対し，$t\to 0$ のとき，$P(t, x, E)$ は $\delta(x, E)$ $(=1,\ x\in E,\ =0,\ x\in E^c)$ に汎弱収束する．すなわち任意の連続函数 f に対し

$$\int_R f(y)P(t, x, dy) \to \int_R f(y)\delta(x, dy) \equiv f(x), \quad t\to 0.$$

(T. 2) により固定した t, E に対し $P(t, x, E)$ が x について可測 $(\boldsymbol{B}_R)$ であることを証明することができる．このために任意の有界可測 $(\boldsymbol{B}_R)$ 函数 f に対し

$$\varphi(x) = \int_R f(y)P(t, x, dy)$$

が x について可測 ($\boldsymbol{B}_R$) であることをいえばよい．実際このような性質をもつ f の全体 $\mathfrak{F}$ は (T. 2) によりすべての連続函数を含む．しかも可測性の定義から，$\mathfrak{F}$ は極限算法について不変である．ゆえに任意の有界可測 ($\boldsymbol{B}_R$) 函数は $\mathfrak{F}$ に含まれる．

これだけの注意をして次の条件をつけ加える．

(T. 4) (**CHAPMAN-KOLMOGOROFF の方程式**)

$$P(t+s, x, E) = \int_R P(t, x, dy)P(s, y, E).$$

上述の注意により，右辺の積分が意味をもつことがわかる．

直観的には $P(t, x, E)$ は初めに x にあったものが時間 t の後に E に移る確率である．CHAPMAN-KOLMOGOROFF の方程式は $t+s$ の後に x から E に移るには，t の後にまず R のある点 y に移り，それから s の後に E に移ることから当然要請される条件である．

例 1 R が有限集合とする．もちろん R は離散位相 (discrete topology) について上述の条件を満たしている．$P(t, x, E)$ を与えるには E が1点集合 $\{y\}$ のときに定めたら十分である．これを $P(t, x, y)$ とする．(T. 1) により

$$P(t, x, y) \geqq 0, \quad \sum_y P(t, x, y) = 1 \tag{35. 1}$$

となる．(T. 2) は当然成立している．(T. 3) は

$$P(t, x, y) \to \delta(x, y) \ (=1, \ x=y, \ =0, \ x \neq y) \tag{35. 2}$$

となる．t を固定したとき ($P(t, x, y), x, y \in R$) は有限次の行列と考えることができる．これを P_t とかくことにする．(35. 1) は P_t の成分が常に非負でその各行の成分の和が1に等しいことを意味する．このような行列を**確率行列** (stochastic matrix) という．(35. 2) は

$$P_t \to I \ (\text{単位行列}), \quad t \to 0 \tag{35. 2'}$$

を意味する．また CHAPMAN-KOLMOGOROFF の方程式は行列乗法を用いて

$$P_{t+s} = P_t \cdot P_s \tag{35. 3}$$

となる．

例 2 R を実数の集合 R^1 に ∞ を付加してコンパクト化した空間とする．$x \in R^1, E \subset R^1$ に対しては

$$P(t, x, E) = \int_E N_t(y-x)dy, \quad N_t(x) = \frac{1}{\sqrt{2\pi t}} e^{-\frac{x^2}{2t}}$$

とおく．また

$$P(t, \infty, E) = \delta(\infty, E)$$

とする．(T.1) はもちろん成り立つ．x に関する連続性を調べる．$x_0 \neq \infty$ のときには，連続函数 f に対し

$$\int f(y)N_t(y-x)dy = \int f(y+x)N_t(y)dy \to \int f(y+x_0)N_t(y)dy = \int f(y)N_t(y-x_0)dy$$

(f はコンパクト空間 $R = R^1 \cup \{\infty\}$ で連続であるから，もちろん有界である)．$x_0 = \infty$ のときにはすべての y に対し $f(y+x) \to f(\infty)$ $(x \to \infty)$ であるから，上と同様に

$$\int f(y)N_t(y-x)dy \to f(\infty) = \int f(y)\delta(\infty, dy)$$

となる．t に関する連続性は

$$\int f(y)N_t(y-x)dy = \int f(x+\sqrt{t}\,y)N_1(y)dy \underset{t\to 0}{\to} f(x)$$

から出る．CHAPMAN-KOLMOGOROFF の方程式は R^1 の範囲では正規分布の性質 $N_{t+s} = N_t * N_s$ から出るし，∞ の所では自明である．

例 3　$R = [0, \infty]$ とし，$P(t, x, E)$ を次のように定める．

$$P(t, x, E) = \int_E [N_t(y-x) + N_t(y+x)]dy, \quad x \in [0, \infty), \quad E \subset [0, \infty),$$

$$P(t, \infty, E) = \delta(\infty, E).$$

この $P(t, x, E)$ が前述の 4 条件 (T.1)～(T.4) を満たすことも容易に検証される．

注　(T.4) を用いると (T.3) から

(T.3′)　固定した x に対し，$t \to t_0$ のとき $P(t, x, E)$ は $P(t_0, x, E)$ に汎弱収束する．

ことが証明できる (§37 参照)．これが (T.3) を t に関する連続性といった理由である．

§36　遷移確率に伴う半群と双対半群

前節の記号をそのまま用いることにする．R の上の連続函数の全体を $\boldsymbol{C}$ とする．$\boldsymbol{C}$ は普通の線型算法に関してベクトル空間であるが，さらにノルム $\|f\| = \max|f(x)|$, $x \in R$ を入れることにより可分な BANACH 空間と考えられる．いま $T_t, t>0$ を

$$T_t f(x) = \int_R f(y)P(t, x, dy) \tag{36.1}$$

と定義すると, (T. 2) により $f \in \boldsymbol{C}$ ならば $T_t f \in \boldsymbol{C}$ であって, T_t は $\boldsymbol{C}$ の中の線型作用素と見なされる. しかも (T. 1) を用いると

$$T_t \geqq 0 \text{ すなわち } f \geqq 0 \text{ ならば } T_t f \geqq 0, \tag{36.2}$$

$$T_t 1 = 1, \tag{36.3}$$

したがって

$$\| T_t \| \equiv \sup \{ \| T_t f \|, \ \| f \| \leqq 1 \} = 1 \tag{36.4}$$

となる.

(T. 3) によれば

$$T_t f(x) \to f(x), \quad x \in R, \quad t \to 0 \tag{36.5}$$

である. $\boldsymbol{C}$ の共役空間 $\boldsymbol{C}^*$ は R の上の (有符号) 測度の空間であるから, 上の (36.5) は

$$T_t \to I \text{ (弱)} \quad (I \text{ は恒等作用素}). \tag{36.5'}$$

すなわち任意の $f \in \boldsymbol{C}, \mu \in \boldsymbol{C}^*$ に対し

$$(T_t f, \mu) \to (f, \mu)$$

と同等である.

(T. 4) から半群の性質

$$T_t T_s = T_{t+s} \tag{36.6}$$

が得られる.

一般に可分な BANACH 空間 E の有界線型作用素の系 $T_t, t>0$ があって

$$\| T_t \| \leqq 1, \quad T_t \to I \text{ (弱)}, \quad T_t T_s = T_{t+s} \tag{36.7}$$

を満たすとき, これを E の上の作用素の半群または簡単に E の上の**半群** (semi-group) という.

上に得た $\boldsymbol{C}$ の上の作用素の系 $T_t, t>0$ は (36.7) を満たすから, $\boldsymbol{C}$ の上の半群である. これを $\boldsymbol{P(t, x, E)}$ **に伴う半群**という.

次に $\mu \in \boldsymbol{C}^*$ に対し

$$T_t^* \mu(E) = \int_R P(t, x, E) \mu(dx) \tag{36.8}$$

と定義すると, $0 \leqq P(t, x, E) \leqq 1$ により

$$\| T_t^* \mu \| \leqq \| \mu \| \quad \text{すなわち} \quad \| T_t^* \| \leqq 1 \tag{36.9}$$

となる．もちろんここに $\|\mu\|$ は μ の全変動 (total variation) である．

$$(T_t f, \mu) = (f, T_t^* \mu) = \int_R \int_R f(y) P(t, x, dy) \mu(dx)$$

に注意して T_t^* が T_t の共役作用素であることがわかるから T_t^* という記号は合理的である．CHAPMAN-KOLMOGOROFF の方程式により $T_t^* T_s^* = T_{t+s}^*$ が得られる．

$$(f, T_t^* \mu) = (T_t f, \mu) \to (f, \mu), \quad f \in \boldsymbol{C}, \quad \mu \in \boldsymbol{C}^*$$

である．$\boldsymbol{C}$ は $(\boldsymbol{C}^*)^*$ に等しくはないから，$T_t^* \to I^*$ (弱) (I^* は $\boldsymbol{C}^*$ の上の恒等作用素) とはいえないが，これにやや近い条件であるから，$T_t^* \to I^*$ (汎弱) という．

以上を総合して

$$\|T_t^*\| \leqq 1, \quad T_t^* \to I^* \text{ (汎弱)}, \quad T_t^* T_s^* = T_{t+s}^* \tag{36.10}$$

となる．$\boldsymbol{C}^*$ は可分でもないし，上の第2の条件は (36.7) のそれとは少し違うから，T_t^*, $t>0$ は $\boldsymbol{C}^*$ の上の半群ということはできないが，これに近いので $P(t, x, E)$ に伴う**双対半群** (dual semi-group) ということにする．

§ 37 HILLE-YOSIDA の理論 (i)

E を可分 BANACH 空間とし，T_t, $t>0$ をその上の半群とする．前節 (36.7) で第2条件として $T_t \to I$ (弱) を要求したが，他の性質を用いると，これから

$$\|T_t f - f\| \to 0 \quad \text{すなわち} \quad T_t \to I \text{ (強)} \tag{37.1}$$

が得られる．これを示すには DUNFORD の定理 (Ann. of Math., **33**, 1932, pp. 567～573) を用いなければならないから，証明は略する．(37.1) からさらに

$$\|T_t f - T_s f\| \to 0 \qquad (t \to s) \tag{37.2}$$

が出る．これを示すには $u = \min(t, s)$, $v = |t-s|$ とおくと，

$$\|T_t f - T_s f\| = \|T_u (T_v f - f)\| \leqq \|T_v f - f\| \to 0$$

とすればよい．この証明からわかるように，(37.2) の収束は s に関して一様で，$T_t f$ は t について一様連続ということになる．

HILLE-YOSIDA の理論は半群の生成作用素に関する理論である．T_t, $t>0$ のもつ群の性質 $T_t T_s = T_{t+s}$ により，すべての $t>0$ に対して T_t を知らなくても，T_t, $0<t<\delta$ を知れば，一般の t に対して T_t が求められる．ここに δ はいくら小

さくても正数であればよい．$T_t, 0<t<\delta$ は半群 $T_t, t>0$ の**群芽**(germ)ともいうべきものである．$\delta\to 0$ の極限の様子を与えるものとして，

$$Af=\lim_{t\downarrow 0}\frac{T_tf-f}{t}\quad (\lim はノルムについていう) \tag{37.3}$$

なる作用素 A を考え，これを**生成作用素** (generator) という．A の定義域 $\mathfrak{D}(A)$ は上の極限が存在するような f の全体とする．

明らかに $\mathfrak{D}(A)$ は E の線型部分空間であり，A は線型作用素であるが，一般に $\mathfrak{D}(A)$ は E と一致せず，A は有界ではない．しかし説明をわかり易くするために，まず A が有界，$\mathfrak{D}(A)=E$ の場合について形式的な計算をしてみよう．しかも作用素に関するノルムについて

$$A=\lim_{t\downarrow 0}\frac{T_t-I}{t} \tag{37.4}$$

がなりたつとしておく．これから

$$\frac{T_{t+\delta}-T_t}{\delta}=\frac{T_\delta-I}{\delta}\cdot T_t.$$

$\delta\to 0$ として

$$\frac{dT_t}{dt}=AT_t$$

となる．普通の数の場合と同様にこれを解いて

$$T_t=e^{tA}\left(=\sum_{n=0}^{\infty}\frac{(tA)^n}{n\,!}\right)$$

となる．T_t の LAPLACE 変換 (LAPLACE transform) R_λ を考えると

$$R_\lambda=\int_0^\infty e^{-\lambda t}T_tdt\left(=\lim_{n\to\infty}\frac{1}{n}\sum_{k=0}^{\infty}e^{-\lambda\frac{k}{n}}T_{\frac{k}{n}}\right).$$

形式的計算により

$$R_\lambda=\int_0^\infty e^{-\lambda t}e^{tA}dt=\int_0^\infty e^{-t(\lambda I-A)}dt=(\lambda I-A)^{-1}$$

となる．$\lambda If\equiv\lambda f$ であるから，λI を簡単に λ とかいてもよい．

$$R_\lambda=(\lambda-A)^{-1}.$$

すなわち $u=R_\lambda v$ は

$$(\lambda-A)u=v$$

を満たす．このような意味で，R_λ は T_t の解作用素 (resolvent) という．

以上のことを頭に置いて，一般の場合について厳密に論じてみよう．解作用素 R_λ は

$$(R_\lambda f, \mu) = \int_0^\infty e^{-\lambda t}(T_t f, \mu)dt, \quad f \in E, \quad \mu \in E^* \tag{37.5}$$

によって定義する．または

$$R_\lambda f = \int_0^\infty e^{-\lambda t} T_t f\, dt \left(= \lim_{n\to\infty} \frac{1}{n} \sum_{k=0}^{\infty} e^{-\lambda \frac{k}{n}} T_{\frac{k}{n}} f \right) \tag{37.5'}$$

と定義しても同じことである．前に注意したように $T_t f$ は t について連続かつ有界であるから，上の定義が可能である．

$$\| R_\lambda f \| \leqq \int_0^\infty e^{-\lambda t} \| T_t f \| dt \leqq \| f \| \int_0^\infty e^{-\lambda t} dt = \| f \| / \lambda.$$

したがって

$$\| R_\lambda \| \leqq 1/\lambda \tag{37.6}$$

となり，R_λ は有界線型作用素である．

次に

$$R_\lambda - R_\mu = -(\lambda - \mu) R_\lambda R_\mu, \tag{37.7}$$

$$\| \lambda R_\lambda f - f \| \to 0, \quad \lambda \to \infty \tag{37.8}$$

を示そう．$f \in E$, $\sigma \in E^*$ に対し

$$\begin{aligned}
(R_\lambda R_\mu f, \sigma) &= \int_0^\infty e^{-\lambda t}(T_t R_\mu f, \sigma) dt \\
&= \int_0^\infty e^{-\lambda t}(R_\mu f, T_t^* \sigma) dt \\
&= \int_0^\infty e^{-\lambda t} \int_0^\infty e^{-\mu s}(T_s f, T_t^* \sigma) ds\, dt \\
&= \int_0^\infty e^{-\lambda t} \int_0^\infty e^{-\mu s}(T_{s+t} f, \sigma) ds\, dt \\
&= \int_0^\infty e^{-\lambda t + \mu t} \int_t^\infty e^{-\mu s}(T_s f, \sigma) ds\, dt \\
&= \int_0^\infty e^{-\mu s}(T_s f, \sigma) ds \int_0^s e^{-(\lambda - \mu)t} dt
\end{aligned}$$

$$= \int_0^\infty e^{-\mu s}(T_s f, \sigma)\frac{e^{-(\lambda-\mu)s}-1}{-(\lambda-\mu)}dt$$

$$= \frac{1}{-(\lambda-\mu)}\int_0^\infty (e^{-\lambda s}-e^{-\mu s})(T_s f, \sigma)dt = \frac{1}{-(\lambda-\mu)}(R_\lambda - R_\mu).$$

$$\|\lambda R_\lambda f - f\| \leqq \int_0^\infty \lambda e^{-\lambda t}\|T_t f - f\|dt = \int_0^\infty e^{-s}\|T_{\frac{s}{\lambda}} f - f\|ds \to 0.$$

R_λ の値域 $\mathfrak{R}_\lambda$ は (37.7) により λ に無関係である．実際

$$R_\mu f = R_\lambda[I+(\lambda-\mu)R_\mu] \in \mathfrak{R}_\lambda$$

であるから，$\mathfrak{R}_\mu \subset \mathfrak{R}_\lambda$．$\lambda, \mu$ を入れかえて $\mathfrak{R}_\lambda \subset \mathfrak{R}_\mu$．ゆえに $\mathfrak{R}_\lambda = \mathfrak{R}_\mu$．ゆえに $\mathfrak{R}_\lambda$ を単に $\mathfrak{R}$ とかいてもよい．

$\mathfrak{R}_\lambda$ はもちろん線型部分空間であり，(37.8) によれば

$$\overline{\mathfrak{R}_\lambda} = E \qquad (\text{— は閉包を示す}) \tag{37.9}$$

である．すなわち $\mathfrak{R}_\lambda$ は E の稠密な線型部分空間である．

次に $\mathfrak{D}(A) = \mathfrak{R}$ であることを示そう．まず $f \in \mathfrak{R}$ とせよ．$f = R_\lambda g$, $g \in E$ とかかれるから

$$T_s f = T_s R_\lambda g = \int_0^\infty e^{-\lambda t} T_{t+s} g \, dt$$

$$= e^{\lambda s}\int_s^\infty e^{-\lambda t} T_t g \, dt$$

$$= e^{\lambda s}\int_0^\infty e^{-\lambda t} T_t g \, dt - e^{\lambda s}\int_0^s e^{-\lambda t} T_t g \, dt,$$

$$\frac{T_s f - f}{s} = \frac{e^{\lambda s}-1}{s} R_\lambda g - e^{\lambda s}\frac{1}{s}\int_0^s e^{-\lambda t} T_t g \, dt$$

$$\to \lambda f - g.$$

ゆえに $f \in \mathfrak{R}$ $(f = R_\lambda g)$ ならば $f \in \mathfrak{D}(A)$ でかつ

$$Af = \lambda f - g$$

なることがわかった．

次に $\lambda - A$ が1対1であることを注意する．それには $(\lambda - A)f = 0$ から $f = 0$ を出せばよい．$(\lambda - A)f = 0$ により $Af = \lambda f$．したがって

$$T_s f = f + \lambda s f + o(s) = (1+\lambda s)f + o(s),$$

$$\|f\| \geqq \|T_s f\| = (1+\lambda s)\|f\| + o(s),$$

$$0 \geqq \lambda s\|f\| + o(s), \quad \text{ゆえに} \quad \|f\| + o(1) \leqq 0.$$

これから $\|f\| \leqq 0$, したがって $\|f\| = 0$ となる.

さてもとに戻って $f \in \mathfrak{D}(A)$ として, $f \in \mathfrak{R}$ を証明しよう. これができれば $\mathfrak{D}(A) = \mathfrak{R}$ がいえたことになる. $f \in \mathfrak{D}(A)$ ならば, Af が存在するから $g = \lambda f - Af$ とおき, さらに $f_0 = R_\lambda g$ とする. 前述のことから

$$Af_0 = \lambda f_0 - g,$$

ゆえに

$$(\lambda - A)f_0 = g = (\lambda - A)f.$$

$\lambda - A$ は1対1であるから

$$f = f_0 = R_\lambda g \in \mathfrak{R}.$$

以上を総合して $\mathfrak{D}(A) = \mathfrak{R}$ で $f \in \mathfrak{D}(A)$ (したがって $f = R_\lambda g$) とすれば

$$Af = \lambda f - g \tag{37.10}$$

となることがわかった. しかも $\lambda - A$ は1対1であって

$$(\lambda - A)^{-1} = R_\lambda, \quad \text{したがって} \quad R_\lambda^{-1} = \lambda - A \tag{37.11}$$

である. また $\overline{\mathfrak{D}(A)} = \overline{\mathfrak{R}} = E$ である.

$f \in \mathfrak{D}(A)$ ならば $T_t f \in \mathfrak{D}(A)$ で次の生成方程式 (evolution equation) がなりたつ.

$$\frac{dT_t f}{dt} = AT_t f \; (= T_t Af). \tag{37.12}$$

$f \in \mathfrak{D}(A)$ ならば $f = R_\lambda g$ とかける.

$$T_t f = T_t R_\lambda g = R_\lambda T_t g \in \mathfrak{D}(A),$$

$$\begin{aligned}\frac{dT_t f}{dt} &= \lim_{\delta \downarrow 0} \frac{T_\delta - I}{\delta} T_t f = AT_t f = AT_t R_\lambda g \\ &= AR_\lambda T_t g = \lambda R_\lambda T_t g - T_t g \\ &= T_t(\lambda R_\lambda g - g) = T_t A R_\lambda g = T_t Af.\end{aligned}$$

§38 HILLE-YOSIDA の理論 (ii) 半群の構成

前節では半群が与えられたとして, その生成作用素の性質, 半群との関係をのべた. A を生成作用素とすれば

(A. 1) A は線型作用素で $\overline{\mathfrak{D}(A)} = E$.

(A. 2)　$(\lambda-A)^{-1}$ は E 全体で定義せられ，$\|(\lambda-A)^{-1}\|\leqq 1/\lambda$ $(\lambda>0)$.

であることは明らかであるが，逆にこの条件を満たす A はある唯一つの半群の生成作用素になっていることを示すのが本節の目標である.

初めに上の条件から

$$I_\lambda=\lambda(\lambda-A)^{-1}\quad とすれば\quad \|I_\lambda f-f\|\to 0\ (\lambda\to\infty) \tag{38. 1}$$

となることを示す. $f\in\mathfrak{D}(A)$ のときには

$$I_\lambda f-f=(\lambda-A)^{-1}\lambda f-(\lambda-A)^{-1}(\lambda-A)f=(\lambda-A)^{-1}(\lambda f-(\lambda-A)f)$$
$$=(\lambda-A)^{-1}Af,$$

$$\|I_\lambda f-f\|\leqq\|Af\|/\lambda\to 0\ (\lambda\to\infty).$$

一般の $f\in E$ に対しては

$$f=g+h,\quad g\in\mathfrak{D}(A),\quad \|h\|<\varepsilon.$$

上にのべたことから $\|I_\lambda g-g\|\to 0$.

$$\|I_\lambda f-f\|\leqq\|I_\lambda g-g\|+\|I_\lambda h\|+\|h\|$$
$$\leqq\|I_\lambda g-g\|+2\|h\|<\|I_\lambda g-g\|+2\varepsilon\to 2\varepsilon.$$

ゆえに f に対しても $\|I_\lambda f-f\|\to 0$ がいえる.

前節に注意したように A が有界であれば，$T_t=e^{tA}$ が A を生成作用素とする半群になる. 一般には A は有界ではないから，このように簡単にはできない. A のかわりにまず $A_\lambda=AI_\lambda$ を考えてみよう. 上にのべたように I_λ は恒等作用素 I の近似作用素と見られるから，A_λ は A の近似作用素と見てよい. しかも

$$A_\lambda=A\cdot\lambda\cdot(\lambda-A)^{-1}=(\lambda-(\lambda-A))\lambda(\lambda-A)^{-1}$$
$$=\lambda\cdot\lambda(\lambda-A)^{-1}-\lambda I=\lambda(I_\lambda-I)$$

により，A_λ は有界である. さて

$$T_t^{(\lambda)}=e^{tA_\lambda} \tag{38. 2}$$

とおくと，これは求める T_t の近似半群となる. $T_t^{(\lambda)}$ が半群となることを示そう. $T_t^{(\lambda)}\to I$, $T_t^{(\lambda)}\cdot T_s^{(\lambda)}=T_{t+s}^{(\lambda)}$ は明らかである. $\|T_t^{(\lambda)}\|\leqq 1$ をいうには

$$\|T_t^{(\lambda)}\|=\|e^{tA_\lambda}\|=\|e^{t\lambda(I_\lambda-I)}\|=\|e^{-t\lambda}e^{t\lambda I_\lambda}\|$$
$$\leqq e^{-t\lambda}\|e^{t\lambda I_\lambda}\|\leqq e^{-t\lambda}\sum_n\frac{\|t\lambda I_n\|^n}{n!}\leqq e^{-t\lambda}\sum\frac{(t\lambda)^n}{n!}=1.$$

次に

$$T_t=\lim_{\lambda\to\infty} T_t^{(\lambda)} \tag{38.3}$$

として T_t を求めたいのであるが，それにはこの収束を証明する必要がある．

まず

$$(\lambda-A)^{-1}(\mu-A)^{-1}=(\mu-A)^{-1}(\lambda-A)^{-1} \tag{38.4}$$

に注意する．このためには

$$(\lambda-A)(\mu-A)(\lambda-A)^{-1}(\mu-A)^{-1}=I$$

を示せばよいが，それには

$$\mu-A=(\mu-\lambda)I+(\lambda-A),\quad \lambda-A=(\lambda-\mu)I+(\mu-A)$$

により，$(\lambda-A)^{-1}$, $(\mu-A)^{-1}$ の値域はいずれも $\lambda-A$, $\mu-A$ の両方の定義域に入ることを注意して，ほとんど形式的に計算すればよい．(38.4) から直ちに

$$I_\lambda I_\mu=I_\mu I_\lambda,\ \text{したがって}\quad A_\lambda A_\mu=A_\mu A_\lambda \tag{38.5}$$

が出る ($A_\lambda=\lambda(I_\lambda-I)$ を思い起せ！)．したがって $T_t^{(\lambda)}, T_t^{(\mu)}$ は A_λ, A_μ のどちらとも可換である．さて $T_t^{(\lambda)}=e^{tA_\lambda}$ により

$$\frac{dT_t^{(\lambda)}f}{dt}=A_\lambda T_t^{(\lambda)}f,\quad \frac{dT_t^{(\mu)}f}{dt}=A_\mu T_t^{(\mu)}f.$$

ゆえに $f_t=T_t^{(\lambda)}f-T_t^{(\mu)}f$ とおくと

$$\frac{df_t}{dt}=A_\lambda T_t^{(\lambda)}f-A_\mu T_t^{(\mu)}f=A_\lambda\cdot f_t+g_t, \tag{38.6}$$

ここに

$$g_t=(A_\lambda-A_\mu)T_t^{(\mu)}f=T_t^{(\mu)}(A_\lambda f-A_\mu f). \tag{38.7}$$

(38.6) を数の場合の微分方程式と同様の方法でとくと，

$$f_t=\int_0^t e^{(t-s)A_\lambda}g_s ds+f_0=\int_0^t e^{(t-s)A_\lambda}g_s ds$$
$$=\int_0^t T_{t-s}^{(\lambda)}g_s ds.$$

ゆえに $\|f_t\|\leqq\int_0^t\|T_{t-s}^{(\lambda)}g_s\|ds\leqq\int_0^t\|g_s\|ds\leqq\|A_\lambda f-A_\mu f\|\cdot t$. ゆえに $f\in\mathfrak{D}(A)$ ならば $A_\lambda f-A_\mu f=(I_\lambda-I_\mu)Af\to 0$ $(\lambda,\mu\to\infty)$. ゆえに $f_t=T_t^{(\lambda)}f-T_t^{(\mu)}f$ は $\lambda,\mu\to\infty$ のとき t が有界区間にある限り一様に 0 に近づく（広義

一様収束).

任意の f に対してはこれに近い $g\in\mathfrak{D}(A)$ をとって

$$\|T_t^{(\lambda)}f-T_t^{(\mu)}f\|\leqq 2\|f-g\|+\|T_t^{(\lambda)}g-T_t^{(\mu)}g\|$$

となることに注意すれば, $T_t^{(\lambda)}f$ が t に関して広義一様に収束する. これを T_tf とする. T_t が E の上の半群になることは容易に証明できる. T_t の生成作用素 $\tilde{A}$ がもとの A に等しいことを示そう.

$f\in\mathfrak{D}(A)$ に対し

$$T_t^{(\lambda)}f-f=\int_0^t T_s^{(\lambda)}A_\lambda f\,ds=\int_0^t T_s^{(\lambda)}I_\lambda Af\,ds,$$

$$\begin{aligned}\|T_s^{(\lambda)}I_\lambda Af-T_sAf\|&\leqq\|T_s^{(\lambda)}I_\lambda Af-T_s^{(\lambda)}Af\|+\|T_sAf-T_s^{(\lambda)}Af\|\\&\leqq\|I_\lambda Af-Af\|+\|T_sAf-T_s^{(\lambda)}Af\|\\&\to 0\ \ (0\leqq s\leqq t\ \text{で一様})\end{aligned}$$

であるから,

$$T_tf-f=\int_0^t T_sAf\,ds.$$

ゆえに

$$\frac{T_tf-f}{t}\to Af\quad\text{すなわち}\quad f\in\mathfrak{D}(\tilde{A})\ \text{で}\ \tilde{A}f=Af.$$

これは $\tilde{A}\supset A$ を意味する. 前節にのべたように $(\lambda-\tilde{A})^{-1}$ は存在し, また A についても仮定により $(\lambda-A)^{-1}$ が存在する. ゆえに $\tilde{A}\supset A$ から $(\lambda-\tilde{A})^{-1}\supset(\lambda-A)^{-1}$. しかるに $(\lambda-A)^{-1}$ は E 全体で定義せられた作用素であるから, $(\lambda-\tilde{A})^{-1}=(\lambda-A)^{-1}$, したがって $\tilde{A}=A$.

A を生成作用素とする半群が存在することがわかった. これが唯一つであることは, 他に S_t があるとして $T_t=S_t$ をいえばよい. $\mathfrak{D}(A)$ は E で稠密, T_t, S_t は有界であるから $f\in\mathfrak{D}(A)$ に対して $T_tf=S_tf$ を示せば十分である.

$$\begin{aligned}\frac{d}{dt}(S_tf-T_t^{(\lambda)}f)&=AS_tf-A_\lambda T_t^{(\lambda)}f\\&=A_\lambda(S_tf-T_t^{(\lambda)}f)+S_t(I-I_\lambda)Af.\end{aligned}$$

(38.6) と同様にこれを解いて

$$S_tf-T_t^{(\lambda)}f=\int_0^t T_{t-u}^{(\lambda)}S_u(I-I_\lambda)Af\,du.$$

ゆえに

$$\|S_tf-T_t^{(\lambda)}f\|\leqq t\|(I-I_\lambda)Af\|\to 0,\quad \lambda\to\infty,$$

したがって

$$S_tf=T_tf.$$

注 上の証明からわかるように条件 (A. 2) はすべての $\lambda>0$ に対して要請する必要はないのであって, $\lambda=\lambda_n\to\infty$ に対して (A. 2) が満たされるならば, A を生成作用素とする半群 T_t が一つかつ唯一つ構成される.

§39 遷移確率の生成作用素 (i) 一般論

$P(t,x,E)$ を§35 で導入した遷移確率とする. §36 でのべたようにこの遷移確率には $\boldsymbol{C}$ の上の半群 $T_t, t>0$ が対応する. $T_t, t>0$ の生成作用素 A を遷移確率 $P(t,x,E)$ の生成作用素という. $f\in\mathfrak{D}(A)$ ならば

$$Af(x)=\lim_{t\downarrow 0}\frac{\int_R f(y)P(t,x,dy)-f(x)}{t}\tag{39. 1}$$

であるが, $\mathfrak{D}(A)$ について一言注意しておきたい. 次の 3 条件は同等である.

(i) $f\in\mathfrak{D}(A)$.

(ii) $\varphi_t(x)\equiv\dfrac{1}{t}\left[\int_R f(y)P(t,x,dy)-f(x)\right]$ が $t\to 0$ のとき x について一様に収束する.

(iii) $\varphi_t(x)$ が $t\to 0$ のときおのおのの x に対して収束し, その極限は x について連続である.

(i)→(ii), (i)→(iii) は明らか. また $\varphi_t(x)$ は x の連続函数であり (ii) の条件があれば, $\varphi_t(x)$ の極限 $\varphi(x)$ も連続で, しかも $\|\varphi_t-\varphi\|\to 0$. ゆえに $f\in\mathfrak{D}(A)$. 次に (iii) から (i) を出す. このためには (iii) がなりたつような f の全体を $\tilde{\mathfrak{D}}$ とし, $f\in\tilde{\mathfrak{D}}$ に対し

$$\tilde{A}f(x)=\lim_{t\downarrow 0}\varphi_t(x)$$

と定義する. 明らかに $\tilde{A}f\in\boldsymbol{C}$. $f\in\mathfrak{D}(A)$ ならば $f\in\tilde{\mathfrak{D}}$ で $Af=\tilde{A}f$ であるから, $A\subset\tilde{A}$ である. $\lambda-\tilde{A}$ が 1 対 1 であることを注意しよう. そのためにまず $f(x)$ が $x=x_0$ で最小値をとれば

$$\tilde{A}f(x_0)=\lim_{t\downarrow 0}\varphi_t(x_0)\geqq 0$$

を注意しておく．$\lambda-\tilde{A}$ が1対1であることをいうには

$$(\lambda-\tilde{A})u=0\to u=0$$

をいえばよい．u は連続函数であるから，最小値 $u(x_0)$ をもつ．

$$u(x_0)=\frac{1}{\lambda}\tilde{A}u(x_0)\geqq 0\quad したがって常に\ u(x)\geqq 0.$$

同様に $(\lambda-\tilde{A})(-u)=0$ であるから $-u(x)\geqq 0$．ゆえに $u(x)\equiv 0$ でなければならない．

さて $A\subset\tilde{A}$ から $\lambda-A\subset\lambda-\tilde{A}$．$\lambda-A$ は逆作用素 $(\lambda-A)^{-1}(=R_\lambda)$ をもち，上にのべたことから $(\lambda-\tilde{A})^{-1}$ も存在するから，$R_\lambda=(\lambda-A)^{-1}\subset(\lambda-\tilde{A})^{-1}$．$R_\lambda$ は全空間 $\boldsymbol{C}$ で定義せられた作用素であるから，上のことから

$$(\lambda-\tilde{A})^{-1}=R_\lambda=(\lambda-A)^{-1}\quad すなわち\ \tilde{A}=A$$

となる．ゆえに $\tilde{\mathfrak{D}}=\mathfrak{D}(A)$．したがって (iii)→(i) が得られた．

前節では BANACH 空間の作用素 A が半群を生成するための必要十分条件は (A.1), (A.2) であることを示した．A が特に遷移確率 $P(t,x,E)$ の生成作用素となるための条件を求めてみよう．

定理 39.1　A が遷移確率の生成作用素であるためには次の 4 条件が必要十分である．

(a.1)　A は $\boldsymbol{C}$ の上の線型作用素で $\overline{\mathfrak{D}(A)}=\boldsymbol{C}$,

(a.2)　$A\cdot 1=0$,

(a.3)　$u\in\mathfrak{D}(A)$ が $x=x_0$ で最小値をとれば $Au(x_0)\geqq 0$,

(a.4)　$\lambda>0$ に対し，$(\lambda-A)u=v$ はすべての $v\in\boldsymbol{C}$ に対し必ず解 u をもつ．

証明　これらの条件が必要なことは定義や半群の一般論から明らかであるから十分性のみを示す．まず $(\lambda-A)^{-1}$ が $\boldsymbol{C}$ 全体で定義せられることをいう．(a.4) があるから，$\lambda-A$ が1対1であること，すなわち $\lambda u=Au$ から $u=0$ を示せば十分である．$u(x)$ は連続函数であるから最小値 $u(x_0)$ をとる．

$$u(x_0)=\frac{1}{\lambda}Au(x_0)\geqq 0\quad ((\mathrm{a.3})\ による).$$

したがって常に $u(x)\geqq 0$．また $\lambda(-u)=A(-u)$ であるから，同様の論法に

より常に $-u(x) \geqq 0$. ゆえに $u(x) \equiv 0$.

次に $\|(\lambda - A)^{-1}\| \leqq 1/\lambda$ を示そう. $u = (\lambda - A)^{-1} v$ とせよ. $u(x)$ の最小値を $u(x_0)$ とすれば

$$v(x_0) = (\lambda - A) u(x_0) = \lambda u(x_0) - A u(x_0) \leqq \lambda u(x_0),$$

ゆえに

$$u(x) \geqq u(x_0) \geqq \frac{1}{\lambda} v(x_0) \geqq -\frac{1}{\lambda} \|v\|.$$

また $(-u) = (\lambda - A)^{-1}(-v)$ であるから

$$-u(x) \geqq -\frac{1}{\lambda} \|-v\| = -\frac{1}{\lambda} \|v\|,$$

すなわち

$$u(x) \leqq \frac{1}{\lambda} \|v\|,$$

したがって

$$\|u\| \leqq \frac{1}{\lambda} \|v\|.$$

かくして前節の (A. 1), (A. 2) が検証せられたから, A は $\boldsymbol{C}$ の上のある半群 $T_t, t > 0$ の生成作用素である.

$T_t \geqq 0$ すなわち $u \geqq 0$ (これはすべての x に対し $u(x) \geqq 0$ のこと) ならば $T_t u \geqq 0$ を示す. その前にまず $(\lambda - A)^{-1} \geqq 0$ を示す. $(\lambda - A) u = v$, $v \geqq 0$ ならば $u \geqq 0$ をいえばよい. $u(x)$ の最小値を $u(x_0)$ とすると $A u(x_0) \geqq 0$. ゆえに

$$\lambda u(x_0) = A u(x_0) + v(x_0) \geqq 0,$$

すなわち

$$u \geqq 0.$$

したがって $I_\lambda = \lambda (\lambda - A)^{-1} \geqq 0$. これから

$$T_t^{(\lambda)} = e^{t A_\lambda} = e^{t\lambda (I_\lambda - I)} = e^{-t\lambda} e^{t I_\lambda} = e^{-t\lambda} \sum \frac{(t I_\lambda)^n}{n!} \geqq 0,$$

したがって

$$T_t = \lim_{\lambda \to \infty} T_t^{(\lambda)} \geqq 0.$$

次に $T_t 1 = 1$ を示す. $(\lambda - A) \dfrac{1}{\lambda} = 1$ ((a. 2) 参照) であるから

$$\frac{1}{\lambda}=(\lambda-A)^{-1}1=\int_0^\infty e^{-\lambda t}T_t\cdot 1dt,$$

ゆえに $T_t1=1$ となる.

$T_tf(x)$ は個々の t, x に対して f の線型汎函数で

$$f\geqq 0 \quad ならば \quad T_tf(x)\geqq 0,$$
$$T_t1(x)=1$$

であるから, RIESZ の定理により確率分布 $P(t, x, E)$ が存在して

$$T_tf(x)=\int_R f(y)P(t, x, dy).$$

$P(t, x, E)$ が遷移確率の条件を満たすことは $T_t, t>0$ が半群であることから容易にわかる.

注 (a. 4) も $\lambda=\lambda_n\to\infty$ に対してのみ要請すれば十分であることは前節 (A. 2) と同様である.

§ 40 遷移確率の生成作用素 (ii) 例

例 1 R が有限集合のときには遷移確率には行列の半群 P_t が対応することをのべた. $\boldsymbol{C}$ はこのとき R の元の数と等しい次元をもつベクトルの空間である. このベクトルを縦ベクトルでかくことにすると, T_tf は P_tf に等しいことになる. このようにして行列の半群 P_t, $t>0$ を遷移確率に伴う半群と見てよい. したがって生成作用素 A も行列と考えられ,

$$Af=\lim_{t\downarrow 0}\frac{T_t-I}{t}f, \quad f\in\mathfrak{D}(A)$$

である. この場合には $\overline{\mathfrak{D}(A)}=\boldsymbol{C}$ から $\mathfrak{D}(A)=\boldsymbol{C}$ が得られる ($\boldsymbol{C}$ は有限次元であるから). したがって上の式は任意の f についてなりたち

$$A=\lim_{t\downarrow 0}\frac{T_t-I}{t}$$

となる. $T_t\geqq 0$ (これは T_t のすべての成分 $\geqq 0$ を意味する) であるから, $A=(a_{ij})$ とすれば

$$a_{ij}\geqq 0 \quad (j\neq i). \tag{40. 1}$$

また $T_t\boldsymbol{1}=\boldsymbol{1}$ ($\boldsymbol{1}$ はすべての成分が1に等しいベクトル) であるから, $A\boldsymbol{1}=0$,

したがって

$$\sum_j a_{ij} = 0. \tag{40.2}$$

この二つの条件は必要であるが，またこれは十分でもある．前節の (a.1)~(a.4) を検討してみよう．(a.1), (a.2) は明らかである．ベクトル u の成分の最小のものを u_{i_0} とせよ．

$$(Au)_{i_0} = \sum_j a_{i_0 j} u_j = a_{i_0 i_0} u_{i_0} + \sum_{j \neq i_0} a_{i_0 j} u_j$$

(40.1) により $\qquad \geqq a_{i_0 i_0} u_{i_0} + \sum_{j \neq i_0} a_{i_0 j} u_{i_0}$

(40.2) により $\qquad = 0.$

これで (a.3) が示された．十分大きい λ に対して

$$(\lambda - A)u = v \tag{40.3}$$

がとけることをいう．形式的には

$$u = (\lambda - A)^{-1} v = \lambda^{-1}\left(1 - \frac{A}{\lambda}\right)^{-1} v = \lambda^{-1}\left(1 + \left(\frac{A}{\lambda}\right) + \left(\frac{A}{\lambda}\right)^2 + \cdots\right) v$$

であるが，これが収束するためには $\lambda > \|A\|$ とすればよい．実際このような λ に対しては上の右辺は確定し，(40.3) の解を与えることがわかる．

例 2 §35 の例 2 の遷移確率に対する生成作用素を求めてみよう．このためにまず §37 に示した

$$\mathfrak{D}(A) = \mathfrak{R}, \quad AR_\lambda f = \lambda R_\lambda f - f$$

を用いる．以後 $x, y, \cdots$ は有限数をあらわす．

$$T_t f(x) = \int N_t(y-x) f(y) dy, \qquad T_t f(\infty) = f(\infty)$$

であるから

$$R_\lambda f(x) = \int R_\lambda(y-x) f(y) dy, \qquad R_\lambda f(\infty) = \frac{1}{\lambda} f(\infty).$$

ただし

$$R_\lambda(x) = \int_0^\infty e^{-\lambda t} N_t(x) dt = \frac{1}{\sqrt{2\lambda}} e^{-\sqrt{2\lambda}|x|},$$

したがって

$$R_\lambda f(x) = \int \frac{1}{\sqrt{2\lambda}} e^{-\sqrt{2\lambda}|y-x|} f(y) dy.$$

上の式から $R_\lambda f(x)$ は2回連続可微分であって，しかも

$$(R_\lambda f)''(x) = 2\lambda R_\lambda f(x) - 2f(x)$$

であるから $\lim_{x\to\infty}(R_\lambda f)''(x) = 0$ である．これから

$$\mathfrak{D}(A) \subset \tilde{\mathfrak{D}} \equiv \{g/g \in \boldsymbol{C},\ g''(x)\ \text{連続},\ \lim_{x\to\infty} g''(x) = 0\}$$

で，しかも $g(=R_\lambda f) \in \mathfrak{D}(A)$ に対して

$$Ag(x) = \lambda g(x) - f(x) = \frac{1}{2}g''(x), \quad Ag(\infty) = 0$$

となる．さて $\mathfrak{D}(\tilde{A}) = \tilde{\mathfrak{D}}$ で $\tilde{A}g(x) = \frac{1}{2}g''(x)$，$\tilde{A}g(\infty) = 0$ となるような $\tilde{A}$ を考えてみよう．明らかに $\tilde{A} \supset A$ である．次に $(\lambda - \tilde{A})^{-1}$ の存在することをいう．それには $\lambda u = \tilde{A}u$ から $u = 0$ をいえばよい．$\lambda u = \tilde{A}u$ の解 u は

$$\lambda u(x) = \frac{1}{2}u''(x),$$

すなわち

$$u(x) = ae^{\sqrt{2\lambda}x} + be^{-\sqrt{2\lambda}x}.$$

$u(x)$ は有界であるから $a = b = 0$ すなわち $u = 0$. ゆえに

$$(\lambda - \tilde{A})^{-1} \supset (\lambda - A)^{-1} = R_\lambda, \quad \text{ゆえに} \quad (\lambda - \tilde{A})^{-1} = (\lambda - A)^{-1},$$

すなわち $\tilde{A} = A$ となる．

例 3 §35 の例3についても前例と同様にして，$\mathfrak{D}(A)$ の元 f は

$$f \in \boldsymbol{C}, \quad f''(x)\ \text{連続}\ (0 < x < \infty),$$
$$\lim_{x\to 0} f''(x)\ \text{有限確定}, \quad \lim_{x\to\infty} f''(x) = 0,$$
$$\lim_{x\to 0} f'(x) = 0$$

によって特長づけられ

$$Af(x) = \frac{1}{2}f''(x), \quad Af(0) = \frac{1}{2}f''(0+), \quad Af(\infty) = 0$$

となる．

例 4 R を実数を mod 1 で考えたものとする．$\boldsymbol{C}$ は実数の上で定義せられた周期1の連続函数の空間である．$\boldsymbol{C}$ の中で2回連続可微分なものの全体を $\mathfrak{D}$ とし，$f \in \mathfrak{D}$ に対し

$$Af = f'$$

とする．これがある遷移確率の生成作用素となることを示そう．そのために前節の (a.1)〜(a.4) を検証する．(a.1)〜(a.3) は明らかである．(a.4) を示すには

$$\lambda u-u'=v$$

を解けばよい．ここに v は周期 1 の函数であり，u もそのような函数の中から求める必要がある．

$$\lambda e^{-\lambda x}u(x)-e^{-\lambda x}u'(x)=e^{-\lambda x}v(x),$$

$$(-e^{-\lambda x}u(x))'=e^{-\lambda x}v(x).$$

$x=+\infty$ で $e^{-\lambda x}u(x)$ は 0 となるから

$$e^{-\lambda x}u(x)=\int_x^\infty e^{-\lambda y}v(y)dy,$$

$$u(x)=\int_x^\infty e^{-\lambda(y-x)}v(y)dy.$$

これは確かに上の方程式を満たし，

$$u(x+1)=\int_{x+1}^\infty e^{-\lambda(y-x-1)}v(y)dy=\int_x^\infty e^{-\lambda(y-x)}v(y+1)dy$$

$$=u(x)\quad (v(y+1)=v(y)\ \text{に注意})$$

により，$u(x)$ は周期 1 をもつ．

また上のことから

$$R_\lambda v(x)=\int_x^\infty e^{-\lambda(y-x)}v(y)dy=\int_0^\infty e^{-\lambda t}v(x+t)dt.$$

ゆえに $T_t v(x)=v(x+t)$，したがって

$$P(t,x,E)=\delta(x+t,E)$$

となる．$x+t$ を mod 1 で考えることはいうまでもない．

例 5 R は前例と同様実数を mod 1 で考えたものとし，$Au=u''/2$ とする．この A も (a.1)〜(a.4) を満たしているから，A はある $P(t,x,E)$ の生成作用素である．$\mathfrak{D}(A)$ は 2 回連続可微分函数の全体．$P(t,x,E)$ は次の式で与えられる．

$$P(t,x,E)=\int_E \tilde{N}_t(y-x)dy,$$

$$\tilde{N}_t(x) = \sum_{n=-\infty}^{\infty} N_t(x+2n) = \frac{1}{\sqrt{2\pi t}} \sum_{n=-\infty}^{\infty} e^{-\frac{(x+2n)^2}{2t}}.$$

例 6 R は前例と同様にする. $Au = u'''$, $\mathfrak{D}(A)$ は3回連続可微分函数の全体, とすると, これは遷移確率には対応しない. それは (a. 3) がなりたたないからである. これを示すには3回連続可微分な周期1の函数 u で0で最小値をとりしかも $u'''(0)<0$ のものを作れば (a. 3) が満たされないことがわかる. それには $u(x) \geqq 0$ で, $x=0$ における展開が $u(x) = ax^2+bx^3+\cdots$ $(a>0, b<0)$ となるような周期1の函数 u を作ればよい. たとえば

$$u(x) = 2(\sin 2\pi x)^2-(\sin 2\pi x)^3$$

はこのような函数である.

§41 MARKOFF 過程 (i) MARKOFF 性

$P(t, x, E)$ を R の上の遷移確率とする. R や P の満たすべき条件は §35 にのべた通りとする. 遷移確率 $P(t, x, E)$ は直観的には初めに x にあったものが時間 t の後 E に入る確率を示している. すなわち現象の時間的変化の確率法則を与えている. いまこの確率法則に従って変化していく現象の時 t における状態を $x(t)$ であらわそう. $x(t)$ は明らかに確率過程であって, 測度論的確率論の立場からは $x(t, \omega)$, $\omega \in \Omega(\boldsymbol{B}, P)$ とかくべきである. $t=0$ における確率分布すなわち初期状態 $x(0, \omega)$ の確率分布を Φ とすれば, $x(t, \omega)$ の確率法則は当然

$$P(x(0, \omega) \in E_0, x(t_1, \omega) \in E_1, x(t_2, \omega) \in E_2, \cdots, x(t_n, \omega) \in E_n)$$
$$= \int_{E_0} \Phi(d\xi_1) \int_{E_1} P(t_1, \xi_1, d\xi_2) \int_{E_2} P(t_2-t_1, \xi_2, d\xi_3) \cdots \int_{E_n} P(t_n-t_{n-1}, \xi_{n-1}, d\xi_n) \tag{41.1}$$

とすべきである. このような確率過程 $x(t, \omega)$ が存在するかどうかをいうには, $\Omega = R^{[0, \infty)}$, $\omega = \prod_t \omega_t$ に対して, $x(t, \omega) = \omega_t$ とおき, 上の (*41. 1*) がなりたつように Ω の上の確率 P を入れることができればよい. この可能性は R が実数の場合 (KOLMOGOROFF の定理) と同様に証明される. このような $x(t, \omega)$ は本質的には唯一つしかないから, これを遷移確率 $P(t, x, E)$, 初期確率 Φ に従う確率過程という. これは MARKOFF によってはじめて研究せられたので **MARKOFF 過程** (MARKOFF process) ともいう. さて $x(t, \omega)$ の確率法則は初期確率

Φ に関係するが, Φ が δ 分布 $\delta(a, E)$ のときだけを考えておけば, 一般の場合はそれを $\Phi(da)$ で積分して得られる. $\delta(a, E)$ の場合というのは $x(0, \omega) \equiv a$ のときで, 状態 a から出発する場合に他ならない. このような MARKOFF 過程を $x^{(a)}(t, \omega)$ とかく. 本当は ω にも a をつけて $\omega^{(a)}$ とかくべきであるが, これは前後の関係から明らかであるから省略する. MARKOFF 過程の系 $x^{(a)}(t, \omega), a \in R$ を以後 $P(t, x, E)$ に対応する MARKOFF 過程という. 確率論の目的は $x^{(a)}(t, \omega)$ の研究にあるので, いままで遷移確率やその半群についてのべたのはそのための準備にすぎない.

MARKOFF 過程 $x^{(a)}(t, \omega)$ の確率論的性質の中特に著しいのはその MARKOFF 性である.

(i) $\boldsymbol{B}_t$ (必要なときには a を添えて $\boldsymbol{B}_t^{(a)}$) によって,

$$\{\omega/x^{(a)}(s, \omega) \in E\}, \quad s \leqq t, \quad E \in \boldsymbol{B}_R$$

なる形の ω 集合をすべて含む最小の BOREL 集合体をあらわすことにすると, 確率 1 を以て

$$\begin{aligned} P(x^{(a)}(t+u, \omega) \in E/\boldsymbol{B}_t) &= P(x^{(b)}(u) \in E)_{b=x^{(a)}(t, \omega)} \\ &= P(u, x^{(a)}(t, \omega), E) \qquad (41.2) \end{aligned}$$

がなりたつ. 直観的にいうと, t の状態がきまると, それまでの状態には無関係に, t の状態から出発したかのような法則で進行することであって, これを MARKOFF 性という. 上の関係を証明するには $M \in \boldsymbol{B}_t$ に対し

$$P(\{\omega/x^{(a)}(t+u, \omega) \in E\} \cap M) = E\{P(u, x^{(a)}(t, \omega), E); M\} \qquad (41.2')$$

なることを示せば十分である. M が

$$\{\omega/x^{(a)}(t_1, \omega) \in E_1, \cdots, x^{(a)}(t_n, \omega) \in E_n\},$$
$$0<t_1<t_2<\cdots<t_n<t$$

なる形のときには (41.2′) は (41.1) から直ちに出る. (41.2′) の両辺が M について加法的であることから, すべての $M \in \boldsymbol{B}_t$ に対してなりたつことが証明できる.

(ii) 上述の MARKOFF 性を少し一般化すると, 次のようになる. $0<u_1<u_2<\cdots<u_m$, $M \in \boldsymbol{B}_t$ に対し, 確率 1 を以て

$$P\{x^{(a)}(t+u_1)\in E_1, x^{(a)}(t+u_2)\in E_2, \cdots, x^{(a)}(t+u_m)\in E_m/\boldsymbol{B}_t\}$$
$$= P\{x^{(b)}(u_1)\in E_1, x^{(b)}(u_2)\in E_2, \cdots, x^{(b)}(u_m)\in E_m\}_{b=x^{(a)}(t)} \qquad (41.3)$$

がなりたつ．このことも (i) と同様の考えで証明される．

(iii) 上の (ii) をさらに一般化しよう．そのために準備として二，三の記号を導入する．$R^{[0,\infty)}$ の意味はいうまでもあるまい．$\xi\in R^{[0,\infty)}$ は $\prod_{0\leqq t<\infty}\xi_t$ という形でかけるが，ξ_t を ξ の **t 座標**といい，$p_t(\xi)$ であらわそう．$p_t^{-1}(E)$，$E\in\boldsymbol{B}_R$ の形の $R^{[0,\infty)}$ の部分集合をすべて含む最小の BOREL 集合体を $\boldsymbol{B}(R^{[0,\infty)})$ であらわす．さて $x^{(a)}(\cdot,\omega)$ によって $\prod_u x^{(a)}(u,\omega)$ すなわち $R^{[0,\infty)}$ の中の値をとる確率変数で，その t 座標が $x^{(a)}(t,\omega)$ に等しいものをあらわす．また $x^{(a)}(t+\cdot,\omega)$ により同様な確率変数で，その u 座標が $x^{(a)}(t+u,\omega)$ に等しいものをあらわす．

$\Xi\in\boldsymbol{B}(R^{[0,\infty)})$ に対し確率1を以て

$$P\{x^{(a)}(t+\cdot)\in\Xi/\boldsymbol{B}_t\} = P\{x^{(b)}(\cdot)\in\Xi\}_{b=x^{(a)}(t)} \qquad (41.4)$$

がなりたつ．Ξ が $p_{u_1}^{-1}(E_1)\cap p_{u_2}^{-1}(E_2)\cap\cdots\cap p_{u_m}^{-1}(E_m)$ の形の集合のときには上の式は (ii) の (41.3) に他ならない．一般の場合には両辺が Ξ について加法的であることを用いて証明すればよい．

上の諸性質に対応して，条件付平均値についても次のことがなりたつ．

(iv) 有界可測 $(\boldsymbol{B}_R)$ 函数 f に対し

$$E\{f(x^{(a)}(t+u))/\boldsymbol{B}_t\} = E\{f(x^{(b)}(u))\}_{b=x^{(a)}(t)}. \qquad (41.5)$$

f が可測集合の定義函数のときには (i) により明らかである．一般の f については上の両辺が f について加法的であることを用いて証明する．

(v) $R(\boldsymbol{B}_R)$ の上の n 変数の有界可測 $(\boldsymbol{B}_R)$ 函数 f に対し

$$E\{f(x^{(a)}(t+u_1), x^{(a)}(t+u_2), \cdots, x^{(a)}(t+u_n))/\boldsymbol{B}_t\}$$
$$= E\{f(x^{(b)}(u_1), x^{(b)}(u_2), \cdots, x^{(b)}(u_n))\}_{b=x^{(a)}(t)}. \qquad (41.6)$$

(vi) $R^{[0,\infty)}(\boldsymbol{B}(\boldsymbol{R}^{[0,\infty)}))$ の上の有界可測函数 f に対し

$$E\{f(x^{(a)}(t+\cdot))/\boldsymbol{B}_t\} = E\{f(x^{(b)}(\cdot))\}_{b=x^{(a)}(t)}. \qquad (41.7)$$

(v), (vi) はそれぞれ (ii), (iii) から (iv) を (i) から導いたのと同じやり方で導くことができる．

§42　MARKOFF 過程 (ii)　見本過程の性質

すでに§13 で実数値をとる確率過程の可分性についてのべた．いま考えている確率過程は第2可算性をもつコンパクト空間 R の値をとるものであるから，その可分性は新しく定義する必要がある．

定義　R の値をとる確率過程 $x_t, t \in T$ が**可分** (separable) であるとは，R の上の任意の実連続函数 f に対し，$f(x_t)$ が可分となることである．

R の上の実連続函数の系 $\{f_\lambda\}$ があって，任意の連続函数がこの f_λ の中の有限個の1次結合で一様近似できるとき，$\{f_\lambda\}$ を R の上の実連続函数の**底** (base) という．R が第2可算性をもつコンパクト空間ということから，可算個の底が存在することがわかる．

上の定義ではすべての実連続函数について $f(x_t)$ が可分となることを要請したが，実は底の函数についてのみ要請すれば十分である．

実数値をとる確率過程に対して可分変形が存在することを用いて，R の値をとる確率過程も可分変形をもつことが証明される．それゆえ前節で定義した MARKOFF 過程も可分と仮定しておいて差支えない．

定理 42.1　可分 MARKOFF 過程 $x^{(a)}(t)$ の見本過程については "すべての t に対して両側から極限が存在する" 確率が1である．しかも個々の t に対しては

$$P(x(t+0) = x(t)) = 1. \tag{42. 1}$$

証明　$f \in \boldsymbol{C}, f \geqq 0$ なる f に対して

$$Y(t) = e^{-\lambda t} R_\lambda f(x^{(a)}(t))$$

を考えよう．

$$\begin{aligned}
Y(t) &= e^{-\lambda t} \int_0^\infty e^{-\lambda s} T_s f(x^{(a)}(t)) ds \\
&= e^{-\lambda t} \int_0^\infty e^{-\lambda s} E(f(x^{(b)}(s)))_{b=x^{(a)}(t)} ds \\
&= e^{-\lambda t} \int_0^\infty e^{-\lambda s} E\{f(x^{(a)}(t+s))/\boldsymbol{B}_t\} ds \\
&= \int_t^\infty e^{-\lambda s} E\{f(x^{(a)}(s))/\boldsymbol{B}_t\} ds,
\end{aligned}$$

$$E\{Y(t+u)/\boldsymbol{B}_t\} = \int_{t+u}^{\infty} e^{-\lambda s} E\{E\{f(x^{(a)}(s))/\boldsymbol{B}_{t+u}\}/\boldsymbol{B}_t\} ds$$

$$= \int_{t+u}^{\infty} e^{-\lambda s} E\{f(x^{(a)}(s))/\boldsymbol{B}_t\} ds \quad (\because\ \boldsymbol{B}_{t+u} \supset \boldsymbol{B}_t)$$

$$\leqq \int_{t}^{\infty} e^{-\lambda s} E\{f(x^{(a)}(s))/\boldsymbol{B}_t\} ds = Y(t).$$

したがって $Y(t)$ は $\boldsymbol{B}_t, t \geqq 0$ に関して優マルチンゲール (§34) である. また

$$EY(t) = e^{-\lambda t} E\{R_\lambda f(x^{(a)}(t))\} = e^{-\lambda t} \int_R R_\lambda f(x) P(t, a, dx)$$

$$= e^{-\lambda t} T_t R_\lambda f(a).$$

$x^{(a)}(t)$ が可分であるから, $R_\lambda f(x^{(a)}(t))$ したがって $Y(t)$ が可分である. ゆえに定理 34.1 を用いて

$$P(\mathfrak{A}(Y)) = 1.$$

ただしここに

$$\mathfrak{A}(Y) = \text{“すべての } t \text{ に対し } Y(t-0), Y(t+0) \text{ が存在する”}.$$

したがって

$$P\{\mathfrak{A}(R_\lambda f(x^{(a)}(\cdot)))\} = 1.$$

$\lambda R_\lambda f(x)$ は $\lambda \to \infty$ のとき $f(x)$ に一様収束するから,

$$P\{\mathfrak{A}(f(x^{(a)}(\cdot)))\} = 1. \tag{42.2}$$

さて $f_n, n = 1, 2, \cdots$ を $\boldsymbol{C}$ の中の非負函数列で R の中の異なる2点を分離するようなものとすると, 写像:

$$R \ni x \to \boldsymbol{f}(x) = (f_1(x), f_2(x), \cdots) \in \prod_n [0, \|f_n\|] \equiv K$$

は連続1対1である. ここに K の位相は弱位相とする. R がコンパクト HAUSDORFF 空間であるから, 逆写像も連続で, この対応は位相同型となる. さて個々の f_n は (42.2) を満たし, 確率1の集合の可算交は確率1であるから

$$P(\mathfrak{A}(f_n(x^{(a)}(\cdot))), n = 1, 2, \cdots) = 1.$$

K の弱位相の定義により

$$P(\mathfrak{A}(\boldsymbol{f}(x^{(a)}(\cdot)))=1.$$

$x\longleftrightarrow \boldsymbol{f}(x)$ が位相対応であるから

$$P(\mathfrak{A}(x^{(a)}(\cdot)))=1.$$

よって定理の前半が証明せられた.

さて，$f,\ g\in \boldsymbol{C}$ に対し，(41.5) より

$$E\{f(X^{(a)}(t))g(X^{(a)}(t+u))\}=E\{f(X^{(a)}(t))T_u g(X^{(a)}(t))\}.$$

$u\downarrow 0$ とすると

$$E\{f(X^{(a)}(t))g(X^{(a)}(t+0))\}=E\{f(X^{(a)}(t))g(X^{(a)}(t))\}.$$

したがって；$R\times R$ 上の任意の連続函数 h に対し，

$$E\{h(X^{(a)}(t),\ X^{(a)}(t+0))\}=E\{h(X^{(a)}(t),\ X^{(a)}(t))\},$$

特に h として R 上の有界距離函数をとると，(42.1) が得られる.

可分 MARKOFF 過程 $x^{(a)}(t)$ において

$$\tilde{x}^{(a)}(t)=x^{(a)}(t+0)$$

と定義すれば，上の定理により $\tilde{x}^{(a)}(t)$ の見本過程はたかだか第 1 種の不連続点しかもたず，しかも $\tilde{x}^{(a)}(t)$ は $x^{(a)}(t)$ と弱い意味 (§13) で一致する.（$f(t+0)$, $f(t-0)$ が存在して $f(t+0)=f(t)\neq f(t-0)$ のとき t を f の**第 1 種の不連続点**という.）したがって MARKOFF 過程の見本過程はたかだか第 1 種の不連続点をもつにすぎないと仮定して差支えない. 以後特に断らなくてもこのようなものとして話をすすめる. さらに見本過程が確率 1 を以て連続であるとき，**拡散過程** (diffusion process) という.

§43　MARKOFF 過程 (iii)　強 MARKOFF 性

§41 において MARKOFF 性についてのべた. これはある時 t における状態を知れば，その過去の経過と無関係に将来の変動の確率法則が t の状態から出発したかのようにして決定されることであった. ここで t は任意ではあるが定数であった. 次には t が確率変数の場合について同様の性質がなりたつかどうかを考えてみたい. これは任意の確率変数 t に対してはなりたたないが，MARKOFF 時間という特別の確率変数 $\tau(\omega)$ に対してなりたつことが示される.

定義 43.1 $\tau=\tau^{(a)}(\omega)$ が $x^{(a)}(t,\omega), 0\leqq t<\infty$ の **MARKOFF 時間** (MARKOFF time) であるとは, τ は $[0,\infty]$ の中の値をとる確率変数で任意の $t>0$ に対し

$$\{\omega/\tau^{(a)}(\omega)<t\}\in \boldsymbol{B}_t \ (\text{これは } \boldsymbol{B}_t^{(a)} \text{ の意})$$

がなりたつことである. $\tau=\infty$ となることも許すことにし, 特に$P(\tau<\infty)=1$ であるとき, **有限 MARKOFF 時間**という.

前に任意の定数 t に対して $\boldsymbol{B}_t$ を定義した. これを MARKOFF 時間 τ にまで拡張して, 次のように定義しよう.

定義 43.2 τ が $x^{(a)}(t)$ の MARKOFF 時間であるとき $E_\alpha\cap\{\omega/\tau\geqq\alpha\}$ ($\alpha>0$, $E_\alpha\in\boldsymbol{B}_\alpha$) なる形の ω 集合をすべて含む最小の BOREL 集合体を $\boldsymbol{B}_\tau$ ($=\boldsymbol{B}_\tau^{(a)}$) であらわし, '$x^{(a)}(t), t\leqq\tau$, で定まる BOREL 集合体' という.

(i) 強 MARKOFF 性の最も簡単な場合は次のようである.

τ が $x^{(a)}(t)$ の有限 MARKOFF 時間であるとすると,

$$P(x^{(a)}(t+\tau)\in E/\boldsymbol{B}_\tau)=P(x^{(b)}(t)\in E)_{b=x^{(a)}(\tau)}=P(t,x^{(a)}(\tau),E),$$

有限可測 ($\boldsymbol{B}_R$) 函数 $f(x)$ に対して

$$E\{f(x^{(a)}(t+\tau))/\boldsymbol{B}_\tau\}=E\{f(x^{(b)}(t))\}_{b=x^{(a)}(\tau)}.$$

後の関係式を連続函数 f に対して証明すればよい. このときには右辺は $T_tf(x^{(a)}(\tau))$ となる. このためには $M\in\boldsymbol{B}_\tau$ に対し

$$E\{f(x^{(a)}(\tau+u));M\}=E\{T_uf(x^{(a)}(\tau));M\} \qquad (43.1)$$

を証明したらよい. 両辺が M について加法的であることから, $M=E_\alpha\cap\{\omega/\alpha\leqq\tau<\beta\}$ のときに証明しておけばよい. いま

$$\alpha_{ni}=\alpha+\frac{i}{n}(\beta-\alpha), \quad \tau^{(n)}=\alpha_{ni} \ (\alpha_{n,i-1}\leqq\tau<\alpha_{ni} \text{ のとき})$$

とおいてみよう. 明らかに $\tau^{(n)}\downarrow\tau$ であり, したがって $x^{(a)}(t)$ の右連続性(前節参照)から

$$x^{(a)}(\tau+u)=\lim_{n\to\infty}x^{(a)}(\tau^{(n)}+u)$$

となる.

$$A=E\{f(x^{(a)}(\tau^{(n)}+u));E_\alpha\cap\{\alpha\leqq\tau<\beta\}\}$$

$$= \sum_{i=1}^{n} E\{f(x^{(a)}(\alpha_{n,i}+u)); E_\alpha \cap \{\alpha_{n,i-1} \leqq \tau < \alpha_{n,i}\}\},$$

$\alpha \leqq \alpha_{n,i-1} < \alpha_{n,i}$ により $E_\alpha, \{\omega/\tau < \alpha_{n,i-1}\}, \{\omega/\tau < \alpha_{n,i}\}$ はすべて $\boldsymbol{B}_{\alpha_{n,i}}$ に属するから, $E_\alpha \cap \{\alpha_{n,i-1} \leqq \tau < \alpha_{n,i}\}$ も $\boldsymbol{B}_{\alpha_{n,i}}$ に属する. したがって

$$A = \sum_{i=1}^{n} E\{E\{f(x^{(a)}(\alpha_{n,i}+u))/\boldsymbol{B}_{\alpha_{n,i}}\}; E_\alpha \cap \{\alpha_{n,i-1} \leqq \tau < \alpha_{n,i}\}\},$$

MARKOFF性を用いて

$$= \sum_{i=1}^{n} E\{T_u f(x^{(a)}(\alpha_{n,i})); E_\alpha \cap \{\alpha_{n,i-1} \leqq \tau < \alpha_{n,i}\}\}$$

$$= E\{T_u f(x^{(a)}(\tau^{(n)})); E_\alpha \cap (\alpha \leqq \tau < \beta)\}.$$

$T_t f(x)$ は $f(x)$ と共に連続であるから, $n \to \infty$ として (43. 1) を得る.

(ii) 上の結果を一般化して

$$P\{x^{(a)}(\tau+u_1) \in E_1, \cdots, x^{(a)}(\tau+u_n) \in E_n/\boldsymbol{B}_\tau\}$$
$$= P\{x^{(b)}(u_1) \in E_1, \cdots, x^{(b)}(u_n) \in E_n\}_{b=x^{(a)}(\tau)}.$$

さらに一般に $\Xi \in \boldsymbol{B}(R^{[0,\infty)})$ に対して

$$P\{x^{(a)}(\tau+\cdot) \in \Xi/\boldsymbol{B}_\tau\} = P\{x^{(b)}(\cdot) \in \Xi\}_{b=x^{(a)}(\tau)}$$

がなりたつ. 条件付平均値の方でいうと $R^{[0,\infty)}$ の上の有界可測 ($\boldsymbol{B}(R^{[0,\infty)})$) 函数 f に対して

$$E\{f(x^{(a)}(\tau+\cdot))/\boldsymbol{B}_\tau\} = E\{f(x^{(b)}(\cdot))\}_{b=x^{(a)}(\tau)}.$$

後者を証明すれば十分である. 両辺が f に関して加法的であることに注意すれば, f が一つの座標だけの連続函数の有限個の積になっている場合を論じておけば十分である. ここでは2個の積の場合についてのべる. 一般の場合も同じ考えで証明できる.

証明すべきことは R の上の連続函数 f_1, f_2 および $0 < u_1 < u_2$ に対し

$$E\{f_1(x^{(a)}(\tau+u_1))f_2(x^{(a)}(\tau+u_2))/\boldsymbol{B}_\tau\} = E\{f_1(x^{(b)}(u_1))f_2(x^{(b)}(u_2))\}_{b=x^{(a)}(\tau)}.$$

証明の方法は (i) と同じ考えであるが, このとき

$$g_1(x) = T_{u_2-u_1} f_2(x), \quad g_2(x) = f_1(x) g_1(x), \quad g_3(x) = T_{u_1} g_2(x)$$

がすべて連続函数になること, $s_1 < s_2$ ならば $\boldsymbol{B}_{s_1} \subset \boldsymbol{B}_{s_2}$, したがって

$$E(E(\cdot/\boldsymbol{B}_{s_2})/\boldsymbol{B}_{s_1}) = E(\cdot/\boldsymbol{B}_{s_1})$$

となることに注意すべきである.

(iii) 強 MARKOFF 性を用いて得られる次の性質は今後よく用いられる. $\tau=\tau^{(a)}(\omega)$ を $x^{(a)}(t)$ の有限 MARKOFF 時間とし,

$$P^0(t,a,dy)=P(x^{(a)}(t)\in dy, \tau>t),$$

$$T_t^0f(a)=\int_R f(y)P^0(t,a,dy),$$

$$R_\lambda^0f(a)=\int_0^\infty e^{-\lambda t}T_t^0f(a)dt,$$

$$\varphi^{(a)}(ds,dy)=P(\tau\in ds, x^{(a)}(\tau)\in dy),$$

$$\hat{\varphi}^{(a)}(\lambda,dy)=\int_0^\infty e^{-\lambda s}\varphi(ds,dy)$$

とおくと

$$R_\lambda f(a)=R_\lambda^0f(a)+\int_{y\in R}R_\lambda f(y)\hat{\varphi}^{(a)}(\lambda,dy), \tag{43.2}$$

$$T_tf(a)=T_t^0f(a)+\int_{y\in R}\int_{s=0}^t T_{t-s}f(y)\varphi^{(a)}(ds,dy). \tag{43.3}$$

$[0,s)$ の定義函数を $c_s(t)$ とすると,

$$E\{f(x^{(a)}(t));\tau>t\}=E\{f(x^{(a)}(t))c_\tau(t)\}$$
$$=\int_R f(y)P^0(t,a,dy)=T_t^0f(a),$$

$$E\left\{\int_0^\tau e^{-\lambda t}f(x^{(a)}(t))dt\right\}=E\left\{\int_0^\infty e^{-\lambda t}f(x^{(a)}(t))c_\tau(t)dt\right\}$$
$$=\int_0^\infty e^{-\lambda t}E\{f(x^{(a)}(t))c_\tau(t)\}dt=\int_0^\infty e^{-\lambda t}T_t^0f(a)dt=R_\lambda^0f(a).$$

$$R_\lambda f(a)=\int_0^\infty e^{-\lambda t}E\{f(x^{(a)}(t))\}dt$$
$$=E\left\{\int_0^\infty e^{-\lambda t}f(x^{(a)}(t))\,dt\right\}$$
$$=E\left\{\int_0^\tau e^{-\lambda t}f(x^{(a)}(t))dt\right\}+E\left\{\int_\tau^\infty e^{-\lambda t}f(x^{(a)}(t))dt\right\}.$$

第1項 $=R_\lambda^0f(a)$.

$$\text{第2項} = E\left\{e^{-\lambda\tau}\int_0^\infty e^{-\lambda t} f(x^{(a)}(\tau+t))dt\right\}$$
$$= E\left\{e^{-\lambda\tau}E\left\{\int_0^\infty e^{-\lambda t} f(x^{(a)}(\tau+t))dt/\boldsymbol{B}_\tau\right\}\right\}$$
$$= E\left\{e^{-\lambda\tau}\int_0^\infty e^{-\lambda t} E\{f(x^{(a)}(\tau+t))/\boldsymbol{B}_\tau\}dt\right\}$$
$$= E\left\{e^{-\lambda\tau}\int_0^\infty e^{-\lambda t} T_t f(x^{(a)}(\tau))dt\right\}$$
$$= E\{e^{-\lambda\tau}R_\lambda f(x^{(a)}(\tau))\}$$
$$= \int_{t=0}^\infty\int_{y\in R} e^{-\lambda t}R_\lambda f(y)\varphi^{(a)}(dt, dy)$$
$$= \int_{y\in R} R_\lambda f(y)\hat{\varphi}^{(a)}(\lambda, dy).$$

ゆえに (43.2) が証明された．(43.3) の右辺の (t に関する) LAPLACE 変換をとると (43.2) の右辺に等しく，したがって $R_\lambda f(a)$ に等しくなる．$R_\lambda f(a)$ は $T_t f(a)$ の LAPLACE 変換に等しいから，(43.3) がなりたつことがわかる．

§44　MARKOFF 時間

MARKOFF 時間の性質および重要な MARKOFF 時間の例をあげる．

(i)　τ_1, τ_2 が MARKOFF 時間であれば $\max(\tau_1, \tau_2)$, $\min(\tau_1, \tau_2)$ も MARKOFF 時間である．なぜならば

$$\{\omega/\max(\tau_1, \tau_2)<t\} = \{\omega/\tau_1<t\}\cap\{\omega/\tau_2<t\},$$
$$\{\omega/\min(\tau_1, \tau_2)<t\} = \{\omega/\tau_1<t\}\cup\{\omega/\tau_2<t\}.$$

(ii)　$\tau_1\leqq\tau_2\leqq\cdots$ がすべて MARKOFF 時間ならば $\tau=\lim\tau_n$ も MARKOFF 時間である．なぜならば

$$\{\omega/\tau<t\} = \bigcup_n\bigcap_m\left\{\omega/\tau_m<t-\frac{1}{n}\right\}.$$

(iii)　$\tau_1\geqq\tau_2\geqq\cdots$ がすべて MARKOFF 時間ならば $\tau=\lim\tau_n$ も MARKOFF 時間である．

$$\{\omega/\tau<t\} = \bigcup_n\{\omega/\tau_n<t\}.$$

(iv)　$\tau(\omega)\equiv t$ は MARKOFF 時間である．

(v) **DYNKINの補題** τが有限MARKOFF時間ならば

$$f(a) = -E\int_0^\tau Af(x^{(a)}(t))dt + Ef(x^{(a)}(\tau)), \quad f \in \mathfrak{D}(A).$$

証明 $h_\lambda = \lambda f - Af$ とおくと, $f = R_\lambda h_\lambda$.

$$\begin{aligned} f(a) &= R_\lambda h_\lambda(a) \\ &= \int_0^\infty e^{-\lambda t} T_t h_\lambda(a) dt \\ &= E\left\{\int_0^\infty e^{-\lambda t} h_\lambda(x^{(a)}(t)) dt\right\} \\ &= E\left\{\int_0^\tau\right\} + E\left\{\int_\tau^\infty\right\} = A_\lambda + B_\lambda. \end{aligned}$$

$\lambda \to 0$ のとき $h_\lambda \to -Af$ であるから

$$A_\lambda \to -E\int_0^\tau Af(x^{(a)}(t))dt,$$

$$\begin{aligned} B_\lambda &= E\left\{e^{-\lambda\tau}\int_0^\infty e^{-\lambda t} h_\lambda(x^{(a)}(\tau+t)) dt\right\} \\ &= E\left\{e^{-\lambda\tau}\int_0^\infty e^{-\lambda t} E(h_\lambda(x^{(a)}(\tau+t))/\boldsymbol{B}_\tau) dt\right\} \\ &= E\left\{e^{-\lambda\tau}\int_0^\infty e^{-\lambda t} T_t h_\lambda(x^{(a)}(\tau)) dt\right\} \\ &= E\{e^{-\lambda\tau} R_\lambda h_\lambda(x^{(a)}(\tau))\} = E\{e^{-\lambda\tau} f(x^{(a)}(\tau))\} \\ &\to E\{f(x^{(a)}(\tau))\}. \end{aligned}$$

(vi) FをRの閉集合とする. $x^{(a)}(t)$ がFの外に出る時間の下限をFの**最小通過時間** (first passage time) といい, $\tau_F = \tau_F^{(a)}(\omega)$ であらわす. τ_Fより前には $x^{(a)}(t)$ はFの上にあるが, τ_Fと$\tau_F+\varepsilon$との間にはFから出ることが必ずある. τ_FではFの上にあるか否かはわからない. $x^{(a)}(t)$ が $t=\tau_F$ で連続であれば, $x^{(a)}(\tau_F)$ はFの境界(これはFに含まれる)上にある. τ_FはMARKOFF時間である. なぜならば

$$\{\omega/\tau_F < t\} = \bigcup_{s<t}\{\omega/x^{(a)}(s,\omega) \in F^c\} = \bigcup_{r<t}\{\omega/x^{(a)}(r,\omega) \in F^c\}$$

(ただしrは有理数のみ動く変数とする). 右の等号がなりたつのは F^c が開集

合であること，$x^{(a)}(s,\omega)$ は右連続であることから明らかである．上の式の右辺は $\boldsymbol{B}_t$ に属する集合の可算和であってやはり $\boldsymbol{B}_t$ に属する．

(vii) U を R の開集合とする．U の最小通過時間 τ_U を τ_F と同様に定義する．特に $X^{(a)}(t)$ が R 上の拡散過程であるとしよう．R の位相的性質により，U に内部から近づく閉集合列

$$F_1 \subset F_2 \subset \cdots \subset F_n \subset \cdots \to U$$

を考えると

$$\tau_{F_1} \leqq \tau_{F_2} \leqq \cdots \to \tau_U$$

である．ゆえに (vi) と (ii) により τ_U も MARKOFF 時間である．

(viii) 上の (vi) において特に F が 1 点 a のとき，$\tau = \tau_F^{(a)}(\omega)$ を考えてみよう．これは a から出発した $x^{(a)}(t)$ が初めて a を去る時間である．あるいは a に停留する時間といってもよい．τ の分布を求めてみよう．

$$p(t) = P(\tau > t)$$

とおくと，MARKOFF 性を用いて

$$p(t+s) = p(t)p(s)$$

となる．実際

$$\begin{aligned} p(t+s) &= P(x^{(a)}(u) = a, 0 \leqq u \leqq t+s) \\ &= P(x^{(a)}(u) = a, 0 \leqq u \leqq t \text{ かつ } x^{(a)}(t+v) = a, 0 \leqq v \leqq s) \\ &= E\{P(x^{(a)}(t+v) = a, 0 \leqq v \leqq s/\boldsymbol{B}_t); x^{(a)}(u) = a, 0 \leqq u \leqq t\} \\ &= E\{P(x^{(b)}(v) = a, 0 \leqq v \leqq s)_{b=x^{(a)}(t)}; x^{(a)}(u) = a, 0 \leqq u \leqq t\} \\ &= E\{P(x^{(a)}(v) = a, 0 \leqq v \leqq s); x^{(a)}(u) = a, 0 \leqq u \leqq t\} \\ &= p(s) \cdot p(t). \end{aligned}$$

したがって $p(t) \equiv 0$ かまたはつねに $p(t) > 0$，$p(t) \leqq 1$ であるから後者の場合には $p(t) = e^{-\lambda t}$ $(\lambda \geqq 0)$．$\lambda = 0$ のときには $p(t) \equiv 1$．$\lambda > 0$ のときには $p(t)$ は t が 0 から ∞ まで増加するとき 1 から 0 に減少する：

$p(t) \equiv 0$ のときには a から出発しても次の瞬間に a から出る．すなわち ε をいかに小さい正数としても $0 < t < \varepsilon$ の間に a から離れる時がある．a は**瞬間状態** (instantaneous state) または**瞬間滞在点**という．

$p(t) \equiv 1$ のときには a から出発したら, a から離れることは永久にできない. これを**わな** (trap) という.

$p(t) = e^{-\lambda t}$ ($\lambda > 0$) のときには τ の分布は**指数型** (exponential type) であって, この τ を**指数型滞在時間** (exponential holding time, exponential waiting time) といい, a を**指数型滞在点**という.

(A) a が trap であること, (B) $P(t, a, E) = \delta(a, E)$, $t > 0$,

(C) $T_t f(a) = f(a)$, $t > 0$, $f \in \boldsymbol{C}$, (D) $Af(a) = 0$, $f \in \mathfrak{D}(A)$

はたがいに同等である. (A)→(B)→(C)→(D) は明らかである. (D) を仮定すれば, $f \in \mathfrak{D}(A)$ に対して $T_t f \in \mathfrak{D}(A)$ であるから

$$\frac{dT_t f(a)}{dt} = AT_t f(a) = 0$$

で $T_t f(a) = f(a)$ となる. $\overline{\mathfrak{D}(A)} = \boldsymbol{C}$ であるから, これから (C) が出る. (C)→(B) は明らか. (B) を仮定すると

$$P(x^{(a)}(t) = a) = 1, \quad t > 0$$

である. したがって $P(x^{(a)}(t) = a,\ t = \text{有理数} > 0) = 1$. $x^{(a)}(t)$ は右連続であるから $P(x^{(a)}(t) = a,\ t > 0) = 1$ すなわち a は trap である.

(ix) 拡散過程には指数型滞在点はない.

証明 a が trap でないならば, $Af(a) \neq 0$ なる $f \in \mathfrak{D}(A)$ がある. また a から離れる最初の時間を τ とすれば, τ は有限 MARKOFF 時間である. しかも拡散過程は連続であるから $x^{(a)}(\tau) = a$. ゆえに (v) の DYNKIN の補題により

$$f(a) = -Af(a) \cdot E(\tau) + f(a) \quad \text{すなわち} \quad E(\tau) = 0,$$

したがって $P(\tau = 0) = 1$. これは a が瞬間滞在点であることを意味する.

(x) a が M (閉または開集合) の内点であれば $E(\tau_M^{(a)}) > 0$.

証明 もし 0 に等しいならば, $P(\tau_M^{(a)} = 0) = 1$. したがって

$$P(x^{(a)}(0+) \notin M^i) = 1.$$

しかるに $P(x^{(a)}(0+) = a) = 1$. これは $a \in M^i$ に矛盾する.

(xi) a が trap でないならば, a の近傍 U があって $E(\tau_U^{(b)})$ は $b \in U$ について一様に有界である. 特に拡散過程のときには任意の ε に対し U を適当にとって

$E(\tau_U^{(b)})<\varepsilon, b\in U$ とすることができる．しかし後者は一般の MARKOFF 過程に対しては必ずしもなりたたない．

証明　a は trap ではないから，$f\in\mathfrak{D}(A)$ があって $Af(a)\neq 0$．必要ならば $-f$ をとることにより $Af(a)>0$．Af は連続であるから，正数 α と a のある近傍 U があって $Af(b)>\alpha,\ b\in U$．前の DYNKIN の補題により

$$f(b)\leqq -\alpha E(\tau_U^{(b)})+\|f\|\quad すなわち\quad E(\tau_U^{(b)})\leqq\frac{1}{\alpha}(\|f\|-f(b))<\infty.$$

特に拡散過程ならば，$x^{(b)}(\tau_U^{(b)})\in\overline{U}$．$f$ の連続性により $\overline{U}$ の中で f の変動を $\alpha\varepsilon$ より小さく抑えることができる．したがって $f(x^{(b)}(\tau_U^{(b)}))<f(b)+\alpha\varepsilon$．DYNKIN の補題により

$$f(b)<-\alpha E(\tau_U^{(b)})+(f(b)+\alpha\varepsilon)\quad ゆえに\quad E(\tau_U^{(b)})<\varepsilon.$$

一般の場合にこのことがいえないのは，たとえば指数型滞在点 a を考えると，U をいくら小さくとっても $\tau_U^{(a)}$ は a の滞在時間 τ より大きく，しかも $E(\tau)>0$ であるから，$E(\tau_U^{(a)})$ を $E(\tau)$ より小さくできない．指数型滞在点をもつ MARKOFF 過程の存在は後にのべる．

§45　生成作用素に関する DYNKIN の定理

すでにのべたように

$$遷移確率\ P(t,x,E)\longleftrightarrow 半群\ T_t\longleftrightarrow \text{MARKOFF}\ 過程\ x^{(a)}(t)$$

の対応関係は 1 対 1 である．T_t の生成作用素 A を $P(t,x,E)$ の生成作用素とも $x^{(a)}(t)$ の生成作用素ともいう．$x^{(a)}(t)$ を用いて A を定めるのが次の DYNKIN の定理である．

定理 45.1　U を a の近傍，$\tau=\tau_U^{(a)}$ とする．

$$Df(U)=\frac{E(f(x^{(a)}(\tau)))-f(a)}{E(\tau)}$$

とおく ($E(\tau)=\infty$ のときには $Df(U)=0$ とする)．そうすると $f\in\mathfrak{D}(A)$ に対し

$$Df(U)\to Af(a)\quad (U\to a),\tag{45.1}$$

さらに $Df(U)$ が $U\to a$ のとき a の連続函数に近づくときには $f\in\mathfrak{D}(A)$ でしたがって上の (45.1) がなりたつ．

また $Df(U)\to Af(a)$ を詳しくいうと, U を十分小さくとれば

$$|Df(U)-Af(a)|\leqq\sup_{b\in U}|Af(b)-Af(a)|. \tag{45.2}$$

証明 a が trap のときには (45.2) の左辺は 0 であるから明らかである. a が trap でないときには τ は有限 MARKOFF 時間となるから, DYNKIN の補題により

$$f(a)=-E\int_0^\tau Af(x^{(a)}(t))dt+Ef(x^{(a)}(\tau)).$$

a が trap でないから, U を十分小さくとると $E(\tau)<\infty$. また a は U の内点であるから $E(\tau)>0$. 上の式から

$$\left|\frac{Ef(x^{(a)}(\tau))-f(a)}{E(\tau)}-Af(a)\right|\leqq\frac{1}{E(\tau)}E\int_0^\tau|Af(x^{(a)}(t))-Af(a)|dt$$

$$\leqq\sup_{b\in U}|Af(b)-Af(a)|\to 0\quad(U\to a).$$

$Df(U)$ が a の連続函数に近づくような f の全体を $\tilde{\mathfrak{D}}$, この f に対し $\lim Df(U)$ を $\tilde{A}f$ と定義すると, 上述のことから $\tilde{A}\supset A$. さて $\lambda-\tilde{A}$ が 1 対 1 であることをいう. $\tilde{A}u=\lambda u$ から $u=0$ を出せばよい. $u(x)$ の最小値を $u(a)$ とすれば, $\tilde{A}$ の定義により $\tilde{A}u(a)\geqq 0$ ゆえに $\lambda u(a)\geqq 0$, したがって $u(a)\geqq 0$ でつねに $u(x)\geqq 0$. また $\tilde{A}(-u)=\lambda(-u)$ であるから, $-u(x)\geqq 0$. ゆえに $u(x)\equiv 0$. かくして $(\lambda-\tilde{A})^{-1}$ が存在することがわかった. $\tilde{A}\supset A$ から

$$(\lambda-\tilde{A})^{-1}\supset(\lambda-A)^{-1}=R_\lambda,\quad \mathfrak{D}(R_\lambda)=C$$

であるから, $\supset$ は等号 $=$ となり $\tilde{A}=A$. ゆえに $\tilde{\mathfrak{D}}=\mathfrak{D}(A)$ となる.

さて上の $Df(U)$ を別の形に変形してみよう.

$$\pi_U(a,dy)=P(x^{(a)}(\tau)\in dy)$$

とおく. この測度の台は明らかに U^c に (特に拡散過程のときには U の境界 ∂U に) 含まれる.

$$Df(U)=\left\{\int_{U^c}\pi_U(a,dy)f(y)-f(a)\right\}\Big/E(\tau). \tag{45.3}$$

さらに $E(\tau)$ をかきかえるために $p_U(a)=E(\tau_U^{(a)})$ なる記号を導入する ($a\in$

U^c のときには $\tau_U^{(a)}\equiv 0$ したがって $p_U(a)=0$ とする).

$U\subset V$ ならば

$$p_V(a)=p_U(a)+\int \pi_U(a,dy)p_V(y) \tag{45.4}$$

を示そう.

$R^{[0,\infty)}$ の上の可測 ($\boldsymbol{B}(R^{[0,\infty)})$) 函数 ϕ_V をとって

$$\tau_V^{(a)}=\phi_V(x^{(a)}(\cdot))$$

とすることができる. これにはまず閉集合 F に対し

$$\phi_F(\xi)=\inf\{t/\xi(t)\in F^c, t\text{ は有理数}\}$$

とすると, $x^{(a)}(t)$ の右連続性と, F^c が開集合であることにより $\tau_F^{(a)}=\phi_F(x^{(a)}(\cdot))$. 開集合 V に対し, これを中から近似する閉集合列 $F_1\subset F_2\subset\cdots\to V$ をとって,

$$\phi_V(\xi)=\lim_{n\to\infty}\phi_{F_n}(\xi)$$

とすれば $\tau_V^{(a)}=\phi_V(x^{(a)}(\cdot))$ となる. さて

$$\begin{aligned}\tau_V^{(a)}&=\tau_U^{(a)}+\tau_V^{(a)}-\tau_U^{(a)}\\&=\tau_U^{(a)}+\phi_V(x^{(a)}(\tau_U^{(a)}+\cdot)).\end{aligned}$$

強 MARKOFF 性を考慮して

$$\begin{aligned}E(\tau_V^{(a)})&=E(\tau_U^{(a)})+E\{\phi_V(x^{(a)}(\tau_U^{(a)}+\cdot))\}\\&=E(\tau_U^{(a)})+E\{E\{\phi_V(x^{(a)}(\tau_U^{(a)}+\cdot))/\boldsymbol{B}_{\tau_U^{(a)}}\}\}\\&=E(\tau_U^{(a)})+E\{E\{\phi_V(x^{(b)}(\cdot))\}_{b=x^{(a)}(\tau_U^{(a)})}\}\\&=E(\tau_U^{(a)})+E\{E(\tau_V^{(b)})_{b=x^{(a)}(\tau_U^{(a)})}\},\end{aligned}$$

すなわち

$$\begin{aligned}p_V(a)&=p_U(a)+E\{p_V(x^{(a)}(\tau_U^{(a)}))\}\\&=p_U(a)+\int p_V(y)\pi_U(a,dy).\end{aligned}$$

こうして (45.4) は証明された. 前の $E(\tau)$ は $p_U(a)$ にほかならないから

$$E(\tau)=p_V(a)-\int \pi_U(a,dy)p_V(y).$$

こうして

$$Df(U)=\frac{\int\pi_U(a,dy)f(y)-f(a)}{\int\pi_U(a,dy)(-p_V(y))-(-p_V(a))} \tag{45.5}$$

となる.

§46 MARKOFF 過程の例

§35 や §40 にのべた遷移確率に対応する MARKOFF 過程に対して上の数節にのべた理論を適用してみよう.

例 1 有限状態 MARKOFF 過程 (MARKOFF process with finite states) まず §35 の例 1 (または §40 の例 1) についてのべよう. 記号はもとのままとする. ただ R の点を $\{1,2,\cdots,n\}$ であらわすことにする. $x^{(i)}(t)$ の見本過程は i から出発する第1種の不連続点のみをもつ函数で, しかもそのとる値が $1,2,\cdots,n$ のみであるから, 階段函数でなければならない. したがって i から出発すると, ある時間 τ だけ i にいて, 次に他の j に移り, そこである時間いて, 他の k に移るというように変化する. 1 点 i だけで開集合と考えられるから, $E(\tau)>0$ である. すなわち i は瞬間滞在点ではあり得ない. ゆえに i は指数滞在点か trap である. trap のときには $Af(i)$ が f の如何にかかわらず 0 となるから

$$a_{ij}=0,\quad j=1,2,\cdots,n$$

となる. 指数滞在点であれば, $P(\tau>t)=e^{-\lambda_i t}$, $E(\tau)=1/\lambda_i$ となるから, この λ_i と a_{ij} との関係は

$$\lambda_i=\sum_{j\neq i}a_{ij}=-a_{ii} \tag{46.1}$$

であることが証明される. t の小さい値に対し

$$p(t,i,i)=1+a_{ii}t+o(t) \tag{46.2}$$

となることは A の定義から明らかである. また τ の意味から

$$p(t,i,i)=e^{-\lambda_i t}+\varepsilon. \tag{46.3}$$

ここに ε は一度 i を離れてから再び戻ることにより, t において i にあった確率で, このことがおこるのには少くとも 2 回飛躍が必要であるから, その大きさはたかだか $O(t^2)$ である (厳密には強 MARKOFF 性を用いて証明できる). ゆえ

に (*46.3*) は

$$p(t,i,i)=1-\lambda_i t+o(t) \tag{46.4}$$

となり，これと (*46.2*) を比較して $\lambda_i=-a_{ii}$ が得られる．$x^{(i)}(t)$ の右連続性により $x^{(i)}(\tau)$ は i から移った新しい点である．したがって i と異なる j をとるわけであるが，その確率は

$$P(x^{(i)}(\tau)=j)=\frac{a_{ij}}{\lambda_i} \tag{46.5}$$

で与えられる．

$$P\{x^{(i)}(\tau)=j,\ \tau<T\}$$

$$=\sum_{k=1}^{n}P\left\{x^{(i)}(\tau)=\ .\ \frac{k-1}{n}T\leqq\tau<\frac{k}{n}T\right\}.$$

十分大きい n に対しては $[n^{-1}(k-1)T,\ n^{-1}kT]$, $k=1,2,\cdots,n$ のどちらか一つの中に2回飛躍のある確率はいくらでも小さい ($x^{(i)}(t)$ は階段函数であるから，T までの飛躍は有限である) から

$$=\sum_{k=1}^{n}P\left\{x^{(i)}(t),\ t\leqq\frac{k-1}{n}T\ \text{かつ}\ x^{(i)}\left(\frac{k}{n}T\right)=j\right\}+o(1).$$

MARKOFF 性を用いて

$$=\sum_{k=1}^{n}P\left\{x^{(i)}(t),\ t\leqq\frac{k-1}{n}T\right\}P\left\{x^{(i)}\left(\frac{T}{n}\right)=j\right\}+o(1).$$

しかるに

$$P\left(x^{(i)}\left(\frac{T}{n}\right)=j\right)=p\left(\frac{T}{n},i,j\right)=a_{ij}\frac{T}{n}+o(n^{-1})$$

であるから

$$=\sum_{k=1}^{n}e^{-\lambda_i\frac{k-1}{n}T}a_{ij}\frac{T}{n}+no(n^{-1})+o(1)$$

$$\to\int_0^T e^{-\lambda_i t}a_{ij}dt=\frac{a_{ij}}{\lambda_i}(1-e^{-\lambda_i T}).$$

$T\to\infty$ として (*46.5*) が得られる．

かくして $x^{(i)}(t)$ の変動は次のようになる．i から出発して指数型滞在時間 (平均 $\lambda_i^{-1}=(\sum_{j\neq i}a_{ij})^{-1}$) の後 j に a_{ij}/λ_i の確率で移る．ただし $a_{ij}=0\ (j\neq i)$

のときには i は trap である．j に移った後はまた同様の行動をして他の k に移る．こうして trap まで来れば，永久にとどまることになる．

DYNKIN の定理を用いると，(*46. 1*)，(*46. 5*) が直ちに求められる．i に近づく開集合としては i 自身をとることができる．i は trap でない場合だけ考えてよい．i における滞在時間 τ は指数型であることはわかっているから，その平均値を λ_i^{-1}，すなわちその分布を $P(\tau>t)=e^{-\lambda_i t}$ とする．$P(x^{(i)}(\tau)=j)$ を π_{ij} とすれば，これが DYNKIN の $\pi_U(a, dy)$ に相当する．ゆえに

$$Af(i)=\frac{\sum_{j\neq i}\pi_{ij}f(j)-f(i)}{\lambda_i^{-1}}=\sum_{j\neq i}\lambda_i\pi_{ij}f(j)-\lambda_i f(i).$$

他方において

$$Af(i)=\sum_{j\neq i}a_{ij}f(j)+a_{ii}f(i)$$

であるから，これを比較して

$$\lambda_i=-a_{ii}\left(=\sum_{j\neq i}a_{ij}\right),\quad \pi_{ij}=\frac{a_{ij}}{\lambda_i}$$

となる．これは (*46. 1*)，(*46. 5*) にほかならない．

例 2 WIENER 過程 $B(t,\omega)$ を WIENER 過程とし，$B(0,\omega)\equiv 0$ とする．これに対し

$$x^{(a)}(t,\omega)=a+B(t,\omega),$$

ただし

$$x^{(\infty)}(t,\omega)\equiv\infty$$

と定義すると $R=R^1\vee\{\infty\}$ の上の確率過程の系が得られる．これは

$$P(t,x,E)=\int_E N_t(y-x)dy$$

を遷移確率とする MARKOFF 過程となる．以後この MARKOFF 過程を WIENER 過程から導かれる MARKOFF 過程または簡単に WIENER 過程という．これは拡散過程である．

例 3 0 で反射壁 (reflecting barrier) をもつ WIENER 過程　前例の $x^{(a)}(t)$ に対し

$$y^{(a)}(t)=|x^{(a)}(t)|,\quad a\in[0,\infty]$$

と定義すれば, これは§35 例 3 (すなわち§40 例 3) に対応する MARKOFF 過程である. これも拡散過程である.

例 4 円周上の回転 周囲 1 の円周上を速度 1 で正の方向にまわる運動を考えてみる. 円周上の点は mod 1 の実数で与えられ, この運動は

$$x^{(a)}(t,\omega)=a+t\ (\mathrm{mod}\,1)$$

で定められる. これは

$$P(t,a,E)=\delta(a+t,E)$$

に対応する MARKOFF 過程である (§40 例 4 参照). これも拡散過程であるが, 初期値 a を与えると $x^{(a)}(t,\omega)$ は ω に無関係に $a+t\ (\mathrm{mod}\,1)$ となるから, いわゆる**決定論的** (deterministic) である.

例 5 WIENER 過程 (例 2) を mod 1 で考えると円周上の MARKOFF 過程が得られる. これを円周上の WIENER 過程という. これも拡散過程である (§40 例 5 参照).

§47 時間的に一様な加法過程

前節例 2 において WIENER 過程を $R=R^1\vee\{\infty\}$ の上の MARKOFF 過程と考えることができることを述べた. この考えを一般の時間的に一様な加法過程に及ぼすことができる.

いま $y(t,\omega), 0\leqq t<\infty$ を時間的に一様な加法過程とする. もちろん $y(0,\omega)=0$ としておく. $y(t,\omega)$ の分布を Φ_t とする. これはまた u の如何にかかわらず $y(u+t,\omega)-y(u,\omega)$ の分布にも等しい. 加法過程の性質により

$$\Phi_{t+s}=\Phi_t*\Phi_s \tag{47.1}$$

である. Φ_t は無限分解可能で, その特性函数 $\varphi_t(z)$ は

$$\left.\begin{aligned}&\varphi_t(z)=e^{t\psi(z)},\\&\psi(z)=imz-\frac{v}{2}z^2+\int_{-\infty}^{\infty}\left(e^{izu}-1-\frac{izu}{1+u^2}\right)n(du)\end{aligned}\right\} \tag{47.2}$$

の形で与えられる. ここに m は実数, $v\geqq 0$, n は

$$\int_{-\infty}^{\infty}\frac{u^2}{1+u^2}n(du)<\infty \tag{47.3}$$

を満たす測度である.

さて $a \in R = R^1 \vee \{\infty\}$ に対し

$$x^{(a)}(t, \omega) = a + y(t, \omega),$$

ただし

$$x^{(\infty)}(t, \omega) = \infty$$

と定めると, MARKOFF 過程が得られる. その遷移確率は

$$P(t, a, E) = \Phi_t(E(-)a), \quad E(-)a = \{\xi - a / \xi \in E\} \tag{47.4}$$

である. この遷移確率について CHAPMAN-KOLMOGOROFF の方程式をかくと, (47.1) となる.

この MARKOFF 過程に対する半群は

$$T_t f(x) = \int \Phi_t(dy(-)x) f(y) = \int \Phi_t(dy) f(y+x), \tag{47.5}$$

FOURIER 変換の作用素 $\mathfrak{F}$ を

$$\mathfrak{F}g(z) = \lim_{n\to\infty} \int_{-n}^{n} e^{izx} g(x) dx, \quad \mathfrak{F}d\mu(z) = \lim_{n\to\infty} \int_{-n}^{n} e^{izx} d\mu(x)$$

と定義する. 極限は超函数の意味でとる. $\mathfrak{F}$ は超函数の意味の FOURIER 変換である. (47.5) の両辺に $\mathfrak{F}$ を施して

$$\mathfrak{F}T_t f(z) = \varphi_t(-z)\mathfrak{F}f(z) = e^{t\psi(-z)}\mathfrak{F}f(z). \tag{47.6}$$

このように FOURIER 変換をしてみると, この半群はきわめて簡単な形のものであることがわかる. 次に上の式の両辺を t について LAPLACE 変換する.

$$\Re\psi(-z) = -\frac{v}{2} z^2 + \int_{-\infty}^{\infty} (\cos zu - 1) n(du) \leqq 0$$

であるから, 右辺は簡単に LAPLACE 変換できる. 左辺では $\mathfrak{F}$ と t による LAPLACE 変換とが交換可能として

$$\mathfrak{F}R_\lambda f(z) = \frac{1}{\lambda - \psi(-z)} \mathfrak{F}f(z). \tag{47.7}$$

また (47.6) から

$$\mathfrak{F}Af(z) = \psi(-z)\mathfrak{F}f(z),$$

すなわち

$$\mathfrak{F}Af(z) = \left\{ -imz - \frac{v}{2} z^2 + \int \left(e^{-izu} - 1 + \frac{izu}{1+u^2} \right) n(du) \right\} \mathfrak{F}f(z). \tag{47.8}$$

FOURIER 変換の性質から

$$\mathfrak{F}f'(z) = -iz\mathfrak{F}f(z), \quad \mathfrak{F}f''(z) = -z^2\mathfrak{F}f(z),$$

$$\mathfrak{F}\Delta_u f(z) = (e^{-izu}-1)\mathfrak{F}f(z),\ \text{ただし}\ \Delta_u f(x) = f(x+u)-f(x)$$

であるから，(*47.8*) の両辺の Fourier 逆変換を形式的に求めると

$$Af(x) = mf'(x) - \frac{v}{2}f''(x) + \int\left(f(x+u)-f(x)-\frac{u}{1+u^2}f'(x)\right)n(du) \quad (47.9)$$

となる．$\mathfrak{D}(A)$ を決定して，A を明確に定めることは面倒であろう．

§48　出生死亡過程

細菌の集団があるとし，その数が次の法則で変動するとせよ．1個の細菌が dt 時間に分裂して2個になる確率が高位の無限小を除いて $p\,dt$，この時間に死亡する確率を $q\,dt$ とする．しかも異なる細菌の死亡，分裂は互に独立とする．ある時刻 t において n 個あったものが $t+dt$ にいくつになるかを考えてみよう．l 個の分裂と m 個の死亡のある確率は

$$\frac{n!}{l!\,m!\,(n-l-m)!}(p\,dt)^l(q\,dt)^m(1-(p+q)dt)^{n-l-m}$$

であるが，これは (A) $l=0,\ m=0$, (B) $l=1,\ m=0$, (C) $l=0,\ m=1$ の場合を除いてはすべて dt の2乗以上の無限小となる．$t+dt$ における細菌数は (A) のときには n, (B) のときには $n+1$, (C) のときには $n-1$ である．したがって dt 時間後に n から k にうつる確率 $P(dt,n,k)$ は高次の無限小を除いて

$$\left.\begin{aligned} P(dt,n,n) &= 1-n(p+q)dt, \\ P(dt,n,n+1) &= \quad n\,p\,dt, \\ P(dt,n,n-1) &= \quad n\,q\,dt. \end{aligned}\right\} \quad (48.1)$$

ただし一度0になれば永久に0であるから

$$P(dt,0,0) = 1 \quad (48.2)$$

である．このような確率過程を**出生死亡過程** (birth and death process) という．また (*48.1*) をもう少し一般化して

$$\left.\begin{aligned} P(dt,n,n\ \ \ \ ) &= 1-(p_n+q_n)dt, \\ P(dt,n,n+1) &= \quad p_n\,dt, \\ P(dt,n,n-1) &= \quad q_n\,dt \end{aligned}\right\} \quad (48.1')$$

としたものも同じ名前でよぶ．たとえば n が増すにつれて食糧が得難くなり，分裂率が減少して，死亡率が高くなる場合には

$$p_1 > \frac{p_2}{2} > \frac{p_3}{3} > \cdots, \qquad q_1 < \frac{q_2}{2} < \frac{q_3}{3} < \cdots \tag{48.2'}$$

となっているわけである．特に $q_n \equiv 0$ のときには(純粋)**出生過程**(pure birth process)といい，$p_n \equiv 0$ のときには(純粋)**死亡過程**(pure death process)という．

さてこの確率過程を今までのべてきた MARKOFF 過程として論じようとすると一つの困難がおこる．それは状態空間が $\{0, 1, 2, 3, \cdots\}$ であってコンパクトではないことである．素朴な考えからは ∞ をつけ加え，

$$P(dt, \infty, \infty) = 1$$

とでも規定すればよいではないかと思えるが，これは必ずしも妥当ではないことおよびいかにしてこの難点を克服するかは後に示す．

この難点は今一応このままにして置いて先にすすもう．すでに有限個の状態の空間のときと同様にこの過程は次のようなものであろうと考えられる．n から出発すれば指数型滞在時間 τ(平均値 $= (p_n + q_n)^{-1}$) の後に $n+1$ または $n-1$ に移る．両者の確率は p_n/p_n+q_n, q_n/p_n+q_n である．新しい状態 $n-1$ または $n+1$ から同様につづけて進行する．

まず死亡過程について考える．以後 q_n はすべて正とする．この場合には細菌数は減少する一方である．そうして遂にはその数は0となって絶滅する．そこで**絶滅時間**(extinction time)の分布を求めてみよう．これはもちろん MARKOFF 時間であるが，それは今はどうでもよい．n から出発して $n \to n-1 \to \cdots \to 1 \to 0$ と進むから，k にとどまる時間を τ_k とすれば，絶滅時間 ε_n は

$$\varepsilon_n = \tau_n + \tau_{n-1} + \cdots + \tau_1$$

である．$\tau_n, \tau_{n-1}, \cdots, \tau_1$ はすべて独立で，それぞれ平均値 q_k^{-1}, $k = n, n-1, \cdots, 1$ の指数分布 $F_k(t) = 1 - e^{-q_k t}$ に従うから，ε_n の分布はその重畳である．ε_n の平均値を求めると

$$E(\varepsilon_n) = \sum_1^n E(\tau_k) = \sum_1^n q_k^{-1} < \infty$$

となる．したがって $P(\varepsilon_n<\infty)=1$ でいかに多くの数から出発しても早晩絶滅することになる．

$P(t,n,k)$ を定めるために，分布 $F_k,\cdots,F_n$ の重畳を $F_{k,n}$ とかくことにする．これは明らかに $\tau_n+\tau_{n-1}+\cdots+\tau_k$ の分布があって，$F_{k,n}(t)$ は t までの間に $k-1$ 以下になる確率である．したがって t において k にある確率は

$$P(t,n,k)=F_{k+1,n}(t)-F_{k,n}(t),\quad k=0,1,2,\cdots,n-1,n,$$

ただし
$$F_{0,n}(t)=0,\quad F_{n+1,n}(t)=1.$$

さてもしこれが $\{1,2,\cdots,n,n+1,\cdots\}$ に ∞ をつけ加えてコンパクト化した空間 R の上の遷移確率となるためにはこれを拡張して適当に $P(t,\infty,k)$, $k=0,1,2,\cdots,\infty$ を定義しなければならない．そのためには R の上の連続函数 $f(n)$ に対して

$$T_tf(n)=\sum p(t,n,k)f(k)$$

が連続となるようにする必要がある．∞ 以外の R の点はすべて孤立点であるから，連続とは ∞ で極限値と値とが一致することに他ならない．たとえば $f(m)=\delta_{mk}$, $k\neq\infty$ は連続で，これに対して $T_tf(n)=P(t,n,k)$ となるから，

$$\lim_{n\to\infty}P(t,n,k)=P(t,\infty,k),\quad k\neq\infty$$

が必要となる．この極限を求めるために $\lim_{n\to\infty}F_{kn}(t)$ を求めよう．$F_{kn}(t)$ は $\tau_n^n+\tau_{n-1}^n+\cdots+\tau_k^n$ の分布函数（肩に n をつけたのは状態 n から出発することを注意するためである）であるが $\tau_n^{n+1},\tau_{n-1}^{n+1},\cdots,\tau_k^{n+1}$ はそれぞれ $\tau_n^n,\tau_{n-1}^n,\cdots,\tau_k^n$ と同じ分布に従うから $\tau_n^{n+1}+\tau_{n-1}^{n+1}+\cdots+\tau_k^{n+1}$ も $\tau_n^n+\tau_{n-1}^n+\cdots+\tau_k^n$ と同じ分布に従う．ゆえに

$$\begin{aligned}F_{k,n+1}(t)&=P(\tau_{n+1}^{n+1}+\tau_n^{n+1}+\cdots+\tau_k^{n+1}\leqq t)\leqq P(\tau_n^{n+1}+\cdots+\tau_k^{n+1}\leqq t)\\&=P(\tau_n^n+\cdots+\tau_k^n\leqq t)=F_{k,n}(t)\end{aligned}$$

である．ゆえに $F_{k,n}(t)$ は n と共に単調減少し，極限値 $G_k(t)(\geqq 0)$ をもち，

$$P(t,\infty,k)=G_{k+1}(t)-G_k(t).$$

したがって

$$P(t,\infty,\infty)=1-\sum_{k\neq\infty}P(t,\infty,k)=1-\lim_{m\to\infty}\sum_{k=0}^{m}(G_{k+1}(t)-G_k(t))$$
$$=1-\lim_{m\to\infty}G_{m+1}(t).$$

ここで二つの場合を区別する.

(i) $\sum_1^\infty q_k^{-1}=\infty$ のとき, $F_{k,n}(t)\downarrow G_k(t)$ ($\geqq 0$) であるから, $\lambda>0$ に対し

$$\int_0^\infty e^{-\lambda t}G_k(t)dt=\lim_{n\to\infty}\int_0^\infty e^{-\lambda t}F_{k,n}(t)dt$$
$$=\lim_{n\to\infty}\frac{1}{\lambda}\int_0^\infty e^{-\lambda t}dF_{k,n}(t).$$

分布 $F_{k,n}(t)$ は $F_k, F_{k+1}, \cdots, F_n$ の重畳であるから,

$$=\lim_{n\to\infty}\frac{1}{\lambda}\prod_{\nu=k}^{n}\int_0^\infty e^{-\lambda t}dF_\nu(t)$$
$$=\lim_{n\to\infty}\frac{1}{\lambda}\prod_{\nu=k}^{n}\left(1+\frac{\lambda}{q_k}\right)^{-1}=\frac{1}{\lambda}\prod_{\nu=k}^{\infty}\left(1+\frac{\lambda}{q_k}\right)^{-1}.$$

$\sum q_k^{-1}=\infty$ により, この無限積は0に等しく, $G_k(t)$ は $F_{k,n}(t)$ と共に t に関して単調増加であるから, $G_k(t)\equiv 0$ でなければならない. ゆえに

$$P(t,\infty,\infty)=1 \quad したがって \quad P(t,\infty,k)=0,\quad k\neq\infty$$

であってこの場合は ∞ は trap となり, 前述の素朴な考えでよいことになる.

(ii) $\sum_1^\infty q_k^{-1}<\infty$ のときには, 前に0となった無限積は常に正である. しかも $k\uparrow\infty$ としたとき1に近づき

$$\lim_{k\to\infty}\int_0^\infty e^{-\lambda t}G_k(t)dt=\frac{1}{\lambda}.$$

$G_k(t)$ は $F_{k,n}(t)$ と共に t について単調増加であるから,

$$\int_0^\infty e^{-\lambda t}\lim_{k\to\infty}G_k(t)dt=\frac{1}{\lambda}$$

となる. これから

$$\lim_{k\to\infty}G_k(t)\equiv 1.$$

したがって $$P(t,\infty,\infty)=0,\quad \sum_{k\neq\infty}P(t,\infty,k)=1$$

となる. すなわち ∞ は瞬間滞在点となり, ∞ から有限点への移行が重要とな

る．この場合前述の素朴な考えは許されないわけである．

以上のいずれの場合にも有限点から無限大に到達することはないが，(i) の場合には ∞ の近くでは減少の度が弱くなるので，その自然な延長として ∞ は trap とせざるを得ないのである．これに対し (ii) の場合には ∞ に近づくほど減少がひどくなるので，∞ でもそこから直ちに有限の所にもどされるのである．有限の所は常に指数型滞在点であるから，R の点を横軸，時間を縦軸にして，∞から出発する見本過程のグラフをかくと図 48.1 のようになる．

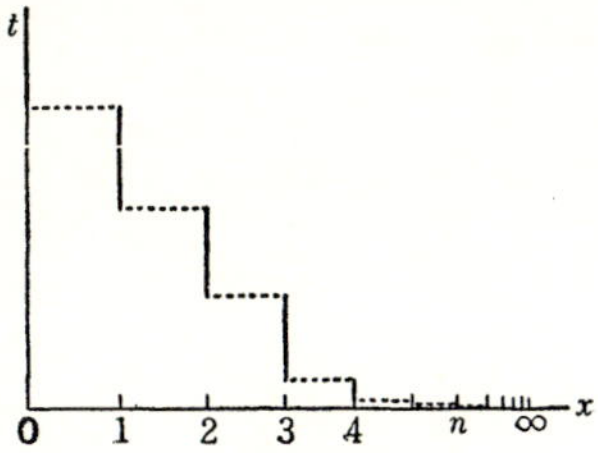

図 48.1

次に出生過程についてのべる．ただし $p_n\ (n\geqq 1)$ はすべて正としておく．0 はもちろん trap である．この場合には $n\ (\geqq 1)$ から出発すれば増加の一路を辿る．n から出発して $m\ (>n)$ まで増加する時を τ_{nm} とすれば，前と同様に

$$E(\tau_{nm})=\sum_{n}^{m-1}p_\nu^{-1}<\infty.$$

したがって n から確実に m に達する．もし

$$\sum_{1}^{\infty}p_n^{-1}<\infty$$

ならば，1 から出発して（したがって n から出発しても）有限時間 τ 内にいかなる大きい数をもこえてしまう．したがって適当に大きい t に対しては

$$\sum_{m\neq\infty}P(t,n,m)<1$$

となる．ゆえに $R=\{1,2,3,\cdots,\infty\}$ の上に Markoff 過程を定義したいならば

$$P(t,n,\infty)=1-\sum_{m\neq\infty}P(t,n,m)$$

とする必要がある．$P(t,n,m)\equiv 0,\ m<n$ であるから $P(t,\infty,m)=\lim_{n\to\infty}P(t,n,m)=0$ としなければならない．すなわち ∞ は trap となる．しかも有限点 n からは有限の時間 τ_n で ∞ に到達し

$$E(\tau_n)=\sum_{n}^{\infty}p_\nu^{-1}<\infty$$

である．この τ_n は MARKOFF 時間であって，これを**爆発時間** (explosion time) という．

もし

$$\sum_1^\infty p_n^{-1} = \infty$$

とすれば，

$$E\{e^{-\lambda\tau_{nm}}\} = \prod_{\nu=n}^{m-1}\int_0^\infty e^{-\lambda t}e^{-tp_\nu}p_\nu dt = \prod_{\nu=n}^{m-1}\left(1+\frac{\lambda}{p_\nu}\right)^{-1}$$

$$\to 0 \quad (m\to\infty).$$

ゆえに $\tau_n = \lim_m \tau_{nm}$ とすれば $E(e^{-\lambda\tau_n}) = 0$ で $P(\tau_n = \infty) = 1$. すなわち永久に爆発することはなくて，

$$\sum_{m\neq\infty} P(t, n, m) = 1$$

となる．∞ は前と同様の理由で trap である．

出生死亡過程の場合には p_n, q_n の大きさの関係からいろいろの興味ある現象がおこるが，これは省略する．

第 5 章　拡　　　散

§49　拡散点

$x^{(a)}(t,\omega)$ を R の中を動く MARKOFF 過程とする．記号や条件はすべて前章にのべた通りとする．$x^{(a)}(t,\omega)$ の見本過程は第1種の不連続点しかもたない．U を R の開部分集合とする．U の中の任意の点 a から出発した $x^{(a)}(t,\omega)$ が U の最小通過時間 $\tau=\tau_U^{(a)}$ までの間（τ 自身を含む）連続である確率が1であるときこの MARKOFF 過程は U の中で**拡散的**であるという．上の連続性の仮定から $x^{(a)}(\tau_U^{(a)})$ は U の境界 ∂U の上にある．

$b\in R$ が**拡散点**であるとは b の適当な近傍の中で $x^{(a)}(t)$ が拡散的であることである．拡散点の集合は明らかに開集合である．

一般に作用素 S が x で**局所的** (local) であるとは x の近傍で $f=g$ なる $f,g\in\mathfrak{D}(S)$ に対し $Sf(x)=Sg(x)$ なることである．

定理 49.1　$x^{(a)}(t,\omega)$ の生成作用素 A はこの MARKOFF 過程の拡散点で局所的である．

証明　a が拡散点であるとせよ．a の拡散的な近傍を U とすれば，U に含まれる a の近傍はすべて拡散的である．さて $f_1,f_2\in\mathfrak{D}(A)$ とし a の近傍 V で $f_1=f_2$ であるとせよ．DYNKIN の定理によれば

$$Af_i(a)=\lim_{W\downarrow a}\frac{Ef_i(x^{(a)}(\tau_W))-f_i(a)}{E(\tau_W)}$$

である．さて W を $\overline{W}\subset U\cap V$ なるようにとれば，$x^{(a)}(\tau_W)\in U\cap V$ であって，$Af_1(a)=Af_2(a)$ となる．

§50　RAY の定理

R の上の MARKOFF 過程 $x^{(a)}(t)$ を考えよう．R の点 b が**1次元点**であるとは b の近傍で線分と位相同型なものがあることである．このことは R のみに関する性質で $x^{(a)}(t)$ には関係なく考えられることである．1次元点は明らかに開集合である．b が R の1次元点でかつ $x^{(a)}(t)$ の拡散点であるとき，b を $x^{(a)}(t)$

の**1次元拡散点**という．このような点の全体も開集合である．

b を拡散点とし，U を b の近傍とする．b から出発する MARKOFF 過程 $x^{(b)}(t)$ は，b が拡散点であるということから，十分短かい時間には U の外にでる確率 $P(t,b,U^c)$ がきわめて小さいことが想像される．これが $o(t)$ であることを主張するのが本節にのべる RAY の定理である．

定理 50.1 b が $x^{(a)}(t)$ の1次元拡散点ならば

$$P(t,b,U^c)=o(t),\quad U \text{ は } b \text{ の近傍}. \tag{50.1}$$

証明 仮定により b の適当な近傍の中で $x^{(a)}(t)$ は拡散的である．上の U は小さくなるほど $P(t,b,U^c)$ は大きくなるから，U の中で $x^{(a)}(t)$ が拡散的である場合だけについて証明しておけばよい．b は線分に位相同型な近傍をもつから，b のある近傍内の点は対応する線分上の点すなわち実数であらわしておいてよい．そうして U も (u_1,u_2) と考えてよい．

もし (50.1) がなりたたないとすれば，$t_n\downarrow 0$, $c>0$ が存在して

$$P(t_n,b,U^c)>ct_n \tag{50.2}$$

となる．今 $\tau_1^{(b)}$ を $x^{(b)}(t,\omega)$ が初めて u_1 の側から U を出る時間とする．$x^{(b)}(t,\omega)$ が永久に U 内にあるか，または u_2 の側から U を出るときには，$\tau_1^{(b)}=\infty$ と規定する．もう少し厳密にいうと，次のようになる．U の最小通過時間を $\tau_U^{(b)}$ とする．もし $\tau_U^{(b)}<\infty$ であれば，U の中で $x^{(a)}(t)$ が拡散的であることから $x^{(b)}(\tau_U^{(b)})$ は U の境界点 u_1 か u_2 に等しい．

$$\tau_1^{(b)}=\begin{cases}\tau_U^{(b)}, & x^{(b)}(\tau_U^{(b)})=u_1 \text{ のとき},\\ \infty, & \text{他の場合}\end{cases}$$

と定義する．u_1 の代りに u_2 として $\tau_2^{(b)}$ を定義する．(50.2) から

$$P(\tau_1^{(b)}\leqq t_n)+P(\tau_2^{(b)}\leqq t_n)\geqq P(x^{(b)}(t_n)\in U^c)>ct_n.$$

ゆえに

$$P(\tau_1^{(b)}\leqq t_n)>\frac{c}{2}t_n$$

が無限個の n に対してなりたつか，

$$P(\tau_2^{(b)}\leqq t_n)>\frac{c}{2}t_n$$

が無限個の n に対してなりたつ．どちらからも矛盾が出ることを示せばよいが，同じことであるから後者から矛盾を出そう．記号をつけかえて

$$P(\tau_2^{(b)} \leqq t_n) > ct_n, \quad c>0, \quad t_n \downarrow 0 \tag{50.3}$$

から矛盾を出すことにする．

b と u_2 との間に y をとれば

$$P(\tau_2^{(b)} \leqq t_n) \leqq P(\tau_2^{(b)} - \tau_2^{(b)}(y) \leqq t_n, \ \tau_2^{(b)}(y) \leqq t_n).$$

ここに $\tau_2^{(b)}(y)$ は上の U のかわりに (u_1, y) を用いて定義した $\tau_2^{(b)}$ である．強 MARKOFF 性により

$$\begin{aligned} &= E\{P(\tau_2^{(b)} - \tau_2^{(b)}(y) \leqq t_n / B_{\tau_2}^{(b)}(y))\,;\, \tau_2^{(b)}(y) \leqq t_n\} \\ &= E\{P(\tau_2^{(y)} \leqq t_n)\,;\, \tau_2^{(b)}(y) \leqq t_n\} \\ &\leqq P(\tau_2^{(y)} \leqq t_n) \end{aligned}$$

($\tau_2^{(y)}$ は $U=(u_1, u_2)$ に対し，b のかわりに y とおいて $\tau_2^{(b)}$ と同様に定めたものである)．したがって (50.3) により $b \leqq y < u_2$ に対し

$$P(\tau_2^{(y)} \leqq t_n) > ct_n, \quad c>0, \quad t_n \downarrow 0 \tag{50.4}$$

となる．

$\varepsilon = (u_2 - b)/4 \ (>0)$, $a = b + 2\varepsilon$ とおき，

$$y(t, \omega) = \begin{cases} x^{(a)}(t, \omega), & t < \tau_U^{(a)}, \\ x^{(a)}(\tau_U^{(a)}, \omega), & t \geqq \tau_U^{(a)} \end{cases}$$

とおくと，$y(t)$ の見本過程は連続であって，常に $[u_1, u_2]$ の中にある．ゆえに s を十分小さくとれば

$$P(a - \varepsilon < y(t) < a + \varepsilon, \ 0 \leqq t \leqq s) > \frac{1}{2}. \tag{50.5}$$

$y(t)$ の見本過程は $0 \leqq t \leqq s$ で一様連続であるから，

$$\begin{aligned} \alpha_n &= P(\text{ある } k(kt_n \leqq s) \text{ に対し } y((k-1)t_n) < a+\varepsilon, \ y(kt_n) = u_2) \\ &\to 0 \quad (n \to \infty). \end{aligned} \tag{50.6}$$

しかるに

$$\alpha_n \geqq \sum_{k=1}^{[s/t_n]} P(a - \varepsilon < y(t) < a + \varepsilon, \ 0 \leqq t \leqq (k-1)t_n \text{ かつ } y(kt_n) = u_2)$$

$y(t)$ は $\boldsymbol{B}_t$ に関して可測であるから

$$=\sum_{k=1}^{[s/t_n]} E\{P(y(t_n)=u_2/\boldsymbol{B}_{(k-1)t_n});\, a-\varepsilon<y(t)<a+\varepsilon,\ 0\leqq t\leqq (k-1)t_n\}$$

$$=\sum E\{P(\tau_2^{(b)}\leqq t_n)_{b=x^{(a)}((k-1)t_n)};\, a-\varepsilon<y(t)<a+\varepsilon,\ 0\leqq t\leqq (k-1)t_n\}.$$

$x^{(a)}((k-1)t_n)$ は $\{a-\varepsilon<y(t)<a+\varepsilon,\ 0\leqq t\leqq (k-1)t_n\}$ の上では $y((k-1)t_n)$ に等しく，したがって $(a-\varepsilon, a+\varepsilon)$ の中にある．$(a-\varepsilon, a+\varepsilon)\subset[b, u_2)$ であるから，(50.4) により $P(\tau_2^{(b)}\leqq t_n)_{b=x^{(a)}((k-1)t_n)}$ は ct_n より大である．

$$\alpha_n \geqq \sum_k ct_n P(a-\varepsilon<y(t)<a+\varepsilon,\ 0\leqq t\leqq (k-1)t_n)$$

$$\geqq \frac{1}{2}ct_n[s/t_n] \geqq \frac{c}{4}s \quad (n\geqq 2)$$

となり，(50.6) と矛盾する．

定理 50.2 R の開集合 U が線分と位相同型とし，しかも U のすべての点が拡散点であるとせよ．F を U の閉部分集合とすれば，$b\in F$ に対して一様に

$$P(t, b, U^c)=o(t). \tag{50.7}$$

証明 U は小さく，F は大きくして証明すれば尚よいわけであるから，$\overline{U}$ の各点も1次元拡散点とし，F は閉線分 J と同型であるとしてもよい．$J=[b_1, b_2]$ とする．さて前定理により

$$P(t, b_i, U^c)=o(t), \quad i=1,2. \tag{50.8}$$

ここで $o(t)$ は i には無関係にできる．強 MARKOFF 性を用いて $b_1\leqq b\leqq b_2$ に対し

$$P(t, b, U^c)=\int_0^t \varphi_1(ds)P(t-s, b_1, U^c)+\int_0^t \varphi_2(ds)P(t-s, b_2, U^c)$$

$$=o(t).$$

ここに φ_i は $x^{(b)}(t)$ が (b_1, b_2) を b_i から出る時間の分布である．

定理 50.1 の証明を見ると

$$P(\tau_1^{(b)}<t)+P(\tau_2^{(b)}<t)=o(t)$$

が証明されていることがわかる．いま $x^{(b)}(s)$ が $0\leqq s\leqq t$ の間に U^c にくる確率を $Q(t, b, U^c)$ とかけば上の式の左辺は $Q(t, b, U^c)$ である．したがって

定理 50.3　上の2定理は $Q(t, b, U^c)$ に対してもなりたつ.

§51　局所生成作用素

MARKOFF 過程 $x^{(a)}(t)$ が点 b で局所性をもつとは, b の任意の近傍 U に対し

$$P\{x^{(b)}(t) \in U^c\} = P(t, b, U^c) = o(t) \tag{51.1}$$

のことである. 前節の RAY の定理によれば, $x^{(a)}(t)$ はその1次元拡散点では局所性をもつ.

以後 b で局所性をもつとして話をすすめる. $f(x)$ が $x = b$ の十分小さい近傍 V で連続かつ有界であるとき, もし

$$\lim_{t \downarrow 0} \frac{1}{t} \left\{ \int_V P(t, b, dy) f(y) - f(b) \right\} \tag{51.2}$$

が存在するならば, $f \in \mathfrak{D}(A_b)$ といい, この極限を $A_b f$ であらわす. b で局所性をもつということから, この定義は V のとり方には無関係である. A_b は次の性質をもつ.

(A_b.1)　(局所性)　$f \in \mathfrak{D}(A_b)$ かつ b の近くで ($= b$ のある近傍で) $f = g$ ならば, $g \in \mathfrak{D}(A_b)$ で

$$A_b f = A_b g.$$

(A_b.2)　(線型性)　$f, g \in \mathfrak{D}(A_b)$ ならば $\alpha f + \beta g \in \mathfrak{D}(A_b)$ で

$$A_b(\alpha f + \beta g) = \alpha A_b f + \beta A_b g.$$

(A_b.3)　(正型)　b の近傍で $f \geqq f(b)$, $f \in \mathfrak{D}(A_b)$ ならば $A_b f \geqq 0$. また明らかに

(A_b.4)　$f \in \mathfrak{D}(A)$ ならば $f \in \mathfrak{D}(A_b)$, $A_b f = Af(b)$.

これだけを準備として局所生成作用素 A_U を次のように定義する.

定義 5.1　開集合 U の各点が局所性をもつとき

$$\mathfrak{D}(A_U) = \left\{ f \middle/ \begin{array}{l} \text{すべての } b \in U \text{ に対し } f \in \mathfrak{D}(A_b),\ A_b f \\ \text{は } b \in U \text{ について連続} \end{array} \right\}$$

$$A_U f(b) = A_b f,\ b \in U$$

で定義される作用素 A_U を $x^{(a)}(t)$ の U における**局所生成作用素** (local generator) という.

はじめに注意したように1次元拡散点では局所性をもつから，そこで A_b を考えることができる．しかもこのときには A_b は次のようにも定義できる．

定義 5.2　$P_U(t,a,E)=P\{\omega/x^{(a)}(t)\in E$ かつ $x^{(a)}(s)\in U,\ 0\leqq s\leqq t\}$

$$A_b f=\lim_{t\downarrow 0}\frac{1}{t}\left\{\int_U P_U(t,b,dy)f(y)-f(b)\right\}.$$

この定義の方が有用である．

両定義が一致することは

$$\left|\int_U P(t,b,dy)f(y)-\int_U P_U(t,b,dy)f(y)\right|$$

$$\leqq\int_U (P(t,b,dy)-P_U(t,b,dy))|f(y)|$$

$$\leqq\sup_U|f|\cdot P\{\text{ある }0\leqq s\leqq t\text{ に対し }x^{(a)}(s)\notin U\}.$$

この確率は前節定理 50.3 により $o(t)$ である．

§52　1次元拡散点の分類

1 次元拡散点の全体は開集合でたかだか可算個の連結成分の直和としてあらわされる．しかも各成分は実数の開区間と同位相である．いまその一つ I をとり，I は (r_1,r_2) と同位相とすると，I の点は (r_1,r_2) の中の実数であらわすことができる．

$b\in I$ とせよ．$x^{(b)}(t)$ が $0\leqq t<\tau_I^{(b)}$ で連続である確率は1である．さて，

$$P(0\leqq t<\tau_I^{(b)}\text{ なる }t\text{ に対して }x^{(b)}(t)\geqq b)=1 \tag{52.1}$$

であるとき，**b を右通過点** (right translation point) という．

U を I に含まれる b の近傍とする．常に $\tau_U^{(b)}\leqq\tau_I^{(b)}$ であるから，b が右通過点であれば

$$P(0\leqq t<\tau_U^{(b)}\text{ なる }t\text{ に対して }x^{(b)}(t)\geqq b)=1 \tag{52.2}$$

となるが，逆にこの条件から b が右通過点となることがわかる．これを証明する．τ を $x^{(b)}(t)$ が $[b,r_2]$ を b の側から出る最初の時間とする．このことが起らないときには $\tau=\infty$ とする．τ は MARKOFF 時間である．$\tau_n=\min(\tau,n)$ とおくと τ_n は有限 MARKOFF 時間である．証明すべきことは $P(\tau<\infty)=0$ で

ある．

$$P(\tau<\infty)=\lim_{n\to\infty}P(\tau<n)=\lim_{n\to\infty}P(\tau_n<n)$$

であるから，$P(\tau_n<n)=0$ を証明すればよい．τ の定義により

$$\begin{aligned}0&=P(\tau<n \text{ かつ十分小さい } t \text{ に対し } x^{(b)}(\tau_n+t)\geqq b)\\&=P(\tau_n<n \text{ かつ十分小さい } t \text{ に対し } x^{(b)}(\tau_n+t)\geqq b)\\&=E\{P\{\text{十分小さい } t \text{ に対し } x(\tau_n+t)\geqq b/\boldsymbol{B}_{\tau_n}\};\ \tau_n<n\}\\&=E\{P\{\text{十分小さい } t \text{ に対し } x^{(b)}(t)\geqq b\};\ \tau_n<n\}\\&\geqq E\{P\{0\leqq t<\tau_U^{(b)} \text{ に対し } x^{(b)}(t)\geqq b\};\ \tau_n<n\}\\&=p\{\tau_n<n\}.\quad\text{（仮定 (52.2) による）}\end{aligned}$$

(52.1) において $x^{(b)}(t)\geqq b$ を $x^{(b)}(t)\leqq b$ でおきかえて**左通過点** (left translation point) を定義する．(52.2) と同様にこの定義でも I を b の任意の近傍 $U(\subset I)$ でおきかえてよい．

右通過点でかつ左通過点でもある点は実は trap である．右通過点であるが，trap でない点を**純右通過点**という．同様に**純左通過点**も定義する．I の点で右通過点でも左通過点でもないものを**正則点** (regular point) という．

左通過点，右通過点，純左通過点，純右通過点，正則点，trap の全体をそれぞれ Λ_l, Λ_r, Λ_{pl}, Λ_{pr}, Λ_2, Λ_t であらわす．

I は実数の開区間と同型であるといっても，I とこの区間との位相同型な対応は幾通りもあるが，これを向きにより2通りに分ける．I の中の任意の2点をとり，これに対応する実数の大小がどうなるかで2種類に分ける．この分類は2点のとり方には関係しない．同じ向きの二つの表示については左，右通過点の定義は一致するが，反対向きの表示では左，右が入れかわる．しかし trap や正則点の定義はどの表示をとっても同じことである．

(i)　b を右通過点とするとき，$x^{(a)}(t)$ が b を右から左へ切る確率は0である

証明　b を右から左へはじめて切る時を τ とすれば，τ は Markoff 時間である．（このようなことがおこらなければ $\tau=\infty$ とする．）前に (52.2) から (52.1) を導いたときと同じ論法で $P(\tau<\infty)=0$ が証明される．

(ii) $b<a<r_2$ なるすべての a に対し

$$P\{0\leqq t<\tau_I^{(a)}\ \text{なる}\ t\ \text{に対し}\ x^{(a)}(t)\geqq b\}=1 \tag{52.3}$$

であれば, b は右通過点である.

仮定により t を定めたとき, $b<a<r_2$ に対し

$$P\{\tau_I^{(a)}\leqq t\ \text{または}\ b\leqq x^{(a)}(t)<r_2\}=1. \tag{52.4}$$

u_2 を b と r_2 との間にとり, r_1 と b の間に v_1, b と u_2 との間に v_2 をとる. RAY の定理により t と共に 0 に収束する $\delta(t)$ があって

$$P\{0\leqq s<t\ \text{に対し}\ x^{(a)}(s)\in(r_1,u_2)\}>1-\delta(t)\cdot t$$

となる. ここに $\delta(t)$ は $v_1\leqq a\leqq v_2$ なる a に対しては共通にとることができる. 特に $b<a\leqq v_2$ なる a に対しては仮定 (52.3) により

$$P\{0\leqq s<t\ \text{に対し}\ x^{(a)}(s)\in[b,u_2)\}>1-\delta(t)\cdot t.$$

したがってもちろん

$$P\{x^{(a)}(t)\in[b,u_2)\}>1-\delta(t)\cdot t,$$

すなわち

$$P(t,a,[b,u_2))>1-\delta(t)\cdot t.$$

$a\downarrow b$ のとき $P(t,a,\cdot)\to P(t,b,\cdot)$ (汎弱収束) であるから

$$P(t,b,[b,r_2))\geqq 1-\delta(t)\cdot t,$$

すなわち

$$P\{x^{(b)}(t)\in[b,r_2)\}\geqq 1-\delta(t)\cdot t.$$

したがってもちろん

$$P\{\tau_I^{(b)}\leqq t\ \text{または}\ b\leqq x^{(b)}(t)<r_2\}\geqq 1-\delta(t)\cdot t. \tag{52.5}$$

(52.4) からもちろん $b<a<r_2$ なる a に対し

$$P\{\tau_I^{(a)}\leqq t\ \text{または}\ b\leqq x^{(a)}(t)<r_2\}\geqq 1-\delta(t)\cdot t. \tag{52.6}$$

t を定めて

$$P\{0\leqq s<\min(\tau_I^{(b)},t)\ \text{なる}\ s\ \text{に対し}\ x^{(b)}(s)\in[b,r_2)\}=1 \tag{52.7}$$

を示せば, $t\uparrow\infty$ として b が右通過点なることがわかる. このためには, $x^{(b)}(s)$ が $0\leqq s<\tau_I^{(b)}$ で連続なることを考慮すると,

$$p\left\{\frac{k}{n}t<\tau_I^{(b)} \text{ なる } k(0\leqq k\leqq n) \text{ について } x^{(b)}\left(\frac{k}{n}t\right)\in[b, r_2)\right\}$$
$$\to 1 \qquad (n\to\infty)$$

を示せばよい．MARKOFF 性と (52.5) および (52.6) により

$$\text{上の確率} \geqq \left(1-\delta\left(\frac{t}{n}\right)\cdot\frac{t}{n}\right)^n > 1-\delta\left(\frac{t}{n}\right)\cdot t\to 1.$$

(iii)　Λ_r は閉集合である．

証明　$b_n\in\Lambda_r$, $b_n\to b$ として $b\in\Lambda_r$ を証明したらよい．$b_n\uparrow b$ または $b_n\downarrow b$ として一般性を失わない．

$b_n\uparrow b$ のとき，$b_n\in\Lambda_r$ により (i) を用いて

$$P\{0\leqq t<\tau_I^{(b)} \text{ なる } t \text{ に対し } x^{(b)}(t)\in[b_n, r_2)\}=1.$$

$n\to\infty$ として

$$P\{0\leqq t<\tau_I^{(b)} \text{ なる } t \text{ に対し } x^{(b)}(t)\in[b, r_2)\}=1,$$

すなわち

$$b\in\Lambda_r.$$

$b_n\downarrow b$ のとき，$b_n\in\Lambda_r$ により (i) を用いて，$a>b_n$ なる a に対して

$$P\{0\leqq t<\tau_I^{(a)} \text{ なる } t \text{ に対し } x^{(a)}(t)\in[b_n, r_2)\}=1.$$

したがってもちろん

$$P\{0\leqq t<\tau_I^{(a)} \text{ なる } t \text{ に対し } x^{(a)}(t)\in[b, r_2)\}=1$$

である．$b_n\downarrow b$ であるから，上のことは任意の $a>b$ に対してなりたつ．ゆえに (ii) により $b\in\Lambda_r$.

(iv)　Λ_l も閉集合である．したがって Λ_t も閉集合であり，Λ_2 は開集合である．

§53　FELLER の標準尺度

前節でのべたように 1 次元拡散点の集合は開集合でその各成分は実数の区間と同位相である．したがってこの成分の点を区間 (r_1, r_2) の中の点であらわすことにする．この中で正則点だけをとると，これはまた (r_1, r_2) の開部分集合でしたがってたかだか可算個の区間の直和となる．その区間またはその部分区間をとり，これを $I=(i_1, i_2)$ であらわすことにする．(i_1, i_2) の中の点はすべて

正則点である．これを**正則区間** (regular interval) ということにする．

I の部分区間 $J=(j_1,j_2)$ を $\bar{J}\subset I$ なるようにとる．J はその端点までこめて正則点のみからなる．$\bar{J}$ の点 a から出る $x^{(a)}(t)$ が j_1 より先に j_2 に到達する確率を $s(a;j_2,j_1)$, j_2 より先に j_1 に到達する確率を $s(a;j_1,j_2)$ とかくことにすると，

$$1-s(a;j_2,j_1)-s(a;j_1,j_2)$$

は J の中に永久にとどまる確率である．次の定理に示すように，この確率は 0 である．

定理 53.1

(A) a が j_1 から j_2 まで増加するとき $s(a;j_2,j_1)$ は 0 から 1 まで連続的に増加 (狭義) する．

(B) $s(a;j_2,j_1)+s(a;j_1,j_2)=1$.

証明 5段にわける．

(i) $j_1\leqq a<b\leqq j_2$ のとき

$$s(a;j_2,j_1)=s(a;b,j_1)s(b;j_2,j_1). \tag{53.1}$$

$s(a;j_2,j_1)$ は a から出て j_1 より j_2 に先に到達する確率であるが，このことがおこるためには a から出て j_1 より先に b に到達し，次に b から出て j_1 より先に j_2 に到達すべきである．$x^{(a)}(t)$ が j_1 より先に b に到達する時間 τ (もしかかることがなければ $\tau=\infty$) を考え，これは MARKOFF 時間であることに強 MARKOFF 性を用いて (*53.1*) が得られる．

(ii) $j_1<a<j_2$ ならば

$$0<s(a;j_2,j_1)<1. \tag{53.2}$$

このことを示すために，はじめに $s(a;j_2,j_1)=0$, $j_1<a<j_2$ なる a があるとして矛盾を出す．$a<b\leqq j_2$ なる b の中で $s(a;b,j_1)=0$ となるものの全体を B とする．明らかに $j_2\in B$. B の下限を b_0 とする．$j_1<a'<b_0$, $b\in B$ とせよ．もし $a'\leqq a$ ならば (i) により

$$s(a';b,j_1)=s(a';a,j_1)s(a;b,j_1)=0.$$

もし $a<a'<b_0$ ならば

$$0=s(a;b,j_1)=s(a;a',j_1)s(a';b,j_1)$$

であるが，$a'<b_0$ により $s(a;a',j_1)>0$．ゆえに $s(a';b,j_1)=0$．いずれにせよ $s(a';b,j_1)=0$ となることがわかった．これは

$$P\{0\leqq t<\tau_{J.}^{(a')} \text{ に対し } x^{(a')}(t)\leqq b\}=1$$

を意味する．b を B の中にとりつつ b_0 に近づけて

$$P\{0\leqq t<\tau_J^{(a')} \text{ に対し } x^{(a')}(t)\leqq b_0\}=1. \qquad (j_1<a'<b_0)$$

前節の(ii)により b_0 は左通過点である(前節では右通過点についてのべているが，これは左についても同様)．J の点はすべて正則点であるから，これは矛盾である．したがって $s(a;j_2,j_1)>0$．同様に $s(a;j_1,j_2)>0$，ゆえに

$$s(a;j_2,j_1)\leqq 1-s(a;j_1,j_2)<1.$$

(iii)　(i)と(ii)とから

$$j_1\leqq a<b\leqq j_2 \text{ のとき } \quad s(a;j_2,j_1)<s(b;j_2,j_1)$$

が得られる．これで(A)のうち連続性の部分以外の証明はすんだ．

(iv)　次に(B)を示す．$\alpha=1-s(a;j_2,j_1)-s(a;j_1,j_2)$ は $x^{(a)}(t)$ が永久に J の中にある確率である．$\alpha=0$ をいえばよい．U を開集合とし，$a\in U$ に対し $x^{(a)}(t)$ が永久に U の中にある確率が0であるとき，U を**発散的**であるということにしよう．$U\supset V$ で U が発散的なら V も同様である．$a\in J$ は trap ではないから，§44(xi)により十分小さい a の近傍 U に対しては $E(\tau_U^{(a)})<\infty$ であり，したがって $P(\tau_U^{(a)}<\infty)=1$ で U は発散的である．次に I の中の二つの開区間 $U_1=(u_1,v_1)$, $U_2=(u_2,v_2)$ $(u_1<u_2<v_1<v_2)$ が発散的であるとき，その和 $U=(u_1,v_2)$ もまた発散的であることを示そう．$a\in(u_1,v_1)$ とすると $x^{(a)}(t)$ の経路の中

$$a\to u_1,\quad a\to v_1\to v_2,\quad a\to v_1\to u_2\to u_1,$$
$$a\to v_1\to u_2\to v_1\to v_2,\quad \cdots$$

は U の外に出る場合で，永久に U の中にいるのは

$$a\to v_1\to u_2\to v_1\to u_2\to v_1\to u_2\to\cdots$$

のときである．(U_1,U_2 は発散的であるから，これ以外のことは起らない．)永久に U の中にある確率は

$$s(a;v_1,u_1)s(v_1;u_2,v_2)s(u_2;v_1,u_1)s(v_1;u_2,v_2)s(u_2;v_1,u_1)\cdots$$

であり，$s(v_1;u_2,v_2)<1$ であるから，この無限積は0である．$a\in(v_1,v_2)$ のときも同様である．

$\bar{J}$を発散的な有限個の区間でおおい (BOREL-LEBESGUE の被覆定理1)，上の結果を用いると，$\bar{J}$は発散的な一つの開区間でおおわれる．ゆえにJもまた発散的である．これは $\alpha=0$ を意味する．

(v) 最後に(A)の中で残された連続性を示す．まず

$$\lim_{b\uparrow j_2} s(a;b,j_1)=s(a;j_2,j_1) \tag{53.3}$$

を示そう．上の (iv) で示したことから $\tau_J^{(a)}$ は確率 1 で有限である．もし $x(\tau_J^{(a)})=j_1$ ならば $0\leqq t\leqq\tau_J^{(a)}$ で $x^{(a)}(t)$ は最大値をとり，これはj_2 より小である．ゆえに十分j_2に近いbをとれば，$x^{(a)}(t)$ はbより先にj_1に到達する．したがって $b_n\uparrow j_2$ なるb_nをとるとき，どんなb_nをとっても $x^{(a)}(t)$ がj_1より先にb_nに到達するならば，実は$x^{(a)}(t)$ はj_1より先にj_2に到達する．ゆえに

$$\lim_{n\to\infty} s(a;b_n,j_1)=s(a;j_2,j_1)$$

である．しかも $s(a;b,j_1)$ はbの増大と共に減少する ($\because$ $b<b'$ のとき ($s(a;b',j_1)=s(a;b,j_1)s(b;b',j_1)$) から，(53.3) が証明されたことになる．

さて (i) と (53.3) により

$$s(b;j_2,j_1)=\frac{s(a;j_2,j_1)}{s(a;b,j_1)}\to 1 \qquad (b\uparrow j_2).$$

ゆえに $s(b;j_2,j_1)$ は $b=j_2$ で連続である．同様に $s(b;j_1,j_2)$ も $b=j_1$ で連続．したがって $s(b;j_2,j_1)$ は $b=j_1$ で連続である．これを用いて

$$a\uparrow b \text{ のとき }\quad s(a;j_2,j_1)=s(a;b,j_1)s(b;j_2,j_1)\to s(b,j_2,j_1).$$

したがって $a\downarrow b$ のとき $s(a;j_1,j_2)\to s(b;j_1,j_2)$，ゆえに

$$\begin{aligned} a\downarrow b \text{ のとき }\quad s(a;j_2,j_1)&=1-s(a;j_1,j_2)\to 1-s(b;j_1,j_2)\\ &=s(b;j_2,j_1). \end{aligned}$$

ゆえに $s(a;j_1,j_2)$ はaに関して連続である．

定理 53.2 $(j_1,j_2)\subset(k_1,k_2)$ ならば，$a\in[j_1,j_2]$ に対し

$$s(a;k_2,k_1)=s(a;j_1,j_2)s(j_1;k_2,k_1)+s(a;j_2,j_1)s(j_2;k_2,k_1).$$

証明 MARKOFF 時間 $\tau^{(a)}_{(j_1, j_2)}$ について強 MARKOFF 性を応用すればよい.

この定理で $s(a;j_1,j_2)=1-s(a;j_2,j_1)$ とおいて

$$s(a;k_2,k_1)=\alpha s(a;j_2,j_1)+\beta$$

となる. α,β は2区間 $(j_1,j_2),(k_1,k_2)$ に関係する定数である. このことを用いて次の基本定理を得る.

定理 53.3 $I=(i_1,i_2)$ の中に連続, 狭義増加函数 $s(a)$ が1次関係を除いてただ1通りに定まって, 任意の $J=(j_1,j_2)$ $\bar{J}\subset I$ に対し

$$s(a;j_2,j_1)=\frac{s(a)-s(j_1)}{s(j_2)-s(j_1)}.$$

証明 一つの $s(a)$ を定めるには, $J^0=(j_1{}^0,j_2{}^0)$, $\bar{J}^0\subset I$ を固定し, a を含む任意の $J=(j_1,j_2)$, $I\supset\bar{J}\supset\bar{J}^0$ をとり

$$s(a)=\alpha s(a;j_2,j_1)+\beta$$

とおく. ここに α,β は

$$s(j_2{}^0)=1,\quad s(j_1{}^0)=0$$

となるように定める. いま J のかわりにもっと大きい $J'=(j_1',j_2')$ をとって $s(a)$ と同様に定め, これを $s'(a)$ とかく. 前定理により, $b\in(j_1,j_2)$ に対しては $s(b;j_2',j_1')$ と $s(b;j_2,j_1)$ とは1次関係にある. したがって $s'(b)$ と $s(b)$ とも1次関係にある. しかも $s'(j_2{}^0)=s(j_2{}^0)=1$, $s'(j_1{}^0)=s(j_1{}^0)=0$ であるから, $s'(b)\equiv s(b)$ $(b\in(j_1,j_2))$. 特に $b=a$ とおいて $s'(a)=s(a)$. これは $s(a)$ が J のとり方に無関係に定まることを意味する. また $s(a)$ の定め方から, $s(a;j_2,j_1)$ は $s(a)$ の1次式でしかも $s(j_2;j_2,j_1)=1$, $s(j_1;j_2,j_1)=0$ であるから, 定理にいう関係式がなりたつ.

逆に定理の条件を満たす $s(a)$ が二つあるとし, $s_1(a)$, $s_2(a)$ とすれば, 任意の $J(\bar{J}\subset I)$ の中で, これらは1次関係にある. 1次関係の係数は a の二つの値だけで定まるから, この係数は J のとり方には無関係となる.

この定理でのべた $s(a)$ を I の中の**標準尺度** (canonical scale) という. これは確率論的 (内在的) 意味をもっていて, I の座標のとり方 (実数の区間への位相対応のさせ方) には関係しない. 標準尺度は次節にのべる標準測度と共に

W. FELLER によって導入せられたものである．

例 $x^{(a)}(t)$ を $R=R^1\cup\{\infty\}$ の上の WIENER 過程とする．$I=R^1$ とすると，I の点は正則点のみである．$s(x)\equiv\alpha x+\beta$ となることを示そう．WIENER 過程の左，右対称性から

$$s\left(\frac{j_1+j_2}{2};j_2,j_1\right)=\frac{1}{2}.$$

したがって

$$s\left(\frac{j_1+j_2}{2}\right)=\frac{1}{2}(s(j_1)+s(j_2)).$$

$s(x)$ は連続であるから，これから $s(x)\equiv\alpha x+\beta$ なる形であることがわかる．

§54 FELLER の標準測度

はじめに標準測度を定義する順序の概略を説明しておこう．I を前節と同じく正則区間とする．$\bar{J}\subset I$ なる区間 J をとり

$$p_J(a)=E(\tau_J^{(a)}),\quad q_J(a)=-p_J(a)$$

とする．$q_J(a)$ は $s(a)$ に関して凸であることが示され，

$$m_J(a)=\frac{dq_J(a)}{ds(a)}$$

は a の増加函数となる．$m_J(a)$ は必ずしも連続ではない．$J\subset J'$ とすれば，$a\in J$ に対しては

$$m_J(a)=m_{J'}(a)+\text{const.}$$

となるから，I の任意に定めた点 a_0 において $m_J(a_0)=0$ となるように正規化すれば，$m_J(a)=m_{J'}(a)$ となるから，これを $m(a)$ と定義することにより，I の上の増加函数が定まる．測度 dm が FELLER の**標準測度** (canonical measure) である．s をきめると，m は加法定数を除いて定まるが，s を $s'=\alpha s+\beta$ とすれば，$m=\alpha^{-1}m+\beta'$ となる．証明すべきことは次の3定理である．

定理 54.1 $p_J(a)<\infty$.

証明 前節で J が発散的であることを示したときと同様に考えて，$u_1<u_2<v_1<v_2$ のとき，$J_1=(u_1,v_1)$, $J_2=(u_2,v_2)$ に対して $p_{J_1}(a), p_{J_2}(a)<\infty$ を仮定して，$J=(u_1,v_2)$ に対して $p_J(a)<\infty$ を出せばよい．$x^{(a)}(t)$ が J から確率1を以て出て行くことはわかっているから，その経路について $p_J(a)=E(\tau_J^{(a)})$ を計算する．強 MARKOFF 性を用いて $a\in J_1$ のとき

$$p_J(a)=p_{J_1}(a)+s(a;v_1,u_1)p_{J_2}(v_1)+s(a;v_1,u_1)s(v_1;u_2,v_2)p_{J_1}(u_2)$$
$$+s(a;v_1,u_1)s(v_1;u_2,v_2)s(u_2;v_1,u_1)p_{J_2}(v_1)+\cdots,$$

$s(v_1;u_2,v_2)<1$ により，この級数は収束する．

定理 54.2 $q_J(a)$ は $s(a)$ に関して凸であり，したがってもちろん連続である．

証明 強MARKOFF性を用いて $j_1<a_1<a<a_2<j_2$ のとき

$$p_J(a)=p_{(a_1,a_2)}(a)+s(a;a_1,a_2)p_J(a_1)+s(a;a_2,a_1)p_J(a_2)$$

となる（これは，DYNKINの定理の証明の際に，もっと一般の形で示した）．$s(a;a_1,a_2)$, $s(a;a_2,a_1)$ を $s(a)$ で表わして

$$p_J(a)=p_{(a_1,a_2)}(a)+\frac{s(a_2)-s(a)}{s(a_2)-s(a_1)}p_J(a_1)+\frac{s(a)-s(a_1)}{s(a_2)-s(a_1)}p_J(a_2)$$
$$\geqq\frac{s(a_2)-s(a)}{s(a_2)-s(a_1)}p_J(a_1)+\frac{s(a)-s(a_1)}{s(a_2)-s(a_1)}p_J(a_2).$$

したがって $p_J(a)$ は凹，$q_J(a)=-p_J(a)$ は凸となる．

この定理により $m_J(a)=dq_J(a)/ds(a)$ が定まり，増加函数となる．

定理 54.3 $J\subset J'$ ならば $m_J(a)\equiv m_{J'}(a)+\text{const.}$ $(a\in J)$.

証明 前定理の証明と同じく $a\in J$ に対し

$$p_{J'}(a)=p_J(a)+\frac{s(j_2)-s(a)}{s(j_2)-s(j_1)}p_J(j_1)+\frac{s(a)-s(j_1')}{s(j_2)-s(j_1)}p_J(j_2).$$

これを s で微分すれば，第2項以下は定数となり

$$m_{J'}(a)=m_J(a)+\text{const.}$$

となる．

§55 FELLERの標準形

I を $x^{(a)}(t)$ の正則区間とし，$s(x)$, $dm(x)$ をそれぞれ標準尺度，標準測度とする．なお A_I を I における $x^{(a)}(t)$ の局所生成作用素とする．このとき**FELLERの標準形**：

$$A_I=(D_mD_s^+)_I \tag{55.1}$$

を証明するのが本節の目的である．

まず $D_mD_s^+$ の定義から始める．固定した x に対しては普通の微分の定義のように

$$D_s^+f(x) = \lim_{\varepsilon\downarrow 0}\frac{f(x+\varepsilon)-f(x)}{s(x+\varepsilon)-s(x)}$$

$$D_m D_s^+f(x) = \lim_{\varepsilon,\varepsilon'\downarrow 0}\frac{D_s^+f(x+\varepsilon)-D_s^+f(x-\varepsilon')}{m(x+\varepsilon)-m(x-\varepsilon')}$$

と定義する．この定義をするのには f は x の近傍だけで定義されていればよい．さて開区間 I で定義された函数 f があるとせよ．すべての $x\in I$ に対して上の $D_mD_s^+f(x)$ が定まり，しかも x について連続となるとき，

$$f\in\mathfrak{D}((D_mD_s^+)_I),\quad (D_mD_s^+)_If(x) = D_mD_s^+f(x) \tag{55.2}$$

と定義する．このためには f は当然連続でなければならない．(55.1) はこの意味で定義域も値も含めて両辺の作用素が一致することを主張している．

補題 55.1　$s\in\mathfrak{D}(A_I)$ で $A_Is(x)=0$.

証明　0 は連続函数と見なされるから，任意の b について $A_bs=0$ をいえばよい．A_b の定義としては定義 51.2 を用いる．b の近傍 $J=(j_1,j_2)$ を $\bar{J}\subset I$ なる区間とする．$s_J(x)=s(x;j_2,j_1)$ とおくと，$s(x)=\alpha s_J(x)+\beta$ とかけるから $A_bs_J=0$ を証明してもよい．Markoff 性により

$$s_J(b) = \int_J P_J(t,b,dy)s(y)+P(\tau_J^{(b)}\leqq t, x^{(b)}(\tau_J^{(b)})=j_2)$$

$$= \int_J P_J(t,b,dy)s_J(y)+o(t).$$

ゆえに

$$\frac{1}{t}\left\{\int_J P_J(t,b,dy)s_J(y)-s_J(b)\right\} = o(1)$$

すなわち

$$A_bs_J=0.$$

補題 55.2　$q(x)=\int_{x_0}^x m(y)ds(y)$ (x_0 は I の中の任意に定めた点，x は I の中を動く) とすると，$q\in\mathfrak{D}(A_I)$ で

$$A_Iq(x)=1.$$

証明　前の補題と同様に任意の $b\in I$ に対し $A_bq=1$ を証明すれば十分である．b の近傍 J で $\bar{J}\subset I$ となるものを考えると，$x\in J$ に対し

$$\frac{dq_J(x)}{ds(x)}=m(x)+\text{const.}$$

であるから，$q(x)=q_J(x)+\alpha s(x)+\beta$. 前補題により $A_b s=0$ であるから，$A_b q_J=1$ すなわち $A_b p_J=-1$ を示せば本補題の証明が終る．MARKOFF 性を用いて

$$\begin{aligned} p_J(b) &= \int_J P_J(t,b,dy)(p_J(y)+t)+E(\tau_J^{(b)};\tau_J^{(b)}<t) \\ &= \int_J P_J(t,b,dy)p_J(y)+P_J(t,b,J)\cdot t+t\cdot o(t) \\ &= \int_J P_J(t,b,dy)p_J(y)+(1-o(t))\cdot t+t\cdot o(t). \end{aligned}$$

$$\frac{1}{t}\left\{\int_J P_J(t,b,dy)p_J(y)-p_J(b)\right\}=-1+o(t)\to -1.$$

補題 55.3 $f\in\mathfrak{D}(A_I)_0$ かつ $A_If(b)>0$ ならば，b のある近傍の中で $f(x)$ は $s(x)$ に関して凸である．

証明 A_If は連続であり，$A_If(b)>0$ であるから b のある近傍 J で $A_If(x)>0$ である．J の中に任意の 2 点 a_1, a_2 をとり，α, β を

$$f(a_i)=\alpha s(a_i)+\beta, \qquad i=1,2$$

となるように定めるとき，$a_1\leqq x\leqq a_2$ に対して

$$f(x)\leqq\alpha s(x)+\beta$$

となることをいえばよい．$g(x)\equiv f(x)-\alpha s(x)-\beta$ は連続函数であるから $a_1\leqq x\leqq a_2$ で最大値 $g(a_0)$ をとる．$a_0=a_1$ または a_2 のときには上の不等式は（等式の形で）なりたつ．a_0 が (a_1, a_2) 内にあれば，$g(x)$ は a_0 で極大値をとるから $A_Ig(a_0)\leqq 0$. ゆえに

$$A_If(a_0)\leqq\alpha A_Is(a_0)+\beta A_I\cdot 1=0.$$

これは $A_If(x)>0$ $(x\in J)$ に反する．

定理 55.1 $f\in\mathfrak{D}(A_I)$ ならば $f\in\mathfrak{D}((D_mD_s^+)_I)$ で I の中で

$$A_If=(D_mD_s^+)_If \quad \text{すなわち} \quad A_xf=D_mD_s^+f(x), \qquad x\in I.$$

証明 $f\in\mathfrak{D}(A_I)$, $\alpha=A_If(b)$ とせよ．

$$g(x)=f(x)-(\alpha-\delta)q(x)$$

とおくと

$$A_I g(b)=\alpha-(\alpha-\delta)\cdot 1=\delta>0$$

であるから，b のある近傍 J で g は s について凸であって，$D_s^+g(x)$ は J の中で増加函数である．したがって b の両側に J の点 b_1, b_2 $(b_2>b>b_1)$ をとると

$$D_s^+g(b_2)>D_s^+g(b_1),$$

したがって

$$D_s^+f(b_2)-D_s^+f(b_1)>(\alpha-\delta)(m(b_2)-m(b_1)).$$

ゆえに

$$\frac{D_s^+f(b_2)-D_s^+f(b_1)}{m(b_2)-m(b_1)}>\alpha-\delta.$$

これから

$$\varliminf_{\varepsilon,\varepsilon'\downarrow 0}\frac{D_s^+f(b+\varepsilon)-D_s^+f(b-\varepsilon')}{m(b+\varepsilon)-m(b-\varepsilon')}\geqq\alpha.$$

同様に $\alpha-\delta$ のかわりに $\alpha+\delta$ をとって $\varlimsup_{\varepsilon,\varepsilon'\downarrow 0}\leqq\alpha$ が証明せられる．したがって $D_mD_s^+f(b)=A_If(b)$．右辺は b について連続であるから，これから $(D_mD_s^+)_If(b)=A_If(b)$ が得られる．

上の定理と逆に

定理 55.2 $f\in\mathfrak{D}((D_mD_s^+)_I)$ ならば $f\in\mathfrak{D}(A_I)$ で，I の中で $(D_mD_s^+)_If=A_If$.

証明 R の点はすべて $x^{(a)}(t)$ の1次元拡散点であるとし，I を $x^{(a)}(t)$ の正則区間とする．まず L_b を次のように定める．

$$b\in I\to L_bf=D_mD_s^+f(b),\quad b\notin I\to L_bf=A_bf.$$

次に L を

$\mathfrak{D}(L)=\{f/$すべての b について $f\in\mathfrak{D}(L_b)$ で，L_bf が $b\in R$ について連続$\}$,

$Lf(b)\equiv L_bf$

で定義する．$f\in\mathfrak{D}(A)$ ならば $f\in\mathfrak{D}(A_I)$，ゆえに前定理により $f\in\mathfrak{D}((D_mD_s^+)_I)$，もし $b\in I$ ならば $f\in\mathfrak{D}(L_b)$ で $L_bf=D_mD_s^+f(b)=A_bf=Af(b)$．もし $b\notin I$ ならば $f\in\mathfrak{D}(A)$ から $f\in\mathfrak{D}(A_b)$，ゆえに $f\in\mathfrak{D}(L_b)$ で，$L_bf=A_bf=Af(b)$．$Af(b)$ は b について連続であるから，$f\in\mathfrak{D}(L)$ で $Lf=Af$．ゆえに $L\supset A$.

次に $(\lambda-L)^{-1}$ $(\lambda>0)$ が存在することをいう．そのためには $\lambda u=Lu$ から $u=0$ を出せばよい．u の最小値を $u(a)$ とするとき，$u(a)\geqq 0$ を示そう．$a\in I$ ならば，a の近傍で $Lu(x)=D_m D_s^+ u(x)$．もし $u(a)<0$ ならば，$Lu(a)<0$．ゆえに a の近傍で $D_m D_s^+ u(x)<0$．ゆえに $D_s^+ u(x)$ は減少し，$-u(x)$ は $s(x)$ に関して凸．したがって $-u(x)$ は a で極大値をとり得ず，したがって $u(x)$ は a で最小とはならない．これは仮定に反するから，$u(a)\geqq 0$．また $a\notin I$ のときには $Lu(a)=A_a u$ で $u(a)$ が最小値であるから，A_a の定義により $A_a u\geqq 0$．ゆえに $u(a)=\lambda^{-1}Lu(a)\geqq 0$．いずれの場合にも $u(a)\geqq 0$．したがって常に $u\geqq 0$．また u のかわりに $-u$ とおいて $u\leqq 0$．ゆえに $u=0$.

さて $L\supset A$ から $(\lambda-L)^{-1}\supset(\lambda-A)^{-1}=R_\lambda$．$R_\lambda$ の定義域は R 全体であるから，$(\lambda-L)^{-1}=(\lambda-A)^{-1}$．ゆえに $L=A$.

さて $f\in\mathfrak{D}((D_m D_s^+)_I)$ とし，b を I の任意の点とするとき，$A_b f$ が確定して，b について連続となることをいえば，定理の証明は終る．I の任意の部分区間 $K=(k_1,k_2)$ $(\bar{K}\subset I)$ の中で $A_b f$ が連続なことをいえばよい．また K の端点は m の連続点としてよい．また $\bar{K}\subset J\subset\bar{J}\subset I$ なる区間 $J=(j_1,j_2)$ をとり，その端点も m の連続点とする．K の上では f と一致し，J の外では 0 である g で，$D_m D_s^+ g(b)$ が $b\in I$ について連続となるような g を構成しよう．これができれば，g は上の L したがって A の定義域に入り，したがって $A_b g=Ag(b)$ は $b\in J$ で連続となる．K の上で $f=g$ であるから，局所性を用いて $A_b f=A_b g$ となり，$A_b f$, $b\in K$, も連続できる．残る所は g の構成である．g のかわりに $h=Lg$ を構成してもよい．K の上では $h=D_m D_s^+ f$, J の外では $h=0$ であるから，$[j_1,k_1]$, $[k_2,j_2]$ の上で定義すればよい．前者について説明する．"m の連続点における $D_s^+ h$ の連続性" および "$D_m D_s^+ h$ の連続性" により，h の満たすべき必要十分条件は

$$l_1(h)\equiv h(j_1)=0,$$

$$l_2(h)\equiv h(k_1)=D_m D_s^+ f(k_1),$$

$$l_3(h)\equiv\int_{j_1}^{k_1}h(x)dm(x)=D_s^+ f(k_1),$$

$$l_4(h) \equiv \int_{j_1}^{k_1}\int_{j_1}^{y} h(x)dm(x)ds(y) \equiv \int_{j_1}^{k_1} h(x)(s(k_1)-s(x))dm(x) = f(k_1)$$

である．$C[j_1, k_1]$ の上の汎函数 l_1, l_2, l_3, l_4 は明らかに1次独立であるから，このような h は確かに存在する．$[k_2, j_2]$ についても同様である．これで定理55.2は完全に証明せられた．

§56 一般通過点における局所生成作用素

R の開部分集合 I で実数の開集合 (r_1, r_2) と同位相のものを R の開区間と略称する．a が R の開区間 I の端点であるとは $\{a\}\cup I$ が半開区間 $[r_1, r_2)$（または $(r_1, r_2]$ としてもよい）と同位相となることである．この位相対応では a は当然 r_1（または r_2）に移る．

a を拡散点のみからなる開区間 I の端点であるとする．a の十分小さい近傍 U に対し

$$P\{0 \leqq t < \tau_U^{(a)} \text{ なる } t \text{ に対し } x^{(a)}(t) \in \{a\}\cup I\} = 1 \tag{56.1}$$

となるとき，a を**一般通過点**という．一般通過点は1次元点である場合に限り通過点（§52）となる．

通過点における左右の区別はこの点の近傍を実数の区間に同位相に写像するその写像のしかたの向きに関係したと同様に，一般通過点の場合にも，$\{a\}\cup I$ を $[r_1, r_2)$ に写像して考えるときには**一般右通過点**で，$(r_1, r_2]$ に写像したときには**一般左通過点**である．以後一般右通過点について話をすすめる．

一般右通過点といっても trap である可能性もあるが，これは簡単すぎる場合であるから，除外することにすると，a の十分小さい近傍 U をとって，(56.1)の外にさらに

$$E(\tau_U^{(b)}) < \infty, \quad b \in U \tag{56.2}$$

もなりたつとしておいてよい．

$\{a\}\cup I$ の点と対応する $[r_1, r_2)$ の点とを同一視しておく．r_1 に近い点は U の中にあるから，$[r_1, \xi)$ が U に含まれるような ξ の上限 r_2' は r_1 より大きい．

$r_1 < \xi < r_2'$ に対し

$$p(\xi) = E(\tau_{[r_1, \xi)}^{(r_1)}) \tag{56.3}$$

とおくと, $0 \leqq p(\xi) < \infty$. $x^{(r_1)}(t)$ は $0 \leqq t < \tau_U^{(r_1)}$ において常に $[r_1, r_2)$ の中にあり, t が $\tau_U^{(r_1)}$ の近くでは r_2' に近くなるから, $x^{(r_1)}(t) = \xi$, $0 \leqq t < \tau_U^{(r_1)}$ なる t がある. この t の最小のものを τ^* として, これについて強 MARKOFF 性を用いると

$$p(\xi) + E(\tau_U^{(\xi)}) = E(\tau_U^{(r_1)}) \tag{56.4}$$

となる. $[r_1, r_2')$ は 1 次元拡散点の集合であるから, 正則点のとき (§55) と同様に $p_U(\xi) = E(\tau_U^{(\xi)})$ は

$$A_\xi p_U = -1$$

を満たすことが証明される. ゆえに

補題 56.1
$$A_\xi p = 1 \tag{56.5}$$

が得られる.

補題 56.2　$f \in \mathfrak{D}(A_V)$, V は a のある近傍であって,

$$A_V f(r_1) > 0$$

ならば, 十分小さい $\varepsilon\,(>0)$ に対し

$$f(\xi) \geqq f(r_1), \quad r_1 < \xi < r_1 + \varepsilon$$

となる.

証明　$A_V f(r_1) > 0$ であるから, 十分小さい ε に対し

$$A_V f(\xi) > 0, \quad r_1 < \xi < r_1 + \varepsilon.$$

したがって $f(\xi)$ は $r_1 < \xi < r_1 + \varepsilon$ で極大をとることができない. ゆえに $f(\xi)$ は $\xi = r_1$ のある近傍 $(r_1 \leqq \xi < r_1 + \delta)$ で非増加か非減少である. 前者の場合には $A_{r_1} f = 0$ すなわち $A_V f(r_1) = 0$. これは仮定に反する.

定理 56.1　$f \in \mathfrak{D}(A_V)$ ならば

$$A_V f(r_1) = \lim_{\xi \downarrow r_1} \frac{f(\xi) - f(r_1)}{p(\xi)}.$$

証明　$A_V f(r_1) = \alpha$ とおくと, $g(\xi) = f(\xi) - (\alpha - \varepsilon) p(\xi)$, $r_1 < \xi < r_2'$ は $g \in \mathfrak{D}(A_V)$ で

$$A_V g(r_1) = \alpha - (\alpha - \varepsilon) \cdot 1 = \varepsilon > 0.$$

ゆえに g は r_1 の右側で増加して

$$g(\xi)\geqq g(r_1), \quad r_1<\xi<r_1+\delta,$$

したがって

$$\frac{f(\xi)-f(r_1)}{p(\xi)}>\alpha-\varepsilon, \quad r_1<\xi<r_1+\delta,$$

ゆえに

$$\varliminf_{\xi\downarrow r_1}\frac{f(\xi)-f(r_1)}{p(\xi)}\geqq\alpha.$$

同様に

$$\varlimsup_{\xi\downarrow r_1}\frac{f(\xi)-f(r_1)}{p(\xi)}\leqq\alpha.$$

§57 最小通過時間の分布

$I=(r_1,r_2)$ を $x^{(a)}(t)$ の正則区間とし, s, dm をその標準尺度, 標準測度とする. I の部分区間 $J=(j_1,j_2)$, $\bar{J}\subset J$, をとり, a を J の中の任意の点とする. $\tau_J^{(a)}$ を $x^{(a)}(t)$ の J の最小通過時間とする. 明らかに $\tau_J^{(a)}$ は有限の平均値をもち, したがって確率1をもって有限である. $x^{(a)}(\tau_J^{(a)})$ は j_1 または j_2 であるが, これに応じて

$$\tau_1^{(a)}=\tau_J^{(a)}, \quad \tau_2^{(a)}=\infty,$$

または

$$\tau_2^{(a)}=\tau_J^{(a)}, \quad \tau_1^{(a)}=\infty$$

と定める. $\tau_i^{(a)}<\infty$ は $\tau_i^{(a)}=\tau_J^{(a)}$, すなわち $x^{(a)}(\tau_J^{(a)})=j_i$ と同等である. すでに§55で示したように

$$A_J=(D_mD_s{}^+)_J \tag{57.1}$$

である.

$s_J(a)=s(a;j_2,j_1)=P(\tau_2^{(a)}<\infty)$ であって,

$$\left.\begin{aligned}&A_Js_J(a)=0,\\&s_J(j_1+0)=0, \quad s_J(j_2-0)=1\end{aligned}\right\} \tag{57.2}$$

である. これは (57.1) および $s_J(a)=(s(a)-s(j_1))/(s(j_2)-s(j_1))$ から明らかである.

次に $p_J(a)=E(\tau_J^{(a)})$ とすると, §55で示したように

$$A_J p_J(a) = -1 \tag{53.3}$$

であるが，さらに

$$p_J(j_1+0) = p_J(j_2-0) = 0 \tag{57.3'}$$

となる．実際j_1は正則点であるから，その十分小さい近傍Uに対して $p_U(x)<\varepsilon$, $x\in U$, となる．($p_U(x) = E(\tau_U^{(x)})$)．δを十分小さくとって $K=[j_1, j_1+\delta]\subset U$ とする．$x\in K$なる限り

$$p_J(x) = p_K(x) + s(x;\xi, j_1)p_J(\xi) < \varepsilon + s(x;\xi, j_1)p_J(\xi).$$

$x\to j_1$ とすると，$s(x;\xi, j_1)\to 0$

$$p_J(j_1+0) \leqq \varepsilon \quad ゆえに \quad p_J(j_1+0) = 0.$$

同様に

$$p_J(j_2-0) = 0.$$

定理 57.1　s_J, p_J はそれぞれ (57.2) および (57.3), (57.3′) によって定められる．

証明　s_J, p_Jがこの条件を満たすことは上に示した．また(57.1)により，$A_J u = 0$ は二つの1次独立の解をもつから，上の境界条件により，解が一通りに定まる．

次に $i=1,2$ に対し

$$\varphi_i(dt, a) = P(\tau_i^{(a)}\in dt),$$

$$\hat{\varphi}_{i\lambda}(a) = \int_0^\infty e^{-\lambda t}\varphi_i(dt, a) = E(e^{-\lambda\tau_i^{(a)}})$$

とおく．

定理 57.2　$\hat{\varphi}_{1\lambda}$ は

$$A_J\hat{\varphi}_{1\lambda} = \lambda\hat{\varphi}_{1\lambda}, \quad \hat{\varphi}_{1\lambda}(j_1+0) = 1, \quad \hat{\varphi}_{1\lambda}(j_2-0) = 0 \tag{57.4}$$

のただ一つの解である．同様に $\hat{\varphi}_{2\lambda}$ は

$$A_J\hat{\varphi}_{2\lambda} = \lambda\hat{\varphi}_{2\lambda}, \quad \hat{\varphi}_{2\lambda}(j_2-0) = 1, \quad \hat{\varphi}_{2\lambda}(j_1+0) = 0 \tag{57.5}$$

のただ一つの解である．

証明　$\hat{\varphi}_{1\lambda}$ について証明する．いままでと同様に

$$P_J(t, a, dy) = P_J(x^{(a)}(t)\in dy,\ \tau_J^{(a)} > t)$$

とする.

$$\varphi_1(dt+s,a)=\int_J P_J(s,a,dy)\varphi_1(dt,y),$$

$$\int_0^\infty e^{-\lambda t}\varphi_1(dt+s,a)=\int_J P_J(s,a,dy)\int_0^\infty e^{-\lambda t}\varphi_1(dt,y),$$

$$e^{\lambda s}\int_s^\infty e^{-\lambda t}\varphi_1(dt,a)=\int_J P_J(s,a,dy)\hat{\varphi}_{1\lambda}(y).$$

しかるに

$$\int_s^\infty e^{-\lambda t}\varphi_1(dt,a)=\hat{\varphi}_{1\lambda}(a)-\int_0^s e^{-\lambda t}\varphi_1(dt,a),$$

$$\int_0^s e^{-\lambda t}\varphi_1(dt,a)\leqq\varphi_1([0,s],a)\leqq P(\tau_U^{(a)}<s)=o(s).$$

ゆえに

$$e^{\lambda s}(\hat{\varphi}_{1\lambda}(a)+o(s))=\int_J P_J(s,a,dy)\hat{\varphi}_{1\lambda}(y).$$

これから直ちに

$$A_a\hat{\varphi}_{1\lambda}=\lambda\hat{\varphi}_{1\lambda}(a).$$

この右辺が a に関して連続であることをいえば, J で

$$A_J\hat{\varphi}_{1\lambda}=\lambda\hat{\varphi}_{1\lambda}$$

が示されたことになる.

いま $\hat{\varphi}_{1\lambda}(b)$ を J から定義したと同様に, 他の区間 K から定義したときには $\hat{\varphi}_{1\lambda}(b;K)$ とかくことにする. 今まで何度も用いた強 MARKOFF 性を用いる論法により, $a<b$ のとき

$$\hat{\varphi}_{1\lambda}(b)=\hat{\varphi}_{1\lambda}(b;(a,j_2))\hat{\varphi}_{1\lambda}(a)\leqq\hat{\varphi}_{1\lambda}(a).$$

ゆえに $\hat{\varphi}_{1\lambda}$ は単調減少である. $c\in J$ の両側に十分近く $a<c<b$ をとるとき

$$\hat{\varphi}_{1\lambda}(b;(a,j_2))>1-\varepsilon$$

をいえば, $\hat{\varphi}_{1\lambda}$ の連続性が得られる.

$$\begin{aligned}\hat{\varphi}_{1\lambda}(b;(a,j_2))&=E\{e^{-\lambda\tau^{(b)}_{(a,j_2)}};x^{(b)}(\tau^{(b)}_{(a,j_2)})=a\}\\&\geqq e^{-\lambda t}P(\tau^{(b)}_{(a,j_2)}<t,\ x^{(b)}(\tau^{(b)}_{(a,j_2)})=a)\\&\geqq e^{-\lambda t}\{P(\tau^{(b)}_{(a,k)}<t)-P(x^{(b)}(\tau^{(b)}_{(a,k)})=k)\}.\end{aligned}$$

ここに k は b と j_2 との間の点である.

$$P(\tau^{(b)}_{(a,k)} \geqq t) \leqq \frac{1}{t} E(\tau^{(b)}_{(a,k)}),$$

$$P(x^{(b)}(\tau^{(b)}_{(a,k)}) = k) = \frac{s(b)-s(a)}{s(k)-s(a)}.$$

$t=\delta/\lambda$ とする. c の十分小さい近傍 U をとって $E(\tau_U^{(b)})<\frac{\delta^2}{\lambda}$, U の中に $a, b,$ $k,$ を $a<c<b<k$ なるようにとり, しかも a, b をきわめて近くして $s(b)-s(a)/s(k)-s(a)<\delta$ とする.

$$E(\tau^{(b)}_{(a,k)}) \leqq E(\tau^{(b)}_U) < \frac{\delta^2}{\lambda}$$

であるから,

$$\begin{aligned}\hat{\varphi}_{1\lambda}(b;(a,j_2)) &\geqq e^{-\lambda t}(1-2\delta)\\ &> (1-\delta)(1-2\delta) > 1-\varepsilon\left(\delta = \frac{\varepsilon}{3}\right).\end{aligned}$$

これで $\hat{\varphi}_{1\lambda}(a)$ の連続性が証明せられた.

残る所は $\hat{\varphi}_{1\lambda}(j_1+0)=1$, $\hat{\varphi}_{1\lambda}(j_2-0)=0$ および一意性の証明である. $\hat{\varphi}_{1\lambda}(a)$ は a の増加に応じて減少し, しかも 0 と 1 との間にある. j_1 の左に k_1, a と j_2 との間に k_2 をとると, 上述の連続性のときに $\hat{\varphi}_{1\lambda}(b;(a,j_2))$ に対してしたのと同様に

$$\hat{\varphi}_{1\lambda}(a) \geqq e^{-\lambda t}\{P(\tau^{(a)}_{(k_1,k_2)}<t) - P(x^{(a)}(\tau^{(a)}_{(k_1,k_2)}) = k_2)\}.$$

これから a が十分 j_1 に近いときには $\hat{\varphi}_{1\lambda}(a)>1-\varepsilon$ なることがわかる. ゆえに $\hat{\varphi}_{1\lambda}(j_1+0)=1$. 同様に $\hat{\varphi}_{2\lambda}(j_2-0)=1$.

$$\hat{\varphi}_{1\lambda}(a)+\hat{\varphi}_{2\lambda}(a) = E(e^{-\lambda\tau_J^{(a)}}) \leqq 1$$

であるから

$$\hat{\varphi}_{1\lambda}(j_2-0) \leqq 1-\hat{\varphi}_{2\lambda}(j_2-0) = 0, \quad \text{ゆえに} \quad \hat{\varphi}_{1\lambda}(j_2-0)=0.$$

一意性を示すには, $A_J u=\lambda u$, $u(j_1+0)=u(j_2-0)=0$ のとき $u\equiv 0$ をいえばよい. $u>0$ となり得るとすれば, u は正の最大値を J の内部でとる. これを $u(a)$ とすれば $A_J u(a)\leqq 0$. ゆえに $u(a)\leqq 0$ となり矛盾である. ゆえに $u\leqq 0$. 同様に $u\geqq 0$. ゆえに $u\equiv 0$.

定理 57.3 $\hat{\varphi}_{\lambda}(a)=E(e^{-\lambda\tau_J^{(a)}})$ とすれば, これは

$$A_J\hat{\varphi}_\lambda=\lambda\hat{\varphi}_\lambda,\quad \hat{\varphi}_\lambda(j_1+0)=\hat{\varphi}_\lambda(j_2-0)=1$$

のただ一つの解である.

証明 前定理の証明に用いる式:

$$\hat{\varphi}_\lambda(a)=E(e^{-\lambda\tau_J^{(a)}})=\hat{\varphi}_{1\lambda}(a)+\hat{\varphi}_{2\lambda}(a)$$

により,

$$A_J\hat{\varphi}_\lambda=A_J\hat{\varphi}_{1\lambda}+A_J\hat{\varphi}_{2\lambda}=\lambda\hat{\varphi}_{1\lambda}+\lambda\hat{\varphi}_{2\lambda}=\lambda\hat{\varphi}_\lambda$$

である. また

$$\hat{\varphi}_\lambda(j_1+0)=\hat{\varphi}_{1\lambda}(j_1+0)+\hat{\varphi}_{2\lambda}(j_1+0)=1,$$

$$\hat{\varphi}_\lambda(j_2-0)=\hat{\varphi}_{1\lambda}(j_2-0)+\hat{\varphi}_{2\lambda}(j_2-0)=1.$$

ゆえに $\hat{\varphi}_\lambda$ は定理の方程式および境界条件を満たす. 解の一意性の証明は前定理と同様である.

§58 古典的拡散過程

R は実数の集合 R^1 またはその区間 $[r_1, r_2]$ とする. $x^{(a)}(t)$ を R の上の拡散過程とする. Ray の定理により

$$P\{|x^{(\xi)}(t)-\xi|>\varepsilon\}/t\to 0\quad (t\to 0) \tag{58.1}$$

がなりたつ. もし

$$a(\xi)=\lim_{t\downarrow 0}\frac{E\{x^{(\xi)}(t)-\xi;\ |x^{(\xi)}(t)-\xi|<\varepsilon\}}{t}, \tag{58.2}$$

$$b(\xi)=\lim_{t\downarrow 0}\frac{E\{(x^{(\xi)}(t)-\xi)^2;\ |x^{(\xi)}(t)-\xi|<\varepsilon\}}{t} \tag{58.3}$$

がある $\varepsilon>0$ に対し存在すると仮定すれば, (58.1) によりすべての $\varepsilon>0$ に対して存在し, しかもその値は ε に無関係である. もし $a(\xi), b(\xi)$ が共に $\xi\in(r_1, r_2)$ の連続函数であるとき, $x^{(a)}(t)$ を $R(=[r_1, r_2])$ における古典的拡散過程または Kolmogoroff の拡散過程という. $x^{(a)}(t)$ の遷移確率 $P(t, a, E)$ を用いて, $a(\xi), b(\xi)$ は次のようにかくことができる.

$$a(\xi)=\lim_{t\downarrow 0}\frac{1}{t}\int_{|y-\xi|<\varepsilon}(y-\xi)P(t,\xi,dy), \tag{58.2'}$$

$$b(\xi)=\lim_{t\downarrow 0}\frac{1}{t}\int_{|y-\xi|<\varepsilon}(y-\xi)^2P(t,\xi,dy). \tag{58.3'}$$

$a(\xi)$ は正負の値をとり得るが，$b(\xi)\geqq 0$ である．

たとえば WIENER 過程について，$a(\xi), b(\xi)$ を求めると

$$a(\xi)=0, \quad b(\xi)=1 \tag{58.4}$$

となる．

定理 58.1　f が $J=(j_1, j_2)$ $(r_1\leqq j_1<j_2\leqq r_2)$ で 2 回連続微分可能ならば，$f\in\mathfrak{D}(A_J)$ で

$$A_J f(\xi)=\left(a(\xi)\frac{d}{d\xi}+\frac{b(\xi)}{2}\frac{d^2}{d\xi^2}\right)f(\xi) \tag{58.5}$$

である．

証明　上の右辺は ξ の連続函数であるから，$A_\xi f$ が右辺に等しいことをいえばよい．$\xi\in J, \delta>0$ に対し，十分小さい $\varepsilon>0$ をとれば，$|y-\xi|<\varepsilon$ なる限り

$$f(y)-f(\xi)=f'(\xi)(y-\xi)+\frac{f''(\xi)\pm\delta}{2}(y-\xi)^2,$$

$$\int_{|y-\xi|<\varepsilon}f(y)P(t,\xi,dy)-f(\xi)=\int_{|y-\xi|<\varepsilon}(f(y)-f(\xi))P(t,\xi,dy)+o(t)$$

$$=f'(\xi)\int_{|y-\xi|<\varepsilon}(y-\xi)P(t,\xi,dy)+\frac{f''(\xi)\pm\delta}{2}\int_{|y-\xi|<\varepsilon}(y-\xi)^2P(t,\xi,dy)+o(t)$$

$$=f'(\xi)a(\xi)\cdot t+\frac{f''(\xi)\pm\delta}{2}b(\xi)\cdot t+o(t).$$

ゆえに

$$\overline{\lim}\,\frac{1}{t}\left\{\int_{|y-\xi|<\varepsilon}f(y)P(t,\xi,dy)-f(\xi)\right\}\leqq a(\xi)f'(\xi)+\frac{b(\xi)}{2}f''(\xi)+\frac{b(\xi)}{2}\cdot\delta.$$

(58.1) により左辺は ε に無関係である．したがって右辺の δ をいくらでも小さくできて，この上極限 $\leqq af'+b/2\cdot f''$ となる．また同様に下極限をとると $\geqq af'+b/2\cdot f''$ で結局 $f\in\mathfrak{D}(A_\xi)$ で，$A_\xi f=af'(\xi)+b/2\cdot f''(\xi)$ となる．

定理 58.2　$b(\xi)>0$ ならば，ξ は正則点である．

証明　ξ が右通過点ならば，ξ の近傍 J で増加する $\mathfrak{D}(A_\xi)$ の函数 f は $A_\xi f\geqq 0$ を満たす．しかるに f を ξ の近傍で

$$f(x)=(x-\xi)-\beta(x-\xi)^2$$

と定義すると，

$$\left(af'+\frac{b}{2}f''\right)(\xi)=a-\beta b.$$

ゆえに $\beta>a(\xi)/b(\xi)$ とすれば，これは負になる．ゆえに

$$A_\xi f=A_J f(\xi)=\left(af'+\frac{b}{2}f''\right)(\xi)<0$$

となり，矛盾する．ゆえに右通過点ではない．同様に左通過点でもない．ゆえに正則点である．

さて J で 2 回連続可微分な函数に対して作用素 D_J を

$$D_J f(\xi)=a(\xi)f'(\xi)+\frac{b(\xi)}{2}f''(\xi) \tag{58.6}$$

と定義する．

定理 58.3 J で $b(\xi)>0$ ならば

$$A_J=D_J. \tag{58.7}$$

証明 定理 58.1 により $A_J\supset D_J$. D_J を変形して

$$D_J f=\frac{b}{2}e^{-B}\left(e^B\frac{2a}{b}f'+e^Bf''\right) \qquad \left(B=\int\frac{2a}{b}d\xi\right)$$

$$=\frac{b}{2}e^{-B}(e^Bf')'=\frac{1}{\frac{2}{b}e^B}\frac{d}{d\xi}\frac{1}{e^{-B}}\frac{d}{d\xi}f(\xi)$$

$$=\frac{d}{dm_1}\frac{d}{ds_1}f(\xi)\ \left(s_1=\int e^{-B}d\xi,\ \ m_1=\int\frac{2}{b}e^Bd\xi\right)$$

$A_J=(D_mD_s{}^+)_J$ であるから，$A_Ju=0$ の解の全体は $\{\alpha+\beta s\}$, $D_Ju=0$ の解の全体は $\{\alpha+\beta s_1\}$ である．$A_J\supset D_J$ であるから，前者は後者を含む．共に 2 次元の線形空間であるから一致する．ゆえに $s=\alpha+\beta s_1$ となる．次に

$$q=\int m_1ds_1=\int m_1e^{-B}d\xi$$

とおけば，$D_Jq=1$. ゆえに $A_Jq=1$, すなわち $D_mD_s{}^+q=1$.

$$q=\int m\,ds+\gamma s+\delta=\beta\cdot\int m\,ds_1+\gamma's_1+\delta',$$

$$m_1=\frac{dq}{ds_1}=\beta m+\gamma', \qquad m=\gamma''+\frac{1}{\beta}m_1.$$

ゆえに $m=m_1$, $s=s_1$ と考えてよい．もし $f\in\mathfrak{D}(A_J)$ ならば $D_{m_1}D_{s_1}^+f(\xi)$ が連続である．$2/b\cdot e^B$ は連続でかつ正であるから，この連続性は実は $(e^{-B}f')'$ の連続性を意味する．ゆえに e^Bf' は連続微分可能である．また $(e^{-B})'=-e^{-B}\cdot 2a/b$ により，e^{-B} は連続微分可能であるから，f' も同様で，結局 f は2回連続微分可能となる．ゆえに $f\in\mathfrak{D}(D_J)$．ゆえに A_J と D_J とは定義域もこめて一致する．

例 1 WIENER 過程では

$$D_J=\frac{1}{2}\frac{d^2}{dx^2},\quad \mathfrak{D}(D_J)=\boldsymbol{C}_2(J)$$

である．これが上の定理によれば A_J にも等しい．$J=(j_1,j_2)$ を有限区用とし，$s_J(x)$ を x から出発して，右端点に先に到達する確率とすれば，前節にのべた所から，s_J は

$$A_Ju=0,\quad u(j_2)=1,\quad u(j_1)=0$$

の解である．$A_J=D_J$ であるから，$A_Ju=0$ は $u''=0$ すなわち $u=\alpha x+\beta$ を意味する．ゆえに

$$s_J(x)=\frac{x-j_1}{j_2-j_1}$$

となる．これは x が標準尺度であることを示している．

また $p_J(x)=E(\tau_J^{(x)})$ は

$$A_Ju=-1,\quad u(j_1)=u(j_2)=0$$

の解である．$A_Ju=-1$ すなわち $u''=-2$ から $u=-x^2+cx+d$, $u(j_1)=u(j_2)=0$ により c, d を定めると

$$u=(j_2-x)(x-j_1).$$

標準測度 dm は

$$m=-\frac{dp_J}{ds}=-\frac{dp_J}{dx}=2x,\quad \text{ゆえに}\quad dm=2dx$$

となる．

さらに前節の $\varphi_\lambda(x)=E(e^{-\lambda\tau_J^{(x)}})$ を求めるには

$$\frac{1}{2}\lambda u''=\lambda u,\quad u(j_1)=u(j_2)=1$$

を解けばよい．すなわち

$$u=\alpha e^{\sqrt{2\lambda}\,x}+\beta e^{-\sqrt{2\lambda}\,x}$$

で，α,β は $u(j_1)=u(j_2)=1$ で定める．

§59 FELLERの作用素 $D_mD_s^+$ に関する端点の分類

MARKOFF過程ということから一応離れて，一般に区間 $I=(r_1, r_2)$ の上に連続，狭義増加函数 $s(x)$ と右連続増加函数 m が与えられているとせよ．これから $(D_mD_s^+)_I$ を前に述べたように定め，これを**FELLERの作用素**という．さて I の端点 r_1, r_2 を $D_mD_s^+$ に関連して**正則境界** (regular boundary)，**流出境界** (exit boundary)，**流入境界** (entrance boundary)，**自然境界** (natural boundary) の4種類に分ける．このためにまず次の量を導入する．

$$\sigma_1=\iint_{r_1<y<x<r_1'} dm(x)ds(y), \quad \mu_1=\iint_{r_1<y<x<r_1'} ds(x)dm(y),$$

$$\sigma_2=\iint_{r_2>y>x>r_2'} dm(x)ds(y), \quad \mu_2=\iint_{r_2>y>x>r'_2} ds(x)dm(y).$$

これを用いて

$$\sigma_i<\infty,\ \mu_i<\infty \quad \text{のとき} \quad r_i \text{は正則},$$

$$\sigma_i<\infty,\ \mu_i=\infty \quad \text{のとき} \quad r_i \text{は流出},$$

$$\sigma_i=\infty,\ \mu_i<\infty \quad \text{のとき} \quad r_i \text{は流入},$$

$$\sigma_i=\infty,\ \mu_i=\infty \quad \text{のとき} \quad r_i \text{は自然}$$

という．σ_i, μ_i は r_i' のとり方に関係するが，それが有限か無限かはそれに無関係であるから，上の分類も同様である．

この分類の確率論的意味は後にのべることにして，4種の境界の例をあげておこう．

例 1 $D_mD_s^+=\dfrac{d^2}{dx^2}$, $I=(-\infty, \infty)$ とおくと，$m=x$, $s=x$ であるから

$$\sigma_2=\iint_{\infty>y>x>r_2'} dx\,dy=\int_{r_2'}^{\infty}(y-r_2')dy=\infty,$$

$$\mu_2=\iint_{\infty>y>x>r'_2} dx\,dy=\infty.$$

ゆえに ∞ は自然境界である．同様に $-\infty$ も自然境界である．

例 2 $D_mD_s^+=\dfrac{d^2}{dx^2}$, $I=(-\infty, 0)$ とすると，$-\infty$ は自然境界，0は正則境界である．

例 3 $D_mD_s^+=\dfrac{d}{dx}+x^2\dfrac{d^2}{dx^2}$, $I=(0, 2)$ とする．

$$\frac{d}{dx}+x^2\frac{d^2}{dx^2}=\frac{d}{x^{-2}e^{-\frac{1}{x}}dx}\frac{d}{e^{\frac{1}{x}}dx}.$$

ゆえに

$$dm=x^{-2}e^{-\frac{1}{x}}dx,\quad ds=e^{\frac{1}{x}}dx.$$

0の所では

$$\sigma=\iint_{0<y<x<1}x^{-2}e^{-\frac{1}{x}}e^{\frac{1}{y}}dx\,dy=\infty,$$

$$\mu=\iint_{0<y<x<1}y^{-2}e^{-\frac{1}{y}}e^{\frac{1}{x}}dy\,dx<\infty$$

であるから，0は流入境界である．また2は正則であることもすぐ検証される．

例 4　$D_mD_s^+=-\dfrac{d}{dx}+x^2\dfrac{d^2}{dx^2}$，$I=(0,\infty)$ とすると，0が流出，∞ は自然である．

§60　同次方程式 $(\lambda-D_mD_s^+)u=0$ $(\lambda>0)$ の特殊解

便宜上 $r_1<0<r_2$ としてよい．また

$$m(0-)=m(0+)=0,\quad s(0)=0$$

としておいてもよい．この同次方程式の一般解は，次のような特殊解 e_0, e_1 の1次結合である．

$$D_mD_s^+e_0=\lambda e_0,\quad e_0(0)=1,\quad D_s^+e_0(0)=0, \tag{60.1}$$

$$D_mD_s^+e_1=\lambda e_1,\quad e_1(0)=0,\quad D_s^+e_1(0)=1. \tag{60.2}$$

この e_0, e_1 を求めるためには次の積分方程式を解けばよい．

$$e_0(x)=1+\lambda\int_0^x\int_0^\xi e_0(\eta)dm(\eta)ds(\xi),$$

$$e_1(x)=s(x)+\lambda\int_0^x\int_0^\xi e_1(\eta)dm(\eta)ds(\xi).$$

$x<0$ のときも同じことであるから $x\geqq 0$ のときに $e_1(x)$ を求める方法をのべる．いま

$$p_1\circ p_2\circ\cdots\circ p_n(x)=\int\cdots\int_{0\leqq\xi_1\leqq\cdots\leqq\xi_n\leqq x}dp_1(\xi_1)\cdots dp_n(\xi_n)$$

とおくと，

$$(p_1\circ p_2\circ\cdots\circ p_m)\circ p_{m+1}\circ\cdots\circ p_{m+n}=p_1\circ p_2\circ\cdots\circ p_{m+n}$$

である．しかし

$$(p_1\circ p_2)\circ p_3=p_1\circ(p_2\circ p_3),\quad p_1\circ p_2=p_2\circ p_1$$

はなりたたない.

この記号を用いると,前の積分方程式は

$$e_0 = 1+\lambda e_0 \circ m \circ s, \tag{60.1'}$$

$$e_1 = s+\lambda e_1 \circ m \circ s. \tag{60.2'}$$

逐次近似法により形式的展開式

$$e_0 = 1+\lambda m\circ s+\lambda^2 m\circ s\circ m\circ s+\lambda^3 m\circ s\circ m\circ s\circ m\circ s+\cdots,$$

$$e_1 = s+\lambda s\circ m\circ s+\lambda^2 s\circ m\circ s\circ m\circ s+\lambda^3 s\circ m\circ s\circ m\circ s\circ m\circ s+\cdots$$

を得る. これが収束することを証明すれば,上の方程式の解が得られる.

さて

$$\sigma = m\circ s, \quad \mu = s\circ m$$

とおく. 前節にのべた σ_2, μ_2 としては $\sigma(r_2), \mu(r_2)$ をとることができる. したがって r_2 が正則,流出,流入,自然境界であるに応じて,$\sigma(r_2), \mu(r_2)$ は共に有限,前者のみ有限,後者のみ有限,共に無限である.

数学的帰納法により

$$0 \leqq \underset{(1)}{m}\circ s\circ \underset{(2)}{m}\circ s\circ\cdots\circ \underset{(n)}{m}\circ s(x) \leqq \frac{\sigma(x)^n}{n!},$$

$$0 \leqq s\circ \underset{(1)}{m}\circ s\circ \underset{(2)}{m}\circ s\circ\cdots\circ \underset{(n)}{m}\circ s(x) \leqq \frac{s(x)\sigma(x)^n}{n!}.$$

ゆえに e_0, e_1 の級数は収束し

$$e_0(x) \leqq e^{\lambda\sigma(x)}, \tag{60.3}$$

$$e_1(x) \leqq s(x)\cdot e^{\lambda\sigma(x)} \tag{60.4}$$

となる. また

$$e_0(x) \geqq \lambda m\circ s(x) = \lambda\sigma(x), \tag{60.5}$$

$$e_1(x) \geqq \lambda s\circ m\circ s(x). \tag{60.6}$$

この不等式を用いて $e_i(x)$ の r_2 における極限値を調べよう.

はじめに次のことを注意する.

r_2 が正則 $\to m(r_2) < \infty,\ s(r_2) < \infty,$

r_2 が流出 $\to m(r_2) = \infty,\ s(r_2) < \infty,$

r_2 が流入 $\to m(r_2) < \infty,\ s(r_2) = \infty,$

$$r_2 \text{が自然} \to m(r_2)\leqq\infty,\ s(r_2)\leqq\infty,\ \text{少くとも一方は}\ \infty,$$

$$\sigma(r_2)=\int_0^{r_2} m(y)ds(y)$$

であるから, $\sigma(r_2)\geqq m(r_2')\cdot(s(r_2)-s(r_2'))$, ゆえに $s(r_2)=\infty$ ならば $\sigma(r_2)=\infty$. したがって正則, 流出のときには $s(r_2)<\infty$. 同様に正則, 流入のときには $m(r_2)<\infty$.

また

$$\mu(r_2)=\int_0^{r_2} s(y)dm(y)$$

により, $\mu(r_2)\leqq s(r_2)\cdot m(r_2)$. 流出のときには, $s(r_2)<\infty$, $\mu(r_2)=\infty$. ゆえに $m(r_2)=\infty$. 同様にして流入のときには $s(r_2)=\infty$ となる. $m(r_2), s(r_2)$ が共に有限ならば, $\mu(r_2), \sigma(r_2)$ も有限となり, r_2 は正則となる. 自然境界のときには, m, s の少くとも一方が ∞ となる. $m(r_2)=\infty$, $s(r_2)<\infty$ でしかも自然境界となる例は

$$r_2=1,\quad s(x)=x,\quad m(x)=(1-x)^{-1}$$

とおいて得られる. また $m(r_2)<\infty$, $s(r_2)=\infty$ でしかも自然境界となる例を作るには

$$r_2=1,\quad s(x)=(1-x)^{-1},\quad m(x)=x$$

とおけばよい. また $m(r_2)=\infty$, $s(r_2)=\infty$ で自然境界となるのは前節に例示したように,

$$r_2=\infty,\quad s(x)=x,\quad m(x)=x$$

として得られる.

さて r_2 が正則または流出のときには, (60.3〜4) により $\sigma(r_2), s(r_2)<\infty$ であるから, $e_0(r_2)$, $e_1(r_2)<\infty$ である. また r_2 が流入または自然のときには, $\sigma(r_2)=\infty$ であるから, (60.5) により

$$e_0(r_2)=\infty,$$

また $e_1(x)$ の方は (60.6) により

$$e_1(x)\geqq\lambda s\circ m\circ s(x)=\lambda\int_0^x\int_0^\xi s(\eta)dm(\eta)ds(\xi)$$

$$\geqq \lambda s(r_2')\int_{r_2'}^{x}\int_{r_2'}^{\xi} dm(\eta)ds(\xi) \to \lambda s(r_2')\cdot\sigma(r_2) = \infty.$$

次に $D_s^+e_0(x)$, $D_s^+e_1(x)$ を求めるために，前の e_0, e_1 の展開式を形式的に項別微分すると，

$$D_s^+e_0(x) = \lambda m + \lambda^2 m\circ s\circ m + \lambda^3 m\circ s\circ m\circ s\circ m + \cdots,$$

$$D_s^+e_1(x) = 1 + \lambda s\circ m + \lambda^2 s\circ m\circ s\circ m + \cdots.$$

これが I の中で広義一様収束することを示せば，この等式がなりたつことが示される．その証明は e_0, e_1 の展開の評価と同様である．また $D_s^+e_i(r_2)$, $i=1, 2$ は

r_2 が正則または流入のときには有限，

r_2 が流出または自然のときには無限

となることも $e_i(r_2)$ のときと同様に示される．

§61　同次方程式 $(\lambda - D_mD_s^+)u = 0$ $(\lambda > 0)$ の一般解

u_1, u_2 を

$$(\lambda - D_mD_s^+)u = 0 \quad (\lambda > 0) \tag{61.1}$$

の任意の二つの解とする．この u_1, u_2 に対し

$$W = W(u_1, u_2) = D_s^+u_1\cdot u_2 - D_s^+u_2\cdot u_1$$

を u_1, u_2 の**ロンスキャン** (Wronskian) という．

定理 61.1　W は x に無関係である．

補題 61.1　u_1v を有界変動函数 (function of bounded variation) としたとき，

$$d(u\cdot v) = v^*du + u_*dv = v_*du + u^*dv$$

(dw は w に対応する有符号測度 (signed measure), $w^*(x) = w(x+0)$, $w_*(x) = w(x-0)$.)

この補題は

$$u(x_i)v(x_i) - u(x_{i-1})v(x_{i-1})$$
$$= v(x_i)(u(x_i) - u(x_{i-1})) + u(x_{i-1})(v(x_i) - v(x_{i-1}))$$
$$= v(x_{i-1})(u(x_i) - u(x_{i-1})) + u(x_i)(v(x_i) - v(x_{i-1}))$$

から明らかである．補題を用いて定理を示す．

$$\begin{aligned} dW &= u_2d(D_s^+u_1)+D_s^+u_1\cdot du_2-u_1d(D_s^+u_2)-D_s^+u_2\cdot du_1 \\ &= u_2\lambda u_1dm+D_s^+u_1D_s^+u_2ds-u_1\lambda u_2dm-D_s^+u_2D_s^+u_1ds \\ &= 0. \end{aligned}$$

特に前節の e_1, e_0 のロンスキャンを求めると

$$W(e_1, e_0) = W(e_1, e_0)(0) = (D_s^+e_1\cdot e_0-D_s^+e_0\cdot e_1)(0) = 1$$

となる．

補題 61.2　$$\frac{e_0}{e_1}>\frac{D_s^+e_0}{D_s^+e_1}\quad (x>0).$$

証明　$$\frac{e_0}{e_1}-\frac{D_s^+e_0}{D_s^+e_1}=\frac{W(e_1, e_0)}{e_1D_s^+e_1}=\frac{1}{e_1D_s^+e_1}>0.$$

補題 61.3　x の増加に伴って e_0/e_1 は減少する．

証明　$$D_s^+\left[\frac{e_0}{e_1}\right]=\frac{-W(e_1, e_0)}{e_1^{\,2}}=-\frac{1}{e_1^{\,2}}<0.$$

補題 61.4　x の増加に伴って $D_s^+e_0/D_s^+e_1$ は増加する．

証明

$$D_m\left(\frac{D_s^+e_0}{D_s^+e_1}\right)=\frac{D_mD_s^+e_0\cdot D_s^+e_1-D_mD_s^+e_1\cdot D_s^+e_0}{(D_s^+e_1)^2}=\frac{\lambda W(e_1, e_0)}{(D_s^+e_1)^2}=\frac{\lambda}{(D_s^+e_1)^2}$$
$$>0.$$

補題 61.5　$x\uparrow r_2$ のとき

$$\frac{e_0}{e_1}-\frac{D_s^+e_0}{D_s^+e_1}=\frac{1}{e_1D_s^+e_1}\quad \begin{array}{l}\to 0\ (r_2\text{ が正則でないとき}),\\ \to c>0\ (r_2\text{ が正則のとき}).\end{array}$$

これだけの準備をして，同次方程式 (*61. 1*) の解の中で

(A)　$u>0$,

(B)　$u\downarrow$ ($x\uparrow$ のとき)

の2条件を満たすものを求めてみよう．(A) により $u(0)>0$ であるから，$u(0)=1$ のものを求めて，正数倍すればよい．すなわち

$$u = e_0-\gamma e_1$$

なる形にかかれるものを求めることになる．条件 (A) により

$$\gamma<\frac{e_0}{e_1} \quad (x>0)$$

が必要である．また (B) により $D_s{}^+u<0$

$$\gamma>\frac{D_s{}^+e_0}{D_s{}^+e_1} \quad (x>0)$$

が必要である．上にのべた補題により，

$$\overline{\gamma}=\lim_{x\uparrow r_2}\frac{e_0}{e_1}, \qquad \underline{\gamma}=\lim_{x\uparrow r_2}\frac{D_s{}^+e_0}{D_s{}^+e_1} \tag{61.2}$$

が存在し，γ は

$$\overline{\gamma}\geqq\gamma\geqq\underline{\gamma} \tag{61.3}$$

を満たすことが必要である．逆にこのような γ に対し

$$u=e_0-\gamma e_1$$

とおくと，これは $x>0$ では (A)(B) を満たすが，$x<0$ では e_0 も $-e_1$ も常に正で，かつ減少函数であることは，e_0, e_1 の展開式を $x<0$ で考察して，検証できる．以上を総合して

定理 61.2 同次方程式の減少かつ正の解は $u(0)=1$ の条件の下では

$$u=e_0-\gamma e_1$$

で与えられる．ここに γ は $\underline{\gamma}$ と $\overline{\gamma}$ との間の任意の正数である．r_2 が正則ならば $\underline{\gamma}<\overline{\gamma}$ で，求むる解は無数にあって，$\overline{u}=e_0-\underline{\gamma}e_1$, $\underline{u}=e_0-\overline{\gamma}e_1$ の間に狭まれる．その他の場合には $\gamma=\overline{\gamma}$ で u はただ1通り定まる．

次にこの u の r_2 における値を調べて見よう．r_2 が正則ならば

$$\overline{u}(r_2)=e_0(r_2)-\frac{D_s{}^+e_0(r_2)}{D_s{}^+e_1(r_2)}e_1(r_2)=\frac{1}{D_s{}^+e_1(r_2)},$$

$$\underline{u}(r_2)=e_0(r_2)-\frac{e_0(r_2)}{e_1(r_2)}e_1(r_2)=0,$$

流出の場合にも $u(r_2)=0.$

流入の場合には

$$u(r_2)=\lim_{x\to r_2}\left\{e_0(x)-\frac{D_s{}^+e_0}{D_s{}^+e_1}(r_2)e_1(x)\right\}$$

$$\leqq\lim_{x\to r_2}\left\{e_0(x)-\frac{D_s{}^+e_0(x)}{D_s{}^+e_1(x)}e_1(x)\right\}=\frac{1}{D_s{}^+e_1(r_2)}.$$

また十分大きい x に対しては

$$u(r_2)+\varepsilon>e_0(x)-\frac{D_s^+e_0}{D_s^+e_1}(r_2)e_1(x).$$

次に十分大きい y に対しては

$$u(r_2)+2\varepsilon>e_0(x)-\frac{D_s^+e_0(y)}{D_s^+e_1(y)}e_1(x),$$

$y>x$ ならば

$$>e_1(y)-\frac{D_s^+e_0(y)}{D_s^+e_1(y)}e_1(y)$$

$$\left(\text{なぜならば } D_s^+\left\{e_0(x)-\frac{D_s^+e_0(y)}{D_s^+e_1(y)}e_1(x)\right\}\right.$$
$$\left.=\left\{\frac{D_s^+e_0(x)}{D_s^+e_1(x)}-\frac{D_s^+e_0(y)}{D_s^+e_1(y)}\right\}D_s^+e_1(x)<0\right).$$

ゆえに

$$u(r_2)+2\varepsilon>\frac{1}{D_s^+e_1(y)},$$

したがって

$$u(r_2)\geqq\frac{1}{D_s^+e_1(r_2)},$$

かくして

$$u(r_2)=\frac{1}{D_s^+e_1(r_2)}.$$

自然境界のときにも上の式はなりたつが, $D_s^+e_1(r_2)=\infty$ であるから $u(r_2)=0$ となる.

同様の方法で $D_s^+u(r_2)$ も得られ, 上記のと合わせて次の定理が得られる.

定理 61.3 定理 61.2 の u およびその D_s^+u の r_2 における極限値は

$$u(r_2)=\begin{cases}0 & (\text{正則のときは } \underline{u} \text{ のみ, 流出, 自然}),\\ \dfrac{1}{D_s^+e_1(r_2)} & (\text{正則のときは } \overline{u} \text{ のみ, 流入}).\end{cases}$$

$$D_s^+u(r_2)=\begin{cases}0 & (\text{正則のときは } \overline{u} \text{ のみ, 流入, 自然}),\\ -\dfrac{1}{e_1(r_2)} & (\text{正則のときは } \underline{u} \text{ のみ, 流出}).\end{cases}$$

この u と e_0 とは1次独立であるから, 任意の解はこの二つのものの1次結

合 $\alpha u+\beta e_0$ となる．$u(r_2)$ も $D_s^+u(r_2)$ も有限であるから，$\alpha u+\beta e_0$ が ∞ になるとすれば，e_0 の方から来る．ゆえに

定理 61.4 上述の u 以外の解 v は

$$|v(r_2)|<\infty \ (\text{正則, 流出}), \quad =\infty \ (\text{流入, 自然}),$$
$$|D_s^+v(r_2)|<\infty \ (\text{正則, 流入}), \quad =\infty \ (\text{流出, 自然}).$$

§62 非同次方程式 $(\lambda-D_mD_s^+)g=f$ $(\lambda>0)$ の解

前節に求めた同次方程式の解 u は正の減少解であって，r_2 では u 自身も D_s^+u も有限の極限値をもった．これを $u_2(x)=u_2(x;\lambda)$ とかくことにする．同様に正の増大解 $u_1(x)=u_1(x;\lambda)$ も存在して，r_1 で同様の極限値がある．

$W=W(u_1,u_2)$ は前節でのべたように定数であるが，$W(0)$ を考えてみて，$W>0$ であることがわかる．ゆえに適当な正の因子をたとえば u_1 にかけることにより $W=1$ とすることができる．

さて

$$K(x,y)=K(x,y;\lambda)=\begin{cases}u_1(x)u_2(y), & r_1<x\leqq y<r_2,\\ u_2(x)u_1(y), & r_1<y\leqq x<r_2\end{cases}$$

とおくと，K は2変数 x,y について連続でかつ対称である．また $K\geqq 0$ も明らか．

次に非同次方程式

$$(\lambda-D_mD_s^+)g=f \quad (\lambda>0) \tag{62.1}$$

の特殊解 g_0 を求めるために

$$g_0(x)=K\cdot f(x)=\int_{r_1}^{r_2}K(x,y)f(y)dm(y)$$

とおく．ここに f は有界，連続な函数としておく $g_0(x)$ の意味が確定し（すなわち上の積分が確定し）かつ $g_0(x)$ が x に関して連続となることは

$$g_0(x)=u_2(x)\int_{r_1}^{x+0}f(y)u_1(y)dm(y)+u_1(x)\int_{x+0}^{r_2}f(y)u_2(y)dm(y)$$
$$=\frac{u_2(x)}{\lambda}\int_{r_1}^{x+0}f(y)du_1^+(y)+\frac{u_1(x)}{\lambda}\int_{x+0}^{r_2}f(y)du_2^+(y)$$

から出る．ここに u^+ は $D_s{}^+u$ を意味する．

積分作用素 K の意味が定まった以上，これが正でかつ線型であることは明らかである．

次にこの g_0 が (62.1) を満たすことをいうには，前節の補題 61.1 を用いて

$$dg_0=du_2\int_{r_1}^{x+0}f(y)u_1(y)dm(y)+u_2(x)f(x)u_1(x)dm$$

$$+du_1\int_{x+0}^{r_2}f(y)u_2(y)dm(y)-u_1(x)f(x)u_2(x)dm$$

$$=du_2\int_{r_1}^{x+0}f(y)u_1(y)dm(y)+du_1\int_{x+0}^{r_2}f(y)u_2(y)dm(y),$$

$$D_s{}^+g_0=D_s{}^+u_2\int_{r_1}^{x+0}f(y)u_1(y)dm(y)+D_s{}^+u_1\int_{x+0}^{r_2}f(y)u_2(y)dm(y).$$

再び同じような計算をして $\lambda u_i=D_mD_s{}^+u_i$ をつかうと

$$D_mD_s{}^+g_0=\lambda g_0-f$$

が得られる．

r_1, r_2 の一方または両方が正則境界のときには，対応する u_1, u_2 は無限に多くあり，K の定め方もしたがって g_0 も無数にあるが，そのどれもが上述の性質をもっている．

g_0 の両端における極限値を調べると次の定理が得られる．$g_0(r_2-)$ とかくべき所を $g_0(r_2)$ とかく．

定理 62.1

A r_2 が正則ならば $g_0(r_2)=u_2(r_2)\int_{r_1}^{r_2}fu_1dm,$

$$g_0^+(r_2)=u_2^+(r_2)\int_{r_1}^{r_2}fu_1dm.$$

B r_2 が流出ならば $g_0(r_2)=0.$

C r_2 が流入ならば $g_0(r_2)=u_2(r_2)\int_{r_1}^{r_2}fu_1dm,\quad g_0^+(r_2)=0.$

D r_2 が自然ならば $f(r_2)$ の存在するとき $g_0(r_2)$ も存在して

$$g_0(r_2)=f(r_2)/\lambda.$$

証明 Aは明らかである．Bを示すためには

$$|g_0(x)|\leqq(K\cdot 1)(x)\cdot\sup_x|f(x)|$$

により $(K\cdot 1)(x)\to 0\ (x\to r_2)$ をいえばよい．

$$\begin{aligned}\lambda(K\cdot 1)(x) &= u_2(x)\int_{r_1}^{x+0}du_1{}^+ + u_1(x)\int_{x+0}^{r_2}du_2{}^+\\ &= u_2(x)u_1{}^+(x)-u_2(x)u_1{}^+(r_1)+u_1(x)[u_2{}^+(r_2)-u_2{}^+(x)]\\ &= u_2(x)u_1{}^+(x)+o(1)\\ &= u_1{}^+(x)\int_x^{r_2}(-u_2{}^+)ds+o(1)\\ &\leqq -u_2{}^+(x)\int_x^{r_2}u_1{}^+(y)ds+o(1)\quad(\text{何となれば } -u_2{}^+\downarrow,\ u_1{}^+\uparrow)\\ &= -u_2{}^+(x)(u_1(r_2)-u_1(x))+o(1)\to 0.\end{aligned}$$

Cを示すために $M=\sup_{r_1\leqq y\leqq r_2}|f(y)|$ とおくと，$u_2{}^+(r_2)=0$ より

$$\left|u_1(x)\int_{x+0}^{r_2}f(y)du_2^+(y)\right|\leqq -Mu_1(x)u_2^+(x)=M(1-u_1^+(x)u_2(x)).$$

一方，ある $\tilde{\gamma}>0$ があって u_1 が次のように表わされることに注意しよう．

$$u_1(x)=\frac{1}{\gamma+\tilde{\gamma}}(e_0(x)+\tilde{\gamma}e_1(x)).$$

したがって

$$u_2(r_2)u_1{}^+(r_2)=\frac{1}{\gamma+\tilde{\gamma}}\left\{\frac{e_0{}^+(r_2)}{e_1{}^+(r_2)}+\tilde{\gamma}\right\}=1,$$

$$\lim_{x\to r_2}u_1(x)\int_{x+0}^{r_2}f(y)du_2{}^+(y)=0.$$

Cの後半は明らかである．

Dの証明のために先ず $u_2(r_2)=0, u_2{}^+(r_2)=0$ であることに注意する．任意の $\varepsilon>0$ に対し，ある ξ が存在して，任意の $x>\xi$ に対して $|f(x)-f(r_2)|<\varepsilon$．したがって，$x>\xi$ ならば

$$g_0(x)=u_2(x)\int_{r_1}^{\xi}f(y)u_1(y)dm(y)$$

$$+\frac{u_2(x)}{\lambda}\int_{\xi}^{x+0}f(y)du_1{}^+(y)+\frac{u_1(x)}{\lambda}\int_{x+0}^{r_2}f(y)du_2{}^+(y)$$

$$\leqq u_2(x)\int_{r_1}^{\xi} f(y)u_1(y)dm(y)$$

$$+\frac{f(r_2)+\varepsilon}{\lambda}(u_2(x)u_1^+(x)-u_2(x)u_1^+(\xi)-u_1(x)u_2^+(x))$$

$$=u_2(x)\int_{r_1}^{\xi} f(y)u_1(y)dm(y)+\frac{f(r_2)+\varepsilon}{\lambda}(1-u_2(x)u_1^+(\xi)).$$

$x\to r_2$ として $g_0(r_2)\leqq\dfrac{f(r_2)+\varepsilon}{\lambda}$ を得る．同様に $g_0(r_2)\geqq\dfrac{f(r_2)-\varepsilon}{\lambda}$.

例　$I=(-\infty,\infty)$, $D_mD_s^+=\dfrac{1}{2}\dfrac{d^2}{dx^2}$ とする．$-\infty,\infty$ は共に自然境界である．ゆえに u_1,u_2 は定数因子を除いてただ1通りに定まる．すなわち

$$\frac{1}{2}\frac{d^2}{dx^2}u_i=\lambda u_i,\ \ u_i>0,\ \ u_1\uparrow,\ \ u_2\downarrow$$

をといて

$$u_1=e^{\sqrt{2\lambda}x},\quad u_2=e^{-\sqrt{2\lambda}x}$$

となる．$W(u_1,u_2)=2\sqrt{2\lambda}$ となるから，u_1 のかわりに $u_1/2\sqrt{2\lambda}$ とすれば，$W=1$ となる．ゆえに

$$K=\frac{1}{2\sqrt{2\lambda}}e^{-\sqrt{2\lambda}|x-y|}.$$

$s=x$, $m=2x$ であるから

$$Kf=\frac{1}{\sqrt{2\lambda}}\int_{-\infty}^{\infty}e^{-\sqrt{2\lambda}|x-y|}f(y)dy.$$

§63　正則区間における $x^{(a)}(t)$ の諸量の分布

今までしばらくの間 FELLER の作用素 $D_mD_s^+$ の解析的性質のみとりあつかってきたが，再び本来の問題に戻ろう．$x^{(a)}(t)$ をコンパクト距離空間 R の上を動く MARKOFF 過程とし，R の開集合 I が正則区間であるとする．すなわち I は実数の区間 (r_1,r_2) と同位相であり，I の各点は単に拡散点であるのみならず正則点であるとしておく．I の上には標準尺度 s, 標準測度 dm があって

$$A_I=(D_mD_s^+)_I \tag{63.1}$$

となることはすでにのべた．

今まで通り I の点を (r_1,r_2) の点と同一視することにする．I の点 ξ から出

発して I の外に出ることなしに時間 t の後 E に来る確率を $P_I(t,\xi,E)$ であらわす．$\tau_I^{(\xi)}$ を $x^{(\xi)}(t)$ が I を出る最初の時間とすれば

$$P_I(t,\xi,E)=p\{x^{(\xi)}(t)\in E,\ \tau_I^{(\xi)}>t\}. \tag{63.2}$$

また $\tau_I^{(\xi)}<\infty$ のとき $x^{(\xi)}(\tau_I^{(\xi)})$ は I 自身には属しないで I の R における境界点に属するが，任意の $\delta>0$ に対して $x^{(\xi)}(\tau_I^{(\xi)}-\delta)$ は I に属するし，$x^{(\xi)}(t)$ の見本過程はたかだか第1種の不連続点しかもたないから，$x^{(\xi)}(\tau_I^{(\xi)}-0)=r_1$ が確定して r_1 または r_2 に等しい．$\tau_1^{(\xi)}=\tau_1^{(\xi)}(I)$ を $\tau_I^{(\xi)}<\infty$ かつ $x^{(\xi)}(\tau_I^{(\xi)}-0)=r_1$ のとき $\tau_I^{(\xi)}$ に等しいとおき，その他のときには ∞ とおく．同様に r_2 を用いて $\tau_2^{(\xi)}=\tau_2^{(\xi)}(I)$ を定める．$\tau_i^{(\xi)}$ は $x^{(\xi)}(t)$ が r_i の側から I を出る時間である．$\tau_i^{(\xi)}$ の分布を $\varphi_i(dt,\xi)$ とかくことにする．

$P_I(t,x,E)$, $\varphi_i(dt,\xi)$ を求めるかわりにその LAPLACE 変換

$$R_I(\lambda,x,E)=\int_0^\infty e^{-\lambda t}P_I(t,x,E)dt, \tag{63.3}$$

$$\hat{\varphi}_{i\lambda}(\xi)=\int_0^\infty e^{-\lambda t}\varphi_i(dt,\xi) \tag{63.4}$$

を計算しよう．本節の目的は次の定理である．

定理 63.1 前節の $u_{i\lambda}(\xi)$, $i=1,2$, K_λ を用いて

$$R_I(\lambda,x,E)=\int_E K_\lambda(x,y)m(dy), \tag{63.5}$$

$$\hat{\varphi}_{1\lambda}(\xi)=\frac{u_{2\lambda}(\xi)}{u_{2\lambda}(r_1)},\quad \hat{\varphi}_{2\lambda}(\xi)=\frac{u_{1\lambda}(\xi)}{u_{1\lambda}(r_2)}. \tag{63.6}$$

ただし $u_{i\lambda}(\xi)$ はもし r_i が正則境界のときには $\underline{u}_{i\lambda}(\xi)$ すなわち $u_{i\lambda}(r_i)=0$ のものをとることにし，$K_\lambda(x,y)$ もこれを基礎にして構成したものとする．

(63.6) においてたとえば $u_{2\lambda}(r_1)=\infty$ のときに $\hat{\varphi}_{1\lambda}(\xi)=0$ すなわち $P(\tau_1^{(\xi)}=\infty)=1$ で r_1 には到達しないことを出す．もし $u_{2\lambda}(r_1)<\infty$ ならば $\hat{\varphi}_{1\lambda}(\xi)>0$ で $P(\tau_1^{(\xi)}<\infty)>0$ となり，r_1 には到達する可能性があることを示す．従って

定理 63.2 正則境界，流出境界には有限時間で到達する可能性があるが，流入境界，自然境界には有限時間では到達しない．

定理63.1の証明をしよう．はじめに I の中に区間 $J=(j_1,j_2)$ $(\bar{J}\subset I)$ をとり，J について定理を証明する．J に対しては $R_J(\lambda,x,E)$, $K_\lambda(x,y;J)$, $\varphi_i(dt,\xi,J)$, $\hat{\varphi}_{i\lambda}(\xi;J)$, $u_{i\lambda}(\xi;J)$ などの記号を用いる．前にのべたように強 Markoff 性を用いて，$f\in \boldsymbol{C}(R)$ に対し

$$R_\lambda f(x)=R_{J\lambda}f(x)+\sum_{i=1}^{2}\hat{\varphi}_{i\lambda}(x,J)R_\lambda f(j_i). \tag{63.7}$$

$\hat{\varphi}_{1\lambda}(x,J)$ は $(\lambda-A_J)u=0$, $u(j_1)=1$, $u(j_2)=0$ の解であるから，$A_J=(D_mD_s{}^+)_J$ により

$$\hat{\varphi}_{1\lambda}(x,J)=\frac{u_{2\lambda}(\xi;J)}{u_{2\lambda}(j_1;J)}. \tag{63.8}$$

同様に

$$\hat{\varphi}_{2\lambda}(x,J)=\frac{u_{1\lambda}(\xi;J)}{u_{1\lambda}(j_2;J)}. \tag{63.9}$$

したがって

$$R_\lambda f(x)=R_{J\lambda}f(x)+u_{1\lambda}(\xi;J)\frac{R_\lambda f(j_2)}{u_{1\lambda}(j_2;J)}+u_{2\lambda}(\xi;J)\frac{R_\lambda f(j_1)}{u_{2\lambda}(j_1;J)}. \tag{63.10}$$

一方において $R_\lambda f$ は $(\lambda-A)R_\lambda f=f$ を満たすから，もちろん J の中では $(\lambda-A_J)R_\lambda f=f$. $A_J=(D_mD_s{}^+)_J$ により，前節の結果を用いて

$$R_\lambda f(x)=K_{\lambda J}f(x)+c_1u_{1\lambda}(x;J)+c_2u_{2\lambda}(x;J),\quad x\in J,$$

J の両端は J の正則境界であるから

$$K_{\lambda J}f(j_i)=0,\quad u_{i\lambda}(j_i;J)=0,\quad i=1,2$$

となるから

$$c_1=\frac{R_\lambda f(j_2)}{u_{1\lambda}(j_2;J)},\qquad c_2=\frac{R_\lambda f(j_1)}{u_{2\lambda}(j_1;J)}.$$

ゆえに

$$R_\lambda f(x)=K_{\lambda J}f(x)+\frac{R_\lambda f(j_2)}{u_{1\lambda}(j_2;J)}u_{1\lambda}(x;J)+\frac{R_\lambda f(j_1)}{u_{2\lambda}(j_1;J)}u_{2\lambda}(x;J). \tag{63.11}$$

(63.10), (63.11) を比較して

$$R_{J\lambda}f(x)=K_{\lambda J}f(x),\quad x\in J, \tag{63.12}$$

$\bar{J}$ で連続な任意の函数は R 全体の上の連続函数に拡張できるから，(63.12) はすべての $f\in \boldsymbol{C}(J)$ に対してなりたつ．ゆえに

$$R_J(\lambda; x, dy) = K_J(\lambda, x, y)dm(y)$$
$$= \begin{cases} u_{1\lambda}(x; J)u_{2\lambda}(y; J)dm(y), & j_1 \leqq x \leqq y \leqq j_2, \\ u_{2\lambda}(x; J)u_{1\lambda}(y; J)dm(y), & j_1 \leqq y \leqq x \leqq j_2. \end{cases}$$

$J\uparrow I$ とすれば，$\tau_J^{(\xi)}\uparrow\tau_I^{(\xi)}$ であり，

$$R_{J\lambda}f(\xi) = E\left\{\int_0^{\tau_J^{(\xi)}} e^{-\lambda t}f(x(t))dt\right\}$$

により $R_{J\lambda}f(\xi)\to R_{I\lambda}f(\xi)$. $u_{1\lambda}(x; J)$, $u_{2\lambda}(x; J)$ のとり方に定数因子だけの自由度があるが，$J\uparrow I$ のときそれぞれ $u_{1\lambda}(x)$, $u_{2\lambda}(x)$ に近づくようにできる，したがって $K_{\lambda J}f(\xi)\to K_\lambda f(\xi)$ で，$R_{I\lambda}=K_{\lambda I}$ となり (63.5) が得られる．$\hat{\varphi}_{i\lambda}(\xi)$ の方については $J\uparrow I$ とするとき，まず $j_2\uparrow r_2$ 次に $j_1\downarrow r_1$ とすると容易に (63.8～9) から (63.6) が得られる．

§64 正則区間の境界における行動

前節の記号をそのまま用いる．I は (r_1, r_2) と同位相であるから，r_1 にいくらでも近い実数に対応する I の点はあるが，r_1 そのものに対応する点はない．もし $\tau_I^{(\xi)}$ が有限であれば $x(\tau_I^{(\xi)})$ は I の R における境界の点である．b を I の境界の1点とすると，b に近づく I の点の列 b_n がある．b_n に対応する実数 (b_n の座標) の列は r_1, r_2 のいずれか一方または両方を極限点としてもっている．したがっていずれか一方の極限点としてもつとしてもよい．今 b_n が r_i を極限点としてもつとき，“b は r_i に対応する”という．1点 b が r_1, r_2 両方に対応することも可能であり，また異なる b, b' が同じ r_i に対応することも可能である．後者は r_i が自然境界であるときのみ可能である（定理64.1を見よ)．今もし b, b' が r_1 に対応するとせよ．$b_n\to b$, $b_n'\to b'$, $\overline{b_n}\cdot$(b_n の座標)$\to r_1$, $\overline{b_n'}\to r_1$ となる．前節にのべたように I の中では

$$R_\lambda f = K_\lambda f + c_1u_1 + c_2u_2.$$

r_1 が流入のときには，$u_2(r_1+)=\infty$ となるから，この式がなりたつためには $c_2=0$. $K_\lambda f(r_1+)$, $u_1(r_1+)$ は存在し，

$$R_\lambda f(b) = \lim_n R_\lambda f(b_n) = \lim_n\{K_\lambda f(\overline{b}_n) + c_1u_1(\overline{b}_n)\} = K_\lambda f(r_1+) + c_1u_1(r_1+).$$

同様に $R_\lambda f(b') = K_\lambda f(r_1+) + c_1u_1(r_1+) = R_\lambda f(b)$. $\lambda R_\lambda f\to f$ により，$f(b')$

$= f(b)$. f は $\boldsymbol{C}(R)$ の任意の元であるから $b = b'$ となる. また r_1 が流出または正則のときには $u_2(r_1+)$ も有限確定するから, 上と同様にして $b = b'$ となる. ゆえに

定理 64.1 r_i が自然境界でなければ, r_i に対応する I の境界点はただ一つある.

(i) 自然境界に対応する境界点における $x^{(a)}(t)$ の行動を調べると次のようになる. r_1 が自然境界とすると, これに対応する境界点は一般に多数あって, R の閉部分集合 F をなす. しかも F から出発する $x^{(a)}(t)$ は常に F の中に閉じこめられている. F の近傍 U で 0 であるような R の上の連続函数 f を考えると, f は I の上の r_1 の近傍で 0 である. ゆえに $f(r_1-)$ が存在してもちろん 0 であって $R_\lambda f(r_1-) = f(r_1-)/\lambda = 0$. したがって $R_\lambda f(a) = 0$, $a \in F$, となる. 今 f を F で 0, U の外で 1, $U-F$ では $0, 1$ の間にあるようにとると

$$R_\lambda f(a) \geqq \int_0^\infty e^{-\lambda t} P(t, a, U^c) dt.$$

左辺は 0 であるから $P(t, a, U^c) = 0$, すなわち $P(t, a, U) = 1$. $U \downarrow F$ として $P(t, a, F) = 1$. $x^{(a)}(t)$ は右連続であるから

$$P(x^{(a)}(t) \in F,\ 0 \leqq t < \infty) = 1, \quad a \in F$$

となる. 特に F が1点であれば trap である. 一般に I の点から出発して有限時間で F に行くことはできない.

(ii) 流出境界における状態 r_1 が流出境界とせよ. r_1 に対応する境界はただ1個であるから, これも r_1 であらわしておく. r_1 の近傍 U をとりその境界を考えると, I の中の1点 r_1' と I から離れている閉集合 C である. U の中の1点 a から出発して C より先に r_1' に到着するときその時間を $\tau^{(a)}$ とし, かかることが起らなければ, $\tau^{(a)} = \infty$ とおく.

$$U(a) = E\{e^{-\lambda \tau^{(a)}}\}$$

とすれば, a が (r_1, r_1') 内にあれば

$$(\lambda - D_m D_s^+) U = 0,$$
$$U(r_1') = 1,$$

$$r_1 \leqq x < y < r_1' \quad \text{ならば} \quad U(x) \leqq U(y).$$

ゆえに

$$U(r_1) \leqq U(x) = \frac{u_{1\lambda}(x)}{u_{1\lambda}(r_1')} \quad (r_1 \leqq x < r_1').$$

r_1 が流出境界ならば $u_{1\lambda}(x) \to 0$ $(x \to r_1)$. ゆえに $U(r_1) = 0$ となる. これは r_1 から出ると, r_1 の側からは I の中に入れないことを示している. 前にのべたように I の方からは r_1 に到達する可能性は正である. これは r_1 が流出境界といわれるゆえんである.

(iii) 流入境界のときを考えてみよう. I の側から流入境界には到達できないことはすでにのべた. 流入境界 r_1 に対応する I の R における境界はただ一つである. これも r_1 であらわすことにする. r_1 が R の中で $x^{(a)}(t)$ の拡散点であるということを仮定すると, r_1 から出発するときには直ちに I の中に入りこみ, その後は r_1 に I の側から到達することはない. これが流入境界といわれるゆえんである.

はじめに r_1 が trap とならないことをいう. R の上の連続函数 f をとり, $f \geqq 0$, 特に $f(r_1) = 0$, $f(r_2') = 1$ (r_2' は I の中の1点) とする. $r_1 < a < r_2'$ のとき

$$R_\lambda f(a) \geqq \hat{\varphi}_{2\lambda}(a) R_\lambda f(r_2').$$

ここに $\hat{\varphi}_{2\lambda}(a)$ は区間 (r_1, r_2') に関していう. ゆえにこれは $u_{1\lambda}(r_2')/u_{1\lambda}(a)$ に等しく, $a \to r_1$ のとき正の値 $u_{1\lambda}(r_2')/u_{1\lambda}(r_1)$ に近づく. ゆえに

$$R_\lambda f(r_1) \geqq \frac{u_{1\lambda}(r_2')}{u_{1\lambda}(r_1)} \cdot R_\lambda f(r_2').$$

r_1 が trap ならば, 左辺は常に $f(r_1)/\lambda = 0$ に等しく, 右辺は $\lambda R_\lambda f(r_2') \to f(r_2') = 1$ により, 十分大きい λ については正である. これは矛盾である. ゆえに r_1 は trap ではない. さらにすすんで r_1 から出発すると必ずすぐに I の中に入ることが示されるが, 証明が複雑であるから省略する. このことから r_1 は一般右通過点であることがわかる.

r_1 における生成作用素を考えてみよう. r_1 の十分小さい近傍 U をとり $p_U(\xi)$

$=E(\tau_U^{(\xi)})<\infty$ なるようにする．さて r_1 から ξ に到達する最小時間を $\tau(\xi)$ とすれば，r_1 が通過点であることから，Uを出るには ξ を通る必要があるから，$\tau(\xi)<\tau_U^{(r_1)}$．$p(\xi)=E(\tau(\xi))$ とすると，

$$p_U(r_1)=p(\xi)+p_U(\xi).$$

しかるに補題 55. 2 により

$$A_J p_U(\xi)=-1 \quad (J=I\cap U).$$

したがって $A_J p(\xi)=1$．すなわち $D_m D_s{}^+ p(\xi)=1$．これから

$$p(\xi)=\int_{\xi_0}^{\xi} m(x)ds(x)+as(\xi)+b.$$

ここに ξ_0 は ξ より小さくとった任意の定数である．$\xi_0=r_1$ととると上の積分は発散するから都合が悪い．a, b は ξ_0 に関係するし，これは $\xi>\xi_0$ でのみ妥当な式である．これを変形して

$$p(\xi)=\int_{r_1}^{\xi}(s(\xi)-s(x))dm(x)+cs(\xi)+d$$

とすると，これは ξ_0 を含まず，常に成立する式である．$p(r_1)=0$ であるから，$c=d=0$ でなければならない（$s(r_1)=-\infty$ に注意）．かくして

$$p(\xi)=\int_{r_1}^{\xi}(s(\xi)-s(x))dm(x).$$

したがって定理 56. 1 により

$$A_{r_1}f=\lim_{\xi\downarrow r_1}\frac{f(\xi)-f(r_1)}{\displaystyle\int_{r_1}^{\xi}(s(\xi)-s(x))dm(x)}.$$

(iv)　正則境界 r_1 における行動はいくつかの異なる可能性があり，それが正則境界における $u_{1\lambda}(x)$ のとり方の多様性に照応する．ここでは r_1 が R の中でも端になっていて，r_1 の近傍は r_1 か I の点のみという場合を考える．このときには r_1 は trap か一般右通過点になる．trap のときには $R_\lambda f(r_1)=f(r_1)/\lambda$ となるから

$$R_\lambda f(x)=K_\lambda f(x)+\frac{u_{2\lambda}(x)}{u_{2\lambda}(r_1)}\cdot\frac{f(r_1)}{\lambda}+\frac{u_{1\lambda}(x)}{u_{1\lambda}(r_2)}\cdot R_\lambda f(r_2)$$

となる．

一般通過点の時には (iii) のときと同様に $p(\xi)$ を求めると

$$p(\xi)=\int_{r_1}^{\xi}(m(x)+c)ds(x)$$

となる．$m(x)$ にとって加法定数は問題ではないから $c=0$ として

$$p(\xi)=\int_{r_1}^{\xi}m(x)ds(x)$$

としてもよい．$p(\xi)\uparrow$ であるから $m(x)>0$．すなわち

$$m(r_1)\geqq 0$$

である．

$$A_{r_1}f=\lim_{\xi\downarrow r_1}\frac{f(\xi)-f(r_1)}{\int_{r_1}^{\xi}m(x)ds(x)}$$

である．f が $\mathfrak{D}(A_{r_1})$ のみならず $\mathfrak{D}(A_U)$ (U は r_1 の近傍) に属するならば，$\xi>r_1$ で $f\in\mathfrak{D}((D_mD_s^+)_J)$, $J=U\cap I$．ゆえに

$$A_Uf(r_1)=\lim_{\xi\downarrow r_1}\frac{D_s^+f(\xi)}{m(\xi)}.$$

もし $m(r_1)=0$ ならば

$$D_s^+f(r_1)=0$$

である．これは**反射壁** (reflecting barrier) **の境界条件**と呼ばれる．もし $m(r_1)>0$ ならば，$A_Uf(x)$ の連続性により

$$\frac{D_s^+f(r_1)}{m(r_1)}=D_mD_sf(r_1)$$

となる．これは**一般化された反射壁の境界条件**と呼ばれ，FELLER によってはじめて導入せられた．

以上の境界条件の確率論的意味を調べると興味ある多くのことが見出される．

あ と が き

全般にわたって参考となるべき書物をあげておく.

A. KOLMOGOROFF: Grundbegriffe der Wahrscheinlichkeitsrechnung, Erg. der Math. (Berlin, 1933).

W. FELLER: Introduction to probability theory and its application (1950).

J.L. DOOB: Stochastic processes (1952).

P. LÉVY [1]: Théorie de l'addition des variables aléatoires (Paris, 1937).

[2]: Processus stochastiques et mouvement brownien (Paris, 1948).

河田敬義: 確率論(共立出版, 1948).

國澤清典: 近代確率論, 岩波全書(1951).

伊藤　清: 確率論, 現代数学(岩波, 1952).

丸山儀四郎: 確率論, 共立社現代数学講座(1957).

各章について説明を加える.

第1章　この章では確率論の基礎概念をのべた. 確率論を数学として構成するため最も便利なものは KOLMOGOROFF の測度論的方法である. 本書もこの線にしたがって叙述してあるが, 実際問題への応用などに習熟するのにはその直観的背景を十分理解しなければならない. この点からは上記 FELLER の本をすすめたい.

KOLMOGOROFF の測度論的方法の基礎的部分については KOLMOGOROFF の本と共に上記河田の本がよい. 両者とも確率過程の見本過程の細かい性質にまでは及んでいない. そのためには DOOB の可分性の導入が必要である. DOOB のもとの論文は立場もやや不徹底で, しかも晦渋で読み難いが, 上記の DOOB の本では完全に整理し尽されている.

第2章　本章は時のパラメターが連続な場合(加法過程)を中心にして論じた. このパラメターが離散的であるとき(加法系列)については, 加法過程の研究に必要な範囲にとどめた. たとえば大数の法則, 中心極限定理, 重複対数の定理などは省略した. これについては上述の國澤の本がよい. なお K.L. CHUNG によってロシヤ語から英訳された.

GNEDENKO-KOLMOGOROFF: Limit distribution for sums of independent random variables (Moscow-Leningrad, 1949).

はよくまとまっている.

加法過程については上述 P. LÉVY [1], [2] が最も内容豊富であるが, 読みこなすのは仲々難しい. その中の基本的な部分は上述 DOOB の本, 伊藤の本に KOLMOGOROFF 流の立場からわかり易くしてある.

第3章　定常過程の基本的な事柄は一応書いた. ただ WIENER-KOLMOGOROFF の補

間法，補外法，GRENANDERのパラメター推定法に関する事柄を省略した．これは岩波講座現代応用数学のなかの河田龍夫：確率過程の応用を参照いただくとして，参考文献をあげておくと

上述DOOBの本の12章

N. WIENER： Extrapolation, interpolation and smoothing of stationary time series (1949).

A. KOLMOGOROFF： Interpolation und Extrapolation in stationären Zufälligen Folgen, Bull. Acad. Sci. U.R.S.S. Ser. Math., **5** (1941).

U. GRENANDER： Stochastic processes and statistical inference, Arkiv. för Mat., **1** (1950).

なお本章で証明なしに触れた一般調和解析については

N. WIENER： Generalized harmonic analysis, Acta. Math., **55** (1930).

を参照されたい．

第4章および第5章　この2章では話題を時間的に一様なMARKOFF過程に制限し，これを単にMARKOFF過程と呼んだ．その理由は完全にまとまった理論ができているのはこの場合であるからである．しかしその場合についても決してすべての事柄をのべたわけではない．第4章は基本的なことだけで，第5章は拡散についてFELLERの最近の理論をDYNKINの方法を加味して紹介した．MARKOFF過程のエルゴード性については古くから多くの研究があるが紙数の関係上すべて割愛した．

古典的な結果をまとめたものとしては

M. FRÉCHET： Recherches théoriques modernes sur le calcul des probabilités, second livre, methode des functions arbitraires, théorie des événement en chain dans le cas d'un nombre fini d'états possibles (Paris, 1938).

がある．これは標題に示すように有限状態MARKOFF過程に関するものである．可算状態MARKOFF過程については

P. LÉVY： Systèms markoviens et stationaires. Cas dénombrable Ann. Sci. École Norm. Sup. **68** (1951).

がpioneering workである．これを詳しく厳密にするためにK. L. CHUNGが最近多くの研究を発表している．邦書でこの方面の参考になるものとしては前述の丸山の本がよい．

時間的に一様でないMARKOFF過程についても，多くの研究がある．上述FELLER，伊藤，DOOBの本を参照せられたい．この方面の研究の出発点といえる

A. KOLMOGOROFF： Analytische Methoden in der Wahrscheinlichkeitsrechnung, Math. Ann. 104.

は是非一読をすすめたい．

索　　引

英数字

ア 行

カ 行

サ行

タ行

■岩波オンデマンドブックス■

確率過程

2007年3月20日　第1刷発行
2010年7月15日　第2刷発行
2017年11月10日　オンデマンド版発行

著　者　伊藤　清（いとう きよし）

発行者　岡本　厚

発行所　株式会社　岩波書店
〒101-8002　東京都千代田区一ツ橋2-5-5
電話案内　03-5210-4000
http://www.iwanami.co.jp/

印刷／製本・法令印刷

ISBN 978-4-00-730697-6　　Printed in Japan